# BREHMS VERLORENES TIERLEBEN

Hanna Zeckau und Carsten Aermes

# BREHMS VERLORENES TIERLEBEN

ILLUSTRIERTES LEXIKON
DER AUSGESTORBENEN VÖGEL UND SÄUGETIERE

Mit einem Vorwort von Josef H. Reichholf,
60 Monografien aus Brehms Tierleben,
70 farbigen Bildtafeln und 3 Übersichtskarten

Bei Zweitausendeins herausgegeben von Martin Weinmann.

Originalausgabe.
1. Auflage, Oktober 2007.



Lektorat: Martin Weinmann (Büro W, Wiesbaden).
Herstellung: Dieter Kohler GmbH, Wallerstein.
Satz und typografisches Konzept: Hanna Zeckau und Carsten Aermes (www.kiosk-royal.com).
Druck und Bindung: Druckerei Kösel, Krugzell.
Printed in Germany.

Dieses Buch gibt es nur bei Zweitausendeins im Versand, Postfach, D-60381, Frankfurt am Main, Telefon 069-4208000, Fax 069-415003. Internet www.Zweitausendeins.de, E-Mail Service@Zweitausendeins.de. Oder in den Zweitausendeins-Läden in Berlin, Darmstadt, Düsseldorf, Essen, Frankfurt am Main, Freiburg, Gütersloh, 2x in Hamburg, in Hannover, Karlsruhe, Köln, Leipzig, Mannheim, München, Nürnberg, Stuttgart.

In der Schweiz über buch 2000, Postfach 89, CH-8910 Affoltern a.A.

ISBN 978-3-86150-794-9

# Inhalt

## Über das Aussterben

Vorwort von Josef H. Reichholf

Als Jugendlicher streunte ich gerne durch ein Grubengelände am Rande des Neuburger Waldes bei Passau, weil dort in bestimmten Schichten Versteinerungen zu finden waren. Versteinerte Haifischzähne gab es, Muscheln und manchmal auch Seeigel. Mein Schülerwissen hatte ich hauptsächlich aus einem opulent illustrierten Time-Life-Buch mit dem verheißungsvollen Titel «Die Welt in der wir leben» bezogen. Neben Fotos gab es da auch aufregende Bilder längst ausgestorbener Tiere aus fernen Zeiten der Erdgeschichte. Ob ich auch Dinosaurierknochen finden würde? Dass dazu keine Chance bestand, wußte ich damals noch nicht; die dortigen Ablagerungen stammen aus dem Tertiär, sind also viel zu jung. Die gut erhaltenen Fossilien, die ich fand, beeindruckten mich sehr. Meerestiere bei Passau, und weit und breit kein Meer! Fast 1000 Kilometer bis zur Ostsee; und vor der näher gelegenen Adria türmen sich die Alpen auf ...

Die Haie, aus deren Kiefer die versteinerten Zähne stammten, die Muscheln und Seeigel sind seit Jahrmillionen ausgestorben. Artgenössische Nachfahren von ihnen gibt es aber noch. Von anderen frühzeitlichen Lebewesen hingegen haben sich keine direkten Abkömmlinge erhalten. Sie sind nicht allein als Arten vor Millionen Jahren ausgestorben, mit ihnen ist eine ganze Lebensform verschwunden. Vielleicht hat diesen Lebensformen eine gigantische Katastrophe ein Ende gemacht, der Einschlag eines Riesenmeteoriten von einer Zerstörungskraft schlimmer als tausend Atombomben; vielleicht aber haben sich nach und nach, fast unmerklich, die Lebensbedingungen geändert. Darüber ist sich die Dinosaurierforschung noch immer nicht so ganz im Klaren. Wie auch immer, vor 65 Millionen Jahren war das Zeitalter der Dinos unwiderruflich vorüber. Ihr Aussterben aber hatte Freiräume eröffnet. Diesen verdanken wir unsere Existenz.

Nach den Dinosauriern brach die Zeit der Säugetiere und Vögel an. Sie starteten zunächst sehr langsam, um sich dann rasch zu einem großartigen Formenreichtum aufzufächern. Auch davon zeugen heute zumeist nur noch Fossilien. Was die Stammeslinien dieser Lebensformen in den 60 Jahrmillionen der Tertiärzeit hervorbrachten, ging überwiegend zugrunde. In unsere Gegenwart hinein gelangte nur ein kleiner Teil der Fülle, die sich in den fünf Millionen Jahren zuvor entwickelt hatte. Das wiederholte und ziellose Auf und Ab der Lebensbedingungen vernichtete Vorhandenes und bescherte Neues. Vom üblichen Werden und Vergehen der Evolution blieb die Stammeslinie vom Menschenaffen zu unseren Vorfahren nicht verschont. Bis in die erdgeschichtlich jüngste Vergangenheit, bis ins Eiszeitalter, verlief sie reichlich unspektakulär. Was immer auf dieser Menschenlinie erzeugt wurde, blieb auf der Strecke. Überlebt hat nur der allerletzte Sproß, und das sind wir. Eine Schwesterart, der Neandertaler, der sich während der letzten halben Jahrmillion des Eiszeitalters ganz gut gehalten hatte, war ausgestorben, noch bevor die Eiszeit zu Ende ging. Davor hatten sich im Lauf der Entwicklung noch eine Reihe weiterer Menschenformen ausgebildet. Wahrscheinlich kennen wir längst noch nicht alle. Den Beginn der Entwicklungslinie markiert die Aufrichtung zum Zweibeiner. Die starke Größenzunahme des Gehirns kam später. Das wechselvolle Klima der Eiszeit scheint immer wieder Änderungen der Lebensweise erzwungen zu haben. Einschneidend war, dass die Menschen zu Nomaden wurden. So weit die Füße trugen und die Säuglinge geschleppt werden konnten, zogen sie in Afrika umher und verbreiteten sich bis nach Eurasien hinein.

Irgendwann, vielleicht erst vor 50.000 Jahren, ist es unseren zur heutigen Art des Homo sapiens gewordenen Vorfahren gelungen, Worte zu artikulieren, ihnen Bedeutungen zu geben und sie als neuartiges Informationssystem zu nutzen. Aller Wahrscheinlichkeit nach stand das Sprechen in direktem und lebensnotwendigem Zusammenhang mit der Jagd. Der Mensch war unsteter Sammler und Jäger; Jäger vor allem, denn sammeln und mitnehmen ließ sich bei nomadischer Lebensweise nur das, was gleichsam am Wege lag. Die Vorteile, die die Sprache mit sich brachte, müssen enorm gewesen sein. Weder die Entwicklung der Schrift noch die des Computers kommen diesem Einschnitt gleich. Bezeichnungen für Dinge, vor allem die Urformen von Namen für das Wild – Hirsch, Pferd, Mammut – und für die Umstände, unter denen es gejagt und erbeutet werden konnte, waren von der Körpergestik oder der Mimik ablösbar geworden. Den benannten Tieren geriet dies zum Verhängnis. Denn diese neuen, klugen Menschen, die ins späteiszeitliche Europa und Westasien vorgedrungen waren, nacheiszeitlich auch nach Amerika, wurden dank dieses neuartigen Informationssystems zum gefährlichsten Feind überhaupt, mit dem es die Tierwelt jemals zu tun hatte. Ein paar Jahrtausende nur, dann war der Mensch Beherrscher der Natur geworden. Eine erste große Welle der Ausrottung bestimmter Tierarten setzte ein. Sie trat zum natürlichen Prozess des Artensterbens hinzu, das es immer und überall gegeben hat – meist in gemächlichem Tempo, bei dem genug Zeit für Neuanfänge und die Entstehung neuer Arten blieb, die an die Stelle der ausgestorbenen treten konnten.

In ruhigen Zeiten der Erdgeschichte glichen sich Aussterben und Neuentstehung weitgehend aus und vollzogen sich über Hunderttausende, mitunter Millionen von Jahren, nur selten einmal bloß über zehntausend Generationen oder etwas weniger. Die großen Katastrophen, die Zeitschnitte, die die Erdgeschichte gliedern, vernichteten jedoch in kurzer Zeit weit mehr Leben als sich neu bilden konnte. Aus ihnen ging, mit langer Verzögerung, dann schließlich vielfach ganz Neues hervor. Evolution ist kein gerader Weg des Lebens, sondern oft ein chaotisches Hin und Her, ein Auf und Ab, bei dem herbe Rückschläge und lange ruhige Phasen aufeinanderfolgen.

Der zum Kulturwesen heranreifende Mensch erprobte seine neuen Fähigkeiten offenbar von Anfang an mit rücksichtsloser Konsequenz. Als er am Ende der Eiszeit der Sprache mächtig geworden war, beschleunigte er das Aussterben der großen Tiere ganz gewaltig. Vieles weist darauf hin, dass er in der Späteiszeit mehr Großtierarten aktiv ausgerottet hat als jemals später. Mammut und Riesenhirsch gehörten zu seinen Opfern, Riesenfaultiere in Südamerika und Wildpferde in Nordamerika. «Eiszeitlicher Overkill» lautet der Fachbegriff, der für das ansonsten kaum erklärbare Massenaussterben großer Säugetier- und Vogelarten gegen Ende der letzten Eiszeit verwendet wird. Um Ausrottung handelt es sich also, um das Gegenstück zum normalen und, langfristig gesehen, unvermeidlichen Aussterben. Möglicherweise fiel auch unser Vetter, der Neandertaler, diesem Overkill zum Opfer. So wie auch nicht abzuschätzen ist, wie viele Menschen seither von Menschen direkt getötet worden sind. Ganze Völker sind ausgerottet worden. Immer wieder. In früheren Jahrtausenden noch häufiger als in den letzten Jahrhunderten.

Aussterben und Ausrottung sind zwei grundverschiedene Vorgänge, so unterschiedlich wie das Notwendige und das Unnötige. Ausrottung gilt als böse Tat, Aussterben als Schicksal. Die menschliche Geschichte ist kaum weniger «brutal» als die Naturgeschichte. Kultureller Fortschritt und Wissenszuwachs gehen mit Krieg und Vernichtung einher. Wie viel Kultur ist zerstört worden; wie oft mußten Neuanfänge Altes ersetzen! Zerstörung und Vernichtung begleiten Naturgeschichte und Geschichte gleichermaßen, und zwar so sehr, dass in der einen der Krieg für den Vater aller Dinge gehalten und in der anderen der Kampf ums Dasein zum Grundprinzip erklärt worden ist. Unsere Zeit zeichnet sich vielleicht dadurch aus, dass in der menschlichen Geschichte die Vernichtung grundsätzlich geächtet ist. Ob mit Erfolg, ist eine andere Frage.

Was die Ausrottung bestimmter Arten betrifft, urteilen und verhalten sich die Menschen auch heute noch nach recht unterschiedlichen Maßstäben. Im alltäglichen Verhalten regieren meist stillschweigend spontane Bewertungen: Diese Art ist mehr oder weniger nützlich und jene mehr oder weniger schädlich. Braucht man sie denn alle, diese Tausende Arten von Käfern, Mücken, Fliegen und Wanzen? Wozu sind sie nütze? Was zwischen diesen Polen liegt, wird im Zweifelsfall der einen oder der anderen Seite zugeschlagen. Häufig sagt das Gefühl etwas ganz anderes als der Verstand. Eine Fliege oder ein Stechmücke zu erschlagen, das geht wie automatisch und macht niemandem ein schlechtes Gewissen. Einfach einen Frosch umzubringen oder Vogelnester auszunehmen, was zu Brehms Zeiten bei Kindern und Jugendlichen noch gang und gäbe war, würde heute allerdings kaum noch gelitten. Säugetiere und Vögel dürfen nach dem Tierschutzgesetz ohne vernünftigen Grund auch nicht mehr getötet werden. Dennoch scheiden sich die Geister an der Frage, was überhaupt wert sei, am Leben zu bleiben. Und damit erhaltenswert.

Im Artenschutz kennt man diese Problematik und nutzt die Neigung der Menschen zu solcherart gefühlsmäßigen Urteilen entsprechend aus. Die besten Chancen hat, was emotional anspricht. Der Facetten sind viele. Schwer zu toppen ist der große Panda, das überdimensionale Kuscheltier; anders als die anfangs nicht minder niedlichen Tigerkätzchen ernährt sich auch das ältere Tier friedfertig von Bambussprossen. Ob ihrer «Gemütlichkeit» sind auch Bären gute Herzensbrecher, oder Robben mit ihren großen Kulleraugen, die an Land kindhaft tränen, und Paradiesvögel mit verführerischer Schönheit, mit der auch die Damenwelt zu wirken weiß. Wer Sympathien für Spinnen gewinnen will, erntet zumindest anfänglich die Einstufung als Spinner. Hausratten sind zwar in Mitteleuropa weithin zu einer vom Aussterben bedrohten Art geworden. An Rattenschutzprogrammen mangelt es, während es solche für Wildbienen und Hummeln und natürlich für schöne Schmetterlinge gibt. Wer Möwen oder Stadttauben bekämpft, wird sie einfach als «Ratten der Lüfte» bezeichnen. Kormorane werden mediengerecht gern als Unterwasser-Terroristen eingestuft. Weil sie vom Fischfang leben (was ihrer Natur entspricht) und dabei auch durchaus nicht immer den richtigen Fisch packen, und den «falschen» dann verletzen (was, allerdings folgenlos, beim Angeln auch geschieht). Für Jäger waren und sind solche Tiere Raubtiere, die demjenigen Jagdwild nachstellen, hinter dem sie selber her sind; wozu haben sie schließlich ein Revier gepachtet oder ihre Jagdlizenz bezahlt. Die nette Meise hingegen, die im Winter hingebungsvoll gefüttert wird, geht nicht als Raubvogel durch, obwohl sie im Sommer von Räupchen schöner und seltener (geschützter) Schmetterlinge lebt und ihre Brut damit füttert. Der «echte» Raubvogel hingegen gibt sich offen und ehrlich an seinem krummen Schnabel und spitzen Krallen zu erkennen, mit denen er das «richtige» Wild packt. Von «Raubfischen» über «Mordwespen» bis zu «Totengräbern» reicht das höchst vielfältige Vokabular, mit dem wir Tiere belegen, weil sie so leben, wie sie ihrer Natur nach leben. Das hat Folgen, wenn es um ihren Schutz geht. Alle Singvögel sind von vornherein schon einmal «gut», und Tiere, die von Pflanzen leben, sind immer «besser» als die Fleischfresser. Es sei denn, die friedlichen Vegetarier vergreifen sich am Gemüse oder an den jungen Bäumchen im Wald.

Menschen bleiben von ähnlichen Beurteilungen nicht ausgenommen. Es wird ihnen vorgehalten, dass sie zum Beispiel auf der Weide, über die sie wandern, einen «ökologischen Fußabdruck hinterlassen», den sie besser nicht abgedrückt hätten, weil das der Natur schadet. Die Kühe aber, die mit ihren Klauen und ihrem Gewicht weit tiefer hinabdrücken, tun das nicht, auch wenn sie dabei das Gelege eines geschützten Vogels nicht nur stören, sondern zertreten, und bei ihrem Weidegang Dutzende Liter Methan ausstoßen, das zu den klimaschädlichsten Gasen überhaupt gehört. Nur der Mensch «stört» in der Natur, die ohne ihn besser sein würde. Auf solche und ähnliche Weisen werden auch Menschen in «gut» und «schlecht» eingestuft und gar nicht so selten von besonders überzeugten Naturschützern für das eigentliche Krebsgeschwür gehalten, das den wundervollen Planenten Erde heimgesucht hat. Am besten wäre es, wenn die Natur frei von Menschen und ihrem Tun bliebe. So weit schlug das Pendel mittlerweile in die Gegenrichtung aus, seit «Brehms Tierleben» erstmals eine wirklich große neuzeitliche Zusammenfassung des Wissens über die Tierwelt angeboten hat.

Wer diesem Brehm allzu starke «Vermenschlichung» vorhält, verkennt unsere Gegenwart. Es ist mehr als fraglich, ob die heutige Betrachtungsweise der Tiere weniger menschen- und zeitbezogen ist als die Brehmsche im 19. und frühen 20. Jahrhundert. Damals gaben die Schilderungen, vor allem zu solchen Arten, die bis heute «Problemarten» geblieben sind, viel unmittelbarer die Haltung der Bevölkerung wieder als in unserer Gegenwart. Die mediale Verniedlichung von Braunbär «Bruno» alias JJ1 hat dem herumwandernden Jungbären wenig genutzt. Nicht, dass er einen Menschen ernsthaft bedroht hätte oder ihm gefährlich geworden wäre. Ein paar «friedliche» Schafe, die selbstverständlich feste Besitzer und auch Namen hatten, waren mehr Wert als das Leben einer in Europa hochgradig gefährdeten Großtierart, weil dieses ein «Raubtier» ist. Dass Schafböcke immer wieder auch Menschen angreifen und ernsthaft verletzen können, wurde dabei ebenso verdrängt wie in der Diskussion um die Wiederkehr wilder Wölfe nach Mitteleuropa die vielen, durchaus nicht selten auch schwerwiegenden Unfälle mit «zahmen» Haushunden. Der Luchs wird weiterhin für listig und verschlagen gehalten, weil er dem Bambi-Rehlein aus dem Hinterhalt auflauert und so eines der in Millionenzahl vorhandenen und zu Hunderttausenden abgeschossenen Rehe unrechtmäßig erschreckt oder gar tötet. Die kleine Verwandte, die Hauskatze, wird aber gelobt, wenn sie die an sich doch auch recht niedliche Maus fängt und stolz ins Haus schleppt. Es gibt jede Menge weiterer Beispiele in dieser Richtung, und das nicht nur hier im Stammland von Brehms Tierleben, sondern global in jeder Kultur.

Tief sitzende Vorurteile müssen somit berücksichtigt werden, wenn wir uns dem Phänomen von Brehms verschwundenen Arten nähern wollen. Sind sie ausgestorben? Hat man sie ausgerottet? Arten sterben auch in unserer Zeit aus, weil ihnen der Lebensraum entzogen wird. Das war bei dem erst vor etwa einem Jahrzehnt in freier Natur ausgestorbenen brasilianischen Hokko-Huhn, dem Mitu, der Fall. Dem Klima, das in den letzten 150 Jahren ein wenig wärmer geworden ist, fiel bislang nachweislich keine Art zum Opfer. Bei manchen Tieren versäumte man, sie rechtzeitig zu retten. Das Zebra des südlichsten Afrika, das Quagga, wäre leicht zu retten gewesen, zur Ausrottung kam es aus Unwissenheit um die zu klein gewordenen Restvorkommen. Bis 1981 überlebte die Karibische Mönchsrobbe. Sie hätte nicht verschwinden müssen, als aber nur noch ein paar letzte Individuen lebten, war ihr Ende nicht mehr abzuwenden, weil zum Überleben mehr als nur das biblische Paar der Arche Noah nötig ist. Der Mittelmeer-Mönchsrobbe bleibt dieses Schicksal vielleicht erspart. Spezielle Schutzzonen sind für sie ausgewiesen. Höhlen am Meer, die sie aufsucht, bleiben den kleinen Beständen vorbehalten.

Wenn eine Art lokal, regional oder auch in einem Großraum ausgerottet wurde, gibt es vielleicht doch noch anderswo ein Vorkommen und damit die Möglichkeit zur Wiederkehr. Und wenn eine ausgerottete Art ohne nähere Verwandtschaft ist, hat ihre Lebensform auch die Chance verloren, in wenigstens recht ähnlichen Arten zu überleben. Haarspalterisch mag das alles klingen und so ganz nach Art trockener Wissenschaft. Für die betroffenen Arten ist es doch ziemlich gleichgültig, ob sie ausgestorben oder ausgerottet worden sind. Wie im alten Konflikt zwischen Jäger und Wilderer geht es um Recht und Schuld und schon gar nicht mehr um den Tod des Tieres respektive um das Ende der Art. Aber betrachten wir ein paar Beispiele näher.

Brehm bezog auch Haustiere in sein Werk mit ein. Das Urrind, den Auerochsen, gibt es seit dem Mittelalter nicht mehr. Es ist ausgestorben und auch ausgerottet worden. Was den Ausschlag gab, ist unklar. Großartige Wildrinder waren die Ure, mit starkem Körperbau, geschwungenen Hörnern, schwarzen Stieren und großer Kraft. Wie sie aussahen, wissen wir recht genau, weil es viele Bilder gibt. Die frühesten datieren zurück bis in die Eiszeit, wo in Höhlenmalereien wundervoll stilisierte Urrinder zu sehen sind, wie man sie nicht besser und prägnanter darstellen könnte; aus dem Mittelalter stammende Abbildungen, die angefertigt wurden, bevor sie verschwanden. Oder Abbildungen aus jüngster Vergangenheit, auf denen sie recht lebendig aussehen: Bilder von Rückzüchtungen nämlich, die der Urform zum Verwechseln gleichen. Sie sehen nämlich nicht nur so aus, ihrem Erbgut nach sind sie praktisch identisch mit dem Ur. Das ist deshalb möglich, weil das Ur in den vielen Formen und Rassen des Hausrindes weiterlebt, also gar nicht wirklich ausgestorben ist. Im Gegenteil: Lebendiges Erbgut des Urrindes gibt es gegenwärtig in einer Menge wie nie zuvor. 1.300 Millionen Rinder leben auf der Erde. Alle sind sie Abkömmlinge des Urrindes. Wir wissen gar nicht, ob mit dem Aussterben der frei lebenden Urform überhaupt irgendein Gen verloren gegangen ist, oder ob es sich beim wilden Auerochsen nur um eine ganz bestimmte, im Prinzip wieder-zugewinnende Kombination der Erbeigenschaften dieses Wildrindes gehandelt hatte, von dem Siegfried, der Held der Nibelungen, noch «der Ure viere» geschlagen hatte.

Ähnlich verhält es sich mit den beiden Arten von Kamelen, dem Dromedar und dem Zweihöckrigen Trampeltier, und mit dem ausgerotteten Urwildpferd, von dem Hunderte Millionen Nachkommen von Arabern bis zu Zwergponys und schweren Ackergäulen oder den wieder verwilderten Mustangs der Prärien existieren. Vom bedrohten Wolf leben als Abkömmlinge Millionen Haushunde, deren Aussehen einen «echten Wolf» höchlichst verblüffen müßte, wenn es ihn denn kümmerte. Wildschafe und Hausschafe, Wildziegen und Hausziegen, Wildhühner (Bankivahühner) und Haushühner, Stock- und Hausenten, Wild- und Haustruthähne und ein paar andere Arten mehr vervollständigen die Reihe der in riesigen Beständen den Wildformen nachgefolgten Haustierformen.

Aber es gibt nicht nur den Weg der Rückzüchtung. In Zoos und Wildparks leben seit Jahrzehnten mehr Tiger als in freier Wildbahn. Aus der Gehegehaltung und Nachzucht sind Arabische Oryxantilopen erfolgreich wieder ausgewildert worden. Hawaiigänse gelangten auf dieselbe Weise zurück auf die Inseln ihrer Herkunft, wo sie ausgestorben gewesen waren. Zu Brehms Zeit stand der Biber kurz vor der vollständigen Ausrottung. Es gab nur noch ganz kleine Restvorkommen in den Elbauen zwischen Dessau und Magdeburg, an der unteren Rhone und in Südnorwegen. Heute gehört der Biber zu den erfolgreichsten Arten größerer Säugetiere mit einem Comeback sondergleichen. Allein in Mitteleuropa dürften wieder über 20.000 Biber leben. An nahezu jedem Flußlauf, der überhaupt bibertauglich ist, siedeln Biberfamilien. Hier fällen sie im Herbst und Winter Bäume, gelegentlich zum Missvergnügen der Besitzer, oder «ernten» ein paar Dutzend Zuckerrüben, wenn das Feld an ein Biberrevier am Gewässer grenzt. Klagen über angebliche oder wirkliche Schäden sind immer verläßliche Anzeichen, dass die Wiedereinbürgerung gelungen ist. In Nordamerika und in weiten Teilen Nord- und Nordosteuropas geht es den wieder eingebürgerten Bibern nicht minder gut. Kaum noch stellt man diesem zu Brehms Zeiten so wichtigen Pelztier seines Fells wegen nach. Zeitweise siedeln Biber sogar in Großstädten, wie in München an der Isar.

Um die Türme der Münchner Frauenkirche kreisen, wie seit Jahren schon um den Kölner Dom, um das Rote Rathaus in Berlin und um Hochhäuser anderer Großstädte oder um Kamine von Heizkraftwerken, die noch vor wenigen Jahrzehnten höchst seltenen, vom Aussterben bedrohten Wanderfalken. Im Stadtgebiet von Berlin haben die einst so seltenen Seeadler gebrütet. In der weiteren Umgebung, in Mecklenburg-Vorpommern und Brandenburg, gibt es gegenwärtig so viele Brutpaare von See- und Fischadlern wie wohl sonst nirgendwo auf vergleichbar kleiner Fläche im gesamten Verbreitungsgebiet beider Arten. Von Nordosten her wandern Elche zu. Österreich haben sie erreicht. In absehbarer Zeit wird es Vorkommen frei lebender Elche auch in Deutschland geben – wie zu Zeiten der «finsteren Wälder Germaniens», die der Römer Tacitus vor zwei Jahrtausenden beschrieben hatte.

Welches Resümee können wir also ziehen, wenn wir auf die eineinhalb Jahrhunderte zurückblicken, seitdem Brehm das Tierleben inventarisiert hat? Es ist weit weniger verschwunden und verlorengegangen, als man vielleicht vermutet hat. Die nach dem späteiszeitlichen «Overkill» größte Ausrottung von Tierarten hat sich im Zeitalter der Seefahrer und Seeräuber zwischen dem 16. und 19. Jahrhundert abgespielt. In dieser Zeit verlor die Erde die meisten der rund 200 Säugetier- und Vogelarten, von denen wir wissen, dass sie im letzten halben Jahrtausend ausgestorben sind oder ausgerottet wurden. Die Stellersche Seekuh und der Riesenalk, der die einsamen Felsküsten des Nordmeeres bevölkerte, gehören zu den Opfern jener Zeiten. Oder die Dronte von

Mauritius, die als «Dodo» sprichwörtlich geworden ist – wer «tot wie ein Dodo» ist, ist wirklich tot.

Beinah unfaßlich ist, wie es zur Ausrottung der nordamerikanischen Wandertaube kommen konnte. Anders als bei der Dronte zählten diese Tauben nicht nach Hunderten, sondern nach Hunderten von Millionen. Undenkbar, dass eine so häufige Vogelart jemals ausgerottet werden würde, deren herumziehende Schwärme den Himmel verfinstert haben wie die Heerscharen von Heuschrecken, von denen schon die Bibel berichtet. Das Unvorstellbare geschah, und die letzte Wandertaube starb am 1. September 1914 im Zoo von Cincinnati. Man hatte sie nicht nur zu Millionen abgeschossen, mit der Rodung der östlichen Laubwälder hatte man ihr auch ihren Lebensraum genommen. Wenn die Eichen reichlich Eicheln trugen, hatten dort die Wandertauben in riesigen Kolonien gebrütet. 1650 hatten die amerikanischen Laubwälder eine Ausdehnung fast so groß wie Europa (ohne Russland); 1900 waren diese Wälder bis auf wenige Prozent weggerodet worden. Den fast vollständigen Verlust ihres Lebensraumes und die ungezügelte Bejagung hat die kleine Taube nicht überlebt.

Während die amerikanische Wandertaube zu verschwinden begann, schickte sich eine entfernte Verwandte, die Türkentaube, von Südwestasien her an, Europa zu erobern. In kaum mehr als einem halben Jahrhundert wurde sie zur zweithäufigsten Taube. Zugleich breitete sich in Nordamerika mit ähnlicher Geschwindigkeit wie in Europa die Türkentaube eine europäische Vogelart aus, der Star. Der Star hat in Nordamerika, wenn man so will, den Platz der Wandertaube eingenommen, jedenfalls zählt er dort inzwischen zu den häufigsten, in vielen Millionen Individuen vorkommenden Vogelarten.

Mit dem Untergang der Wandertaube ging auch das Aussterben von Säugetieren und Vögeln weitestgehend zu Ende. Seit Anfang des 20. Jahrhunderts gibt es keine Nachweise des Tasmanischen Beutelwolfes mehr. Er gehört zu den allerletzten Säugetieren, die seit der Veröffentlichung von Brehms Tierleben definitiv ausgestorben sind. Das Quagga, eine fast ungestreifte Unterart des Steppenzebras, lebt seit etwa 1910 nicht mehr. Danach starb wahrscheinlich nur noch eine einzige größere Säugetierart aus, der Chinesische Flussdelphin. Vermutlich hat ihn das Schicksal eines hoffnungslos zu klein gewordenen Restbestandes gerade erst zu Beginn des 21. Jahrhunderts ereilt.

Ähnlich positiv in der Gesamtbilanz entwickelte sich die Lage bei den Vögeln. Beide Großgruppen, die Säugetiere und die Vögel, sind gegenwärtig sicherer denn je. Weil man sie kennt und über ihre Verhältnisse Bescheid weiß, können gezielte Schutzmaßnahmen greifen. Auf der winzigen Inselgruppe der Seychellen im Indischen Ozean ist in den letzten 30 Jahren ein kleiner Rohrsänger, der Seychellenrohrsänger, von dem es nur noch eine gute Handvoll Individuen gegeben hatte, wieder so erfolgreich vermehrt worden, dass sein Aussterben derzeit nicht mehr unmittelbar zu befürchten ist. Vögel sind anpassungsfähig, zwar nicht ausnahmslos alle Arten, aber viele. Noch anpassungsfähiger sind die allermeisten Säugetiere. Gibt man ihnen echte Chancen, wird der Erfolg nicht ausbleiben. Deshalb stellt gegenwärtig die zu starke Schrumpfung oder gar die Vernichtung der Lebensräume, in denen hochgradig spezialisierte Arten vorkommen, die Hauptbedrohung für ihr Überleben dar. Die direkte Vernichtung, die Ausrottung, ist nicht mehr das Problem, das es vor gut einem Jahrhundert tatsächlich noch gewesen ist. Indirekte Wirkungen sind gefährlicher, zumal auf Inseln, wo es keine Ausweichmöglichkeiten gibt. Da können eingeschleppte Ratten und Katzen, verwilderte Schweine oder Ziegen verheerender wirken als der Verlust an Lebensraum. Die Tierwelt von Inseln gilt ganz zu Recht als besonders gefährdet. Je kleiner eine Insel ist und je weiter vom Festland sie entfernt liegt, desto kritischer ist die Lage. Verinseln können aber auch besondere Lebensräume auf dem Festland. Sobald zwischen existierenden Vorkommen kein Austausch mehr möglich ist, droht Gefahr.

So wird das Birkhuhn außerhalb der Alpen in Mitteleuropa wohl aussterben, weil die Vorkommen zu klein geworden und zu isoliert voneinander sind. Als Art bleibt das Birkhuhn, der «Spielhahn» der oberbayerischen und österreichischen Volkstradition, jedoch sicherlich erhalten, weil die Vorkommen in den Alpen auf absehbare Zeit noch groß genug sind und das Verbreitungsgebiet des Birkhuhns riesig ist – es erstreckt sich über die nordischen Wälder von ganz Eurasien. Es gibt also Hoffnung. Der Artenschutz ist in unserer Gesellschaft gut verankert. Die Zahl der erfolgreichen Rückkehrer überwiegt die Verluste der letzten Jahrzehnte bei weitem.

Das gilt allerdings nur für die Säugetiere und Vögel, nicht für die übrige Tierwelt. Diese ist viel stärker von der Witterung abhängig, insbesondere vom Kleinklima. Und dieses hat sich in der zweiten Hälfte des 20. Jahrhunderts erheblich verschlechtert. Im angestammten Lebensraum der Kriechtiere und Wildbienen, der meisten Schmetterlinge und vieler Käfern ist es kälter und nässer geworden. Dass Eidechsen und Lerchen, Tagfalter und Nachtschwärmer immer seltener werden, liegt an der viel zu schnell und viel zu dicht aufwachsenden Vegetation. Sie ist viel zu gut gedüngt. In der Landwirtschaft wird seit rund 20 Jahren viel mehr Dünger ausgebracht als über die Ernte dem Boden wieder entzogen wird. Nährstoffe, allen voran die Stickstoffverbindungen, reichern sich an und begünstigen das Wachstum einiger weniger Pflanzenarten. Die große Mehrzahl der auf magere Böden eingestellten Arten werden dadurch zurückgedrängt. Mit einer ganzen Kaskade von Wirkungen. Sie beginnen beim Verschwinden vieler Pflanzen, gehen über die starke Abnahme der Kleininsekten weiter bis zum Niedergang von Lerchen, Rebhühnern und Hasen. Rund die Hälfte des gesamten Artenspektrums von Tieren und Pflanzen hat die neueste «Rote Liste der gefährdeten Arten» für Bayern als gefährdet ausgewiesen. Fast 10.000 der 16.000 untersuchten Tier- und gut 3.000 Pflanzenarten sind das. Damit hätte der «Alte Brehm» sicherlich nie gerechnet. Seine Zeit war noch durch den Mangel gekennzeichnet; durch den Mangel an Pflanzennährstoffen im Boden und an Nahrungsmitteln für die Menschen. Heute ist das Übermaß an Stickstoffverbindungen, die in ganz Mitteleuropa pro Jahr und Hektar mit über 100 Kilogramm zu viel in die Böden gelangen, das Hauptproblem für den Fortbestand der Artenvielfalt. Der Stickstoff des Kunstdüngers ist zum «Erstick-Stoff» geworden. Doch dieser ist gar nicht einmal der Hauptschuldige an der Überdüngung. Weitaus Schlimmeres kam mit der Gülle, weil heute das meiste Vieh im Stall steht und nicht mehr auf die Weide darf. Wenn das Land mehrmals im Jahr zum Himmel stinkt, reagiert die Natur auf ihre Weise. Die große Welt der kleinen Tiere, der Kriechtiere und Lurche, der Schmetterlinge und Käfer sowie der meisten anderen Insekten wird verdrängt. Sehr viele Arten davon sind in den Roten Listen gelandet.

Die großen Säugetiere und Vögel hingegen profitieren von der Überdüngung des Landes. Und wer kann, zieht in die Städte. Sie sind heute zu den wichtigen Inseln des Artenreichtums geworden. Wanderfalken an den Türmen, Biber im Stadtbach und Wildschweine in den Vorgärten drücken nur augenfällig aus, was sich auf breiter Front in den letzten Jahrzehnten vollzogen hat. Die wilden Tiere haben Einzug in die Städte gehalten. Dort leben sie unter friedlicheren und sichereren Bedingungen als draußen auf dem Land. Nicht einmal unsere Naturschutzgebiete können ihnen das bieten, was die ihrer Gesamtfläche nach zehnmal größeren Städte für sie bereithalten: Reichtum an Strukturen, reichlich Nahrung, günstiges Klima und kaum irgendwelche Verfolgung. Die Städter sind den wilden Tieren zugetan.

Da gibt es viele schöne Geschichten, die «Tiervater Brehm» zu erzählen wüßte.

# VÖGEL AVES

# Ausgestorbene Vogelarten und -unterarten; Verbreitung

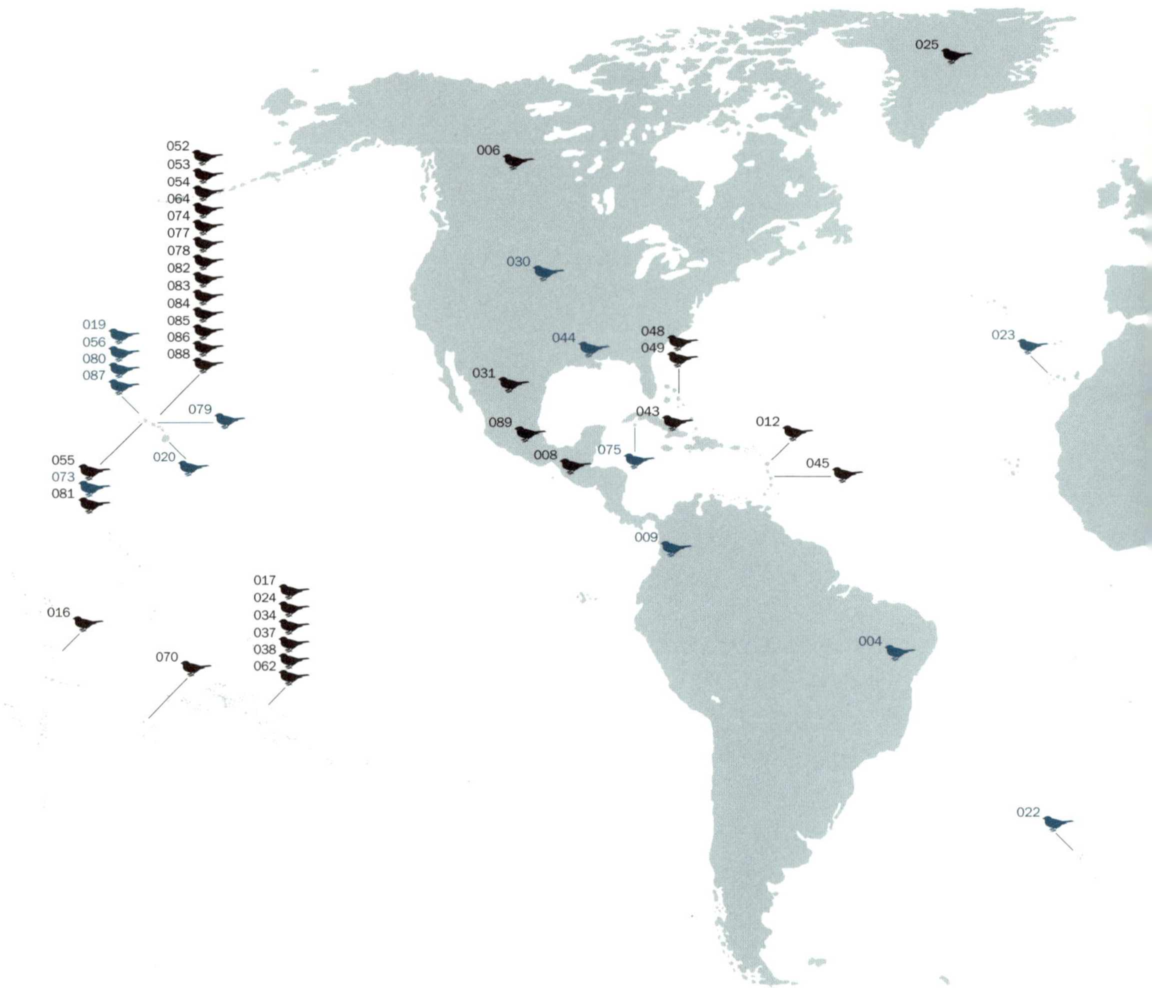


**Arten insgesamt: 9917**
Ausgestorbene Arten und Unterarten: 86
In Wildnis ausgestorbene Arten und Unterarten: 3

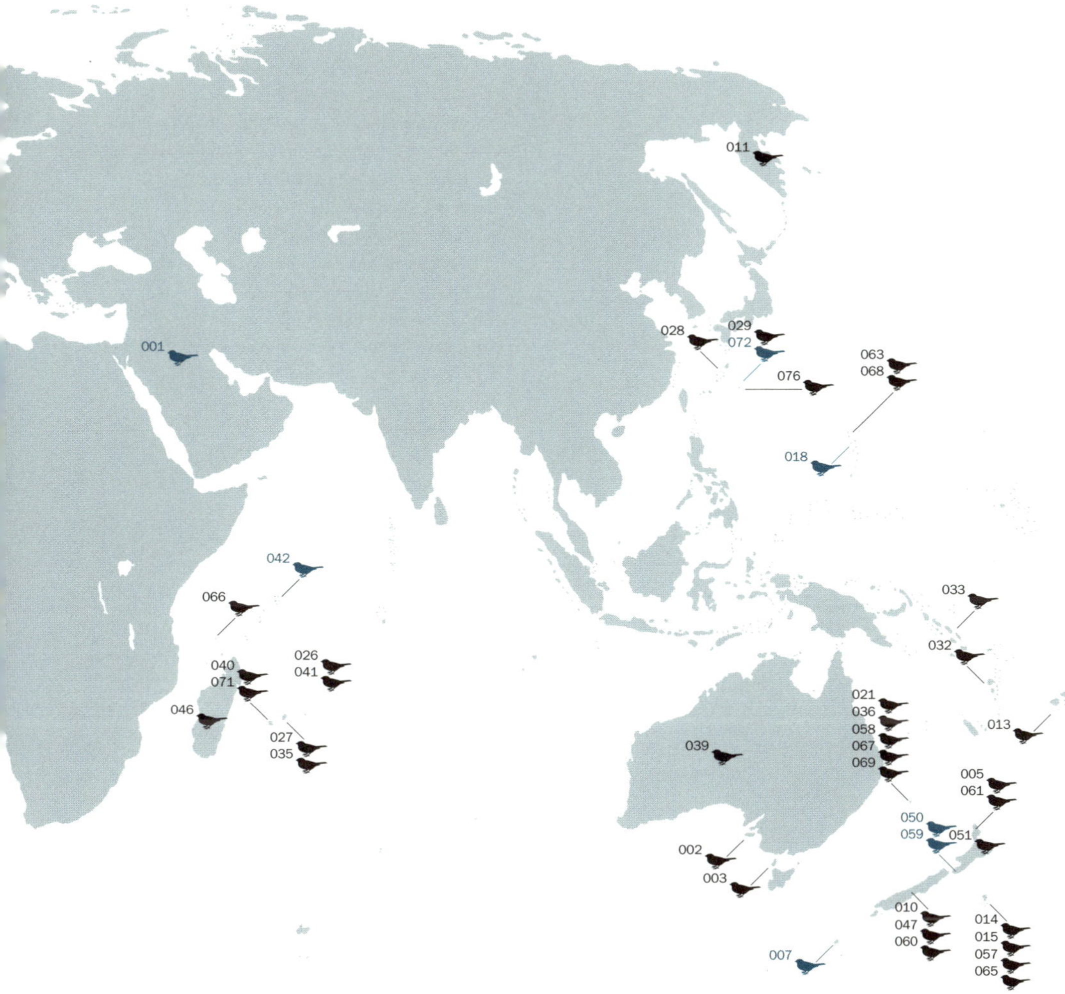

011
028
029
072
001
063
068
076
018
042
066
033
032
040
071
026
041
046
027
035
021
036
058
067
069
039
013
005
061
050
059
051
002
003
010
047
060
014
015
057
065
007

## Ausgestorbene Vogelarten und -unterarten; Ursachen*

| | | | | | | | |
|---|---|---|---|---|---|---|---|
| | | x | | | | | 001 **Arabischer Strauß** *Struthio camelus syriacus* ☞ 7 |
| | x | | | | | | 002 **Känguruinsel-Emu** *Dromaius baudinianus* |
| | x | x | | | | | 003 **King-Insel-Emu** *Dromaius ater* |
| | x | | | | | x | 004 **Alagoas-Hokko** *Mitu mitu* ☞ 24 |
| x | x | x | x | | | x | 005 **Schwarzbrustwachtel** *Coturnix novaezelandiae* |
| x | x | x | x | x | x | | 006 **Labrador-Ente** *Camptorhynchus labradorius* |
| x | | x | | | | | 007 **Auckland-Säger** *Mergus australis* ☞ 33 |
| x | x | x | | | | | 008 **Atitlán-Taucher** *Podilymbus gigas* |
| x | x | | | | | | 009 **Anden-Taucher** *Podiceps andinus* ☞ 36 |
| ? | ? | ? | ? | ? | ? | ? | 010 **Neuseelanddommel** *Ixobrychus novaezelandiae* |
| | | x | | | | | 011 **Brillenkormoran** *Phalacrocorax perspicillatus* |
| | x | x | | | | | 012 **Guadalupe-Insel-Geierfalke** *Caracara lutosa* |
| x | | | | | | | 013 **Bindenflügelralle** *Nesoclopeus poecilopterus poecilopterus* |
| x | | x | | | | | 014 **Chatham-Inselralle** *Gallirallus modestus* |
| x | x | | | | | | 015 **Dieffenbach-Ralle** *Gallirallus dieffenbachii* |
| | x | x | | | | | 016 **Wake-Insel-Ralle** *Gallirallus wakensis* |
| x | | x | | | | | 017 **Rotschnabelralle** *Gallirallus philippensis ecaudatus* |
| x | | | | | | | 018 **Kusaei-Sumpfhuhn** *Porzana monasa* ☞ 42 |
| x | x | | | | | | 019 **Laysan-Sumpfhuhn** *Porzana palmeri* ☞ 42 |
| x | | | | | | | 020 **Hawaii-Sumpfhuhn** *Porzana sandwichensis* ☞ 42 |
| | | x | | | | | 021 **Lord-Howe-Sumpfhuhn** *Porphyrio albus* |
| x | x | x | | | | | 022 **Tristan-Ralle** *Gallinula nesiotis* ☞ 47 |
| x | x | | | | | | 023 **Kanarischer Austernfischer** *Haematopus meadewaldoi* ☞ 51 |
| x | | | | | | | 024 **Gesellschaftsinselläufer** *Prosobonia leucoptera* |
| | | x | | | | | 025 **Riesenalk** *Pinguinus impennis* |
| x | x | x | | | | | 026 **Rodriguez-Einsiedler** *Pezophaps solitaria* |
| | | x | | | | | 027 **Dodo** *Raphus cucullatus* |
| | x | | | | | | 028 **Ryoukyu-Taube** *Columba jouyi* |
| x | | | | x | x | | 029 **Bonin-Inseltaube** *Columba versicolor* |
| | x | x | | | | | 030 **Wandertaube** *Ectopistes migratorius* ☞ 56 |
| x | x | x | | | | | 031 **Socorrotaube** *Zenaida graysoni* |
| ? | ? | ? | ? | ? | ? | ? | 032 **Tanna-Taube** *Gallicolumba stairi* |
| x | | x | | | | | 033 **Choiseul-Erdtaube** *Microgoura meeki* |
| x | | | | | | | 034 **Rotbartfruchttaube** *Ptilinopus mercierii mercierii* |
| | x | x | | | | | 035 **Mauritius-Blau-Taube** *Alectroenas nitidissima* |
| | x | x | | | | | 036 **Dünnschnabelnestor** *Nestor productus* |
| | x | x | | | | | 037 **Braunkopflaufsittich** *Cyanoramphus ulietanus* |
| x | x | x | | | | | 038 **Tahiti-Laufsittich** *Cyanoramphus zealandicus* |
| x | x | x | | x | | | 039 **Paradiessittich** *Psephotus pulcherrimus* |
| | x | x | | | | | 040 **Maskarenen-Sittich** *Mascarinus mascarin* |
| | x | x | | | | | 041 **Rodriguez-Halsbandsittich** *Psittacula exsul* |
| | x | x | | | | | 042 **Seychellen-Sittich** *Psittacula wardi* ☞ 65 |
| | | x | | | | | 043 **Dreifarbenara** *Ara tricolor* |
| | | x | | | | | 044 **Karolina-Sittich** *Conuropsis carolinensis carolinensis* ☞ 68 |
| | x | x | | | | | 045 **Martinique-Amazone** *Amazona imperialis* |
| x | x | | | | | | 046 **Delalende-Coua** *Coua delalandei* |

*v. l. n. r. nach Häufigkeit geordnet

| | | | | | | | |
|---|---|---|---|---|---|---|---|
| 047 **Südlicher Lachkauz** *Sceloglaux albifacies albifacies* | x | x | | | | | |
| 048 **Braces Kolibri** *Chlorostilbon bracei* | | x | | | | | |
| 049 **Goulds Kolibri** *Chlorostilbon elegans* | ? | ? | ? | ? | ? | ? | ? |
| 050 **Busch-Neuseeland-Schlüpfer** *Xenicus longipes longipes* ☞ 74 | x | x | | | | | |
| 051 **Stephen-Insel-Schlüpfer** *Xenicus lyalli* | x | | | | | | |
| 052 **Schmalfederhonigesser** *Chaetoptila angustipluma* | x | x | | | x | x | |
| 053 **Oahu-Krausschwanz** *Moho apicalis* | x | x | | x | | | |
| 054 **Bishop-Krausschwanz** *Moho bishopi* | x | x | | x | | | |
| 055 **Kauai-Krausschwanz** *Moho braccatus* | x | x | | x | | | |
| 056 **Hawaii-Krausschwanz** *Moho nobilis* ☞ 76 | x | | x | x | x | | |
| 057 **Chatham-Glockenhonigesser** *Anthornis melanura melanocephala* | x | x | | | | | |
| 058 **Lord-Howe-Grasbuschpfeifer** *Gerygone igata insularis* | x | | | | | | |
| 059 **Hopflappenvogel** *Heteralocha acutirostris* ☞ 78 | x | x | x | x | | | |
| 060 **Südlicher Piopio** *Turnagra capensis capensis* | x | | | | | | |
| 061 **Nördlicher Piopio** *Turnagra capensis tanagra* | x | x | x | | | | |
| 062 **Maupiti-Monarch** *Pomarea nigra pomarea* | x | | | | | | |
| 063 **Guam-Monarch** *Myiagra oceanica freycineti* | x | | | | | | |
| 064 **Hawaiianischer Rabe** *Corvus hawaiiensis* | | x | x | | | | |
| 065 **Chatham-Grassänger** *Megalurus punctatus rufescens* | x | x | | | x | | |
| 066 **Aldabra-Insel-Buschsänger** *Nesillas aldabrana* | x | | | | | | |
| 067 **Lord-Howe-Brillenvogel** *Zosterops tenuirostris strenuus* | x | | | | | | |
| 068 **Kosrae-Singstar** *Aplonis corvina* | x | | | | | | |
| 069 **Norfolk-Insel-Star** *Aplonis fusca fusca* | | x | | | | | |
| 070 **Schlichtstar** *Aplonis mavornata* | x | | | | | | |
| 071 **Hopfstar** *Fregilupus varius* | x | x | | | | | |
| 072 **Bonin-Drossel** *Zoothera terrestris* ☞ 82 | x | | | | | | |
| 073 **Große Kauai-Drossel** *Myadestes myadestinus* ☞ 82 | x | x | | x | | | |
| 074 **Oahu-Omao** *Myadestes woahensis* | | x | | | | | |
| 075 **Rotaugendrossel** *Turdus ravidus* ☞ 82 | | x | | | | | |
| 076 **Boninfink** *Chaunoproctus ferreorostris* | x | x | | | | | |
| 077 **Akiapolaau** *Dyrmorodrepanis munroi* | x | x | | | | | |
| 078 **Lanai-Akialoa** *Hemignathus ellisianus lanaiensis* | x | | | x | x | x | |
| 079 **Oahu-Akialoa** *Hemignathus ellisianus ellisianus* ☞ 90 | x | | | x | x | x | |
| 080 **Hawaii-Akialoa** *Hemignathus obscurus* ☞ 90 | x | x | | x | x | | |
| 081 **Kauai-Akialoa** *Hemignathus ellisianus stejnegeri* | x | | | x | x | | |
| 082 **Einsiedlergrünkleidervogel** *Hemignathus sagittirostris* | x | | | x | x | x | |
| 083 **Kona-Papageischnäbler** *Chloridops kona* | x | | | | x | x | |
| 085 **Palmer-Papageischnäbler** *Rhodacanthis palmeri* | x | | x | | | | |
| 085 **Anna-Kleidervogel** *Ciridops anna* | x | | | | x | x | |
| 086 **Schwarzmamo** *Drepanis funerea* | x | x | | | | | |
| 087 **Mamo** *Drepanis pacifica* ☞ 93 | x | x | x | x | x | x | |
| 088 **Molokai-Kletterkleidervogel** *Paroreomyza flammea* | x | | | | x | x | |
| 089 **Sumpfgrackel** *Quiscalus palustris* | | x | | | | | |

## Arabischer Strauß *Struthio camelus syriacus* Rothschild, 1919 *

*Unterart von *Struthio camelus*, im folgenden Text allgemein beschrieben; kein Präparat oder geeignetes Bildmaterial von *Struthio camelus syriacus* verfügbar, deshalb Illustration des äußerlich sehr ähnlichen *Struthio camelus*

**Größe:** 210 – 270 cm **Gewicht:** 100 – 180 kg **Lebenserwartung:** bis zu 70 Jahre **Ehemaliges Verbreitungsgebiet:** Arabische Halbinsel, Naher Osten **Zeitpunkt des Aussterbens:** 1966 **Ursachen des Aussterbens:** Jagd nach Fleisch; Jagd nach Federn zur Schmuckherstellung **Besonderes:** größte Augen aller lebenden Landtiere; Fehlen von Zähnen, deshalb Aufnahme von bis zu 1,5 kg schweren Steinen, Schlüsseln, Türklinken, Nägeln, Glas oder anderer Gegenstände zum Zermahlen der Nahrung im Magen

Der Mensch verfolgt alle Kurzflügler, die einen ihrer Federn, die anderen ihres Fleisches wegen, hält auch alle Arten in Gefangenschaft und versucht neuerdings, die wichtigsten zu Hausthieren zu machen. Die Unterschiede der gegenwärtig noch lebenden Kurzflügler sind so erheblich, daß fast jeder einzelne als Urbild einer besonderen Familie angesehen wird.

Vertreter der ersten dieser Familien (Struthionidae) ist der **Strauß** ☞ Fig. 1, «Nâame» der Araber, «Gorojo» der Somali, «Akwir» der Begawi usw. *(Struthio camelus* und *australis)*. Er kennzeichnet sich durch sehr kräftigen Leib, langen, größtentheils
nackten **Hals**, kleinen, platten **Kopf**, große, glänzende **Augen**, deren oberes **Lid** 1 2 3 4
**Wimpern** trägt, unbedeckte, offene, innen mit haarartigen Gebilden besetzte **Ohren**, 5 6
mittellangen, stumpfen, vorn abgerundeten, an der Spitze platten, mit einem **Horn-** 7
**nagel** bedeckten, geraden **Schnabel**, dessen **Kinnladen** biegsam sind, und dessen 8 9
**Mundspalte** bis unter das Auge reicht, längliche, ungefähr in der Mitte des Schnabels 10
sich öffnende **Nasenlöcher**, hohe, starke, auf dem Schenkel nur mit einigen Borsten 11
bekleidete, übrigens nackte **Beine**, groß geschuppte **Läufe** und zweizehige **Füße**, deren 12 13 14

15 16 innere **Zehe** mit einem großen, breiten und stumpfen **Nagel** bewehrt ist, ziemlich
17 untüchtige, mit doppelten Sporen besetzte **Flügel**, welche an Stelle der Schwingen
18 lange, schlaffe, weiche, hängende Federn tragen, ziemlich langen **Schwanz**, welcher
aus ähnlichen Federn besteht, und nicht undichtes, aus schlaffen, gekräuselten Federn
gebildetes Gefieder, welches auf der Brustmitte eine hornige Schwiele unbekleidet
19 läßt. Beim Männchen sind alle kleinen Federn des **Rumpfes** kohlschwarz, die langen
Flügel- und Schwanzfedern aber blendendweiß, die nackten Halstheile hochroth, die
Schenkel fleischfarben. Das Auge ist braun, der Schnabel horngelb. Beim Weibchen ist das Kleingefieder braungrau, nur auf den Flügeln und in der Schwanzgegend schwärzlich; Schwingen und Steuerfedern sind unrein weiß. Die jungen, unreifen Vögel tragen, sobald sie das Nestkleid angelegt, ein dem Weibchen ähnliches Gefieder. Die Höhe des erwachsenen männlichen Straußes beträgt ungefähr dritthalb, die Länge von der Schnabelspitze bis zum Schwanzende mindestens zwei Meter, das Gewicht etwa fünfundsiebzig Kilogramm.

Der Strauß wird von den Alten oft erwähnt. Altegyptische Wandgemälde stellen ihn als einen dem Könige dargebrachten Pflichtzoll dar, ebenso wie seine Federn unter derartigen Gaben ihre Rolle spielen oder als Zierat des Hauptes verschiedener Gottheiten, Heerführer und Krieger Verwendung finden. Die Königin Arsinoë wurde, laut Pausanias, als auf einem Strauße reitend dargestellt; die Federn des Vogels galten als Sinnbild der Gerechtigkeit. Von den Assyrern wurde er wahrscheinlich als heiliger Vogel verehrt, und seine Federn zieren die Gewänder der auf dem ältesten Bauwerke zu Nimrud dargestellten Menschen. Herodot erwähnt, daß das lybische Volk der Maken im Kriege die Häute der Strauße zum Schutze trug, Strabo, daß die Struthophagen sich in das Fell eines Straußes kleiden, um die Riesenvögel zu berücken. Xenophon, Aristoteles, Diodorus Siculus, Plinius, Aelian und andere berichten über Gestalt und Wesen, Vorkommen und Lebensweise. Aelius Lampridius erzählt, daß der Kaiser Heliogabal bei einem Schmause die Köpfe von sechshundert Straußen, deren Gehirn verzehrt werden sollte, auftragen ließ, Julius Capitolinus, daß bei den Jagdspielen des Kaisers Gordian dreihundert roth gefärbte Strauße erschienen, Flavius Vopiscus, daß Kaiser Probus bei einer ähnlichen Gelegenheit eintausend dieser Vögel dem Volke preisgab. Alte chinesische Werke erwähnen Straußeneier, welche Kaisern des Himmlischen Reiches geschenkt wurden. In der Bibel wird der Strauß vielfach genannt, den unreinen Thieren beigezählt und als einsam lebender, geistloser Vogel geschildert. Im Mittelalter gelangten seine Federn auch auf unsere Märkte und behaupteten sich fortan als geschätzter Schmuck der männlichen und weiblichen Kleidung.

x Steppen und **Wüsten** Afrikas und Westasiens beherbergen den Strauß. In früheren Zeiten ist er unzweifelhaft viel häufiger gewesen als gegenwärtig, hat auch Oertlichkeiten, Gegenden und Länder bevölkert, in denen er jetzt ausgerottet ist: ein Wüstenvogel aber war er von jeher. Er bewohnt die Sahara und die Lybische Wüste, alle Steppen Innerafrikas und die südlichen Ebenen des Erdtheiles, ebenso aber auch

Fig.1 **Arabischer Strauß** *Struthio camelus syriacus* (1/16 der Originalgröße, Illustr. nach *Struthio camelus*); Inv. Nr. ZMB 2000.8516

weite Landstriche Westasiens. Das Vordringen des Europäers hat ihn aus vielen Gegenden Afrikas, in denen er früher häufig war, zurückgedrängt; demungeachtet verbleiben ihm noch so viele geeignete Oertlichkeiten, daß man sagen darf, er fehlt keinem ausgedehnteren Landstriche Afrikas. Sein Wohnkreis beginnt im Süden Algeriens und reicht bis tief in das Kapland hinein, ebenso wie er, mit Ausnahme der bewaldeten Küstenländer, im Westen nicht minder als im Osten gefunden wird. In Nordegypten, wo Burkhardt ihn noch im Jahre 1860 zwischen Kairo und Sues antraf, ist er gegenwärtig ausgerottet; von Mittelegypten an nach Süden hin aber lebt er heute noch in namhafter Anzahl, obwohl auch er erst in den Steppen, also südlich von dem Wüstengürtel, häufig wird. Hartmann bemerkt, daß in der Bahiudasteppe, wo Hemprich und Ehrenberg im Jahre 1823 noch Strauße jagten, solche kaum mehr anzutreffen seien: ich kann dieser Angabe auf das bestimmteste widersprechen, da ich gerade in der Bahiuda sehr häufig Straußenfährten bemerkt habe. Meine Erfahrungen stimmen in dieser Beziehung durchaus mit denen Heuglins überein, welcher sehr richtig bemerkt, daß der Strauß heute noch in den Wüsten und Steppenwüsten zwischen dem Nile und Rothen Meere vorkomme und in den wirklichen Steppen, von der Samhara angefangen, durch das ganze Gebiet des Nils und weiter nach Westen hin, häufig auftrete. Die Länder Daka bis zum Barka, die Steppen der Schukeríe und der Dahiëna, Akhelin, nach Norden hin bis Khalabat und Sarago, die sogenannte Insel Sennâr oder alles zwischen dem Blauen und Weißen Nil liegende Land, die ganze südliche Bahiuda Kordofân, Dar el Fur und Takhale beherbergen Strauße in Menge, und ebenso findet sich der Riesenvogel, laut Heuglin, im Gebiete des Weißen Flusses, wenn auch bloß in den höheren und sandigeren Gegenden. Südöstlich des Nilgebietes meidet er auch nur Gebirgsländer, beispielsweise Abessinien, tritt aber in allen Ebenen, selbst in Hochebenen, ebenso regelmäßig auf wie dort. In der südlichen Sahara ist er nirgends selten, und von hier aus erstreckt sich sein Verbreitungsgebiet mehr oder minder ununterbrochen bis nach dem Süden des Erdtheiles. Hier begegneten ihm alle Reisenden, welche tiefer in das Innere des Landes eindrangen, vorausgesetzt, daß sie trockene, sandige, wüstenhafte Gebiete durchzogen. In Asien mag sein Verbreitungskreis vormals viel ausgedehnter gewesen sein als in der Jetztzeit; aber auch gegenwärtig noch kommt er hier, wie Hartlaub mit ebensoviel Fleiß als Gelehrsamkeit festgestellt hat, in den Wüsten des Euphratgebietes, insbesondere der Bassida und der Dekhena, auf allen geeigneten Oertlichkeiten Arabiens und endlich in einzelnen Theilen Südpersiens vor. Vâmbéry hörte sogar, daß er zuweilen noch am unteren Laufe des Oxus, in der Gegend von Kungrad, gefunden werde und dort den Namen Kamel- oder Koffervogel führe. Sandige Strecken der Wüste, denen aller Pflanzenwuchs mangelt, können Strauße selbstverständlich nicht ernähren; man begegnet ihnen innerhalb des Wüstengürtels daher nur in Niederungen, in denen ein wenn auch spärlicher Pflanzenwuchs den Boden deckt; wohl aber sieht man, wie Heuglin richtig hervorhebt, auch auf gänzlich pflanzenlosen Strecken, sogenannten Hammadas, nicht allzuselten die Fährten des Vogels, welcher, von einer Niederung zur anderen ziehend, solche Sandmeere durchwandert. In Südafrika scheinen derartige Reisen regelmäßiger zu geschehen als im Norden; wenigstens gedenken alle Reisenden, welche Gelegenheit hatten, eingehendere Beobachtungen zu sammeln, des zeitweiligen Auftretens und Wiederverschwindens von Straußen in einem und demselben Gebiete. Eintretende Dürre zwingt die Vögel, bestimmte Weidegebiete zu verlassen und andere, oft weit entfernte, sogar auf sonst gemiedenen Höhen gelegene, aufzusuchen, und ihre außerordentliche Bewegungsfähigkeit setzt sie in den Stand, weite Reisen mit Leichtigkeit zurückzulegen. Selbst in den reichen Steppen, deren endlose Graswälder, mit Buschwald bestandene Einsenkungen und Felder jahraus jahrein Nahrung gewähren, führen die Strauße, ohne eigentlich Zugvögel zu sein, ein Wanderleben und schweifen, so lange sie die Brut nicht an eine bestimmte Stelle bindet, in engeren oder weiteren Grenzen umher.

Einige Reisende, unter ihnen Lichtenstein, sprechen von sehr ansehnlichen Straußenherden, welche sie von ihrem Wege aus gesehen haben, und auch Heuglin erwähnt, daß er im Herbste des Jahres 1854 Trupps von meist jungen Vögeln begegnet sei, deren Anzahl wohl funfzig bis sechzig betragen mochte. Regel ist dies nicht, vielmehr immer nur Ausnahme. Gewöhnlich lebt der Strauß im Süden wie im Norden des Erdtheiles in kleinen Trupps von fünf bis sechs Stück oder selbst in Familien, in denen man dann meist mehr Hennen als Hähne bemerkt. Eine solche Familie scheint ein ziemlich ausgedehntes Weidegebiet zu haben und an demselben mit einer gewissen Zähigkeit festzuhalten. Die erste Bedingung, welche der Vogel an seinen Aufenthalt stellt, ist Vorhandensein von Wasser. Da, wo solches reichlich vorhanden und nicht überall von Menschen in Besitz genommen wurde, stößt man jederzeit, wenn auch nicht auf Strauße selbst, so doch auf unverkennbare Anzeichen ihres Vorkommens, auf ihre Fährten, welche nicht verwechselt werden können, Lichtenstein beobachtete, daß sie nach den Quellen, aus welchen sie zu trinken pflegen, immer auf einem und demselben Wege gehen, so daß dadurch gerade Bahnen ausgetreten werden, welche in den unbewohnten Gegenden oft auf die Vermuthung führen, daß man Fußsteige von Menschen vor sich habe. Da, wo der Unterschied der Jahreszeiten und ihre Einwirkung auf die Pflanzenwelt nicht so groß ist, daß der Strauß zum Wandern gezwungen wird, behält er das einmal gewählte Gebiet wahrscheinlich jahraus, jahrein bei und entfernt sich selten über die Grenzen desselben.

Das tägliche Leben des Straußes verläuft ziemlich regelmäßig. In den Früh- und Nachmittagsstunden sind alle Mitglieder eines Trupps mit der Weide beschäftigt. Hierbei wandeln sie, gemächlich schreitend, etwas von einander getrennt, durch ihr Gebiet, von einer genießbaren Pflanze zur anderen sich wendend. Gegen die Mittagszeit hin haben sie ihren Magen gefüllt und ruhen nun entweder einige Stunden, bald auf den Fußwurzeln hockend, bald auf dem Bauche liegend, oder tummeln sich munter und übermüthig umher, führen die wunderlichsten Tänze aus, indem sie wie toll in einem engen Kreise hin- und herlaufen, die Flügel heben und zitternd schwingen, als ob sie versuchen wollten, in die Luft sich zu erheben. Die drückendste Sonnenhitze scheint sie nicht im mindesten zu belästigen, ebensowenig als der glühende Sand sie behelligt. Später gehen sie vielleicht zur Tränke, nehmen sogar, wie Heuglin beobachtete, ein Bad im Meere, indem sie auf Sandbänken in das Wasser waden und hier, oft weit vom Ufer entfernt, bis an den Hals eingetaucht, längere Zeit stehend verweilen. Nachmittags weiden sie wiederum, und gegen Abend suchen sie an irgend einer geeigneten Stelle ihr Nachtlager, legen sich mit zusammengeknickten Beinen auf den Bauch und schlafen, ohne jedoch auch jetzt noch ihre Sicherung zu vernachlässigen. Vor drohenden Gewitterstürmen legen sie sich ebenfalls nieder; im allgemeinen aber lieben sie Bewegung mehr als Ruhe.

Die starken und behenden Läufe ersetzen dem Strauße zwar nicht das Flugvermögen anderer Vögel, verleihen ihm aber doch eine Bewegungsfähigkeit, welche wahrhaft in Erstaunen setzt. Bei meiner Reise durch die Bahiuda überritt ich eine sandige Stelle, auf welcher Straußenfährten in allen Richtungen sich kreuzten. Man konnte an ihnen deutlich erkennen, ob der Vogel behaglichen Schrittes gegangen oder trabend gelaufen war. Im ersteren Falle waren die Fußstapfen ein bis anderthalb, im letzteren zwei bis drei Meter von einander entfernt. Anderson versichert, daß der Strauß, gejagt und auf geringe Entfernung hin, die englische Meile vielleicht in einer halben Minute durchlaufen könne, weil seine Füße den Boden kaum zu berühren scheinen und jeder Schritt nicht selten vier bis fünfthalb Meter weit sei. Diese Angabe ist gewiß übertrieben, wohl aber ist es richtig, daß der Vogel mit einem Rennpferde an Schnelligkeit nicht nur wetteifert, sondern es überholt; das Wort der Bibel: «Zur Zeit, wenn er hoch fähret, erhebt er sich und verlachet beide, Roß und Mann», enthält also die vollständige Wahrheit. Bei sehr eiligem Laufe breitet der Strauß seine Flügel, vielleicht weniger, um sich im Gleichgewichte zu halten, als infolge der Erregung, welche sich seiner unter solchen Umständen bemächtigt, und welche er auch sonst in derselben Weise zu bekunden pflegt.

Als den am besten entwickelten Sinn des Straußes hat man unzweifelhaft das Gesicht anzusehen. Das Auge ist wirklich schön und seine Sehkraft erstaunlich groß. Alle Beobachter stimmen darin überein, daß man aus dem Gebaren des Riesenvogels deutlich wahrnehmen kann, wie er auf Meilen hin sein nacktes Gebiet beherrscht. Nächstdem sind Gehör und Geruch am meisten entwickelt, Gefühl und Geschmack aber wohl sehr stumpf; wenigstens läßt das Gebaren des Vogels hierauf schließen. Ueber die geistigen Fähigkeiten lautet das Urtheil verschieden; denn während einige Forscher mit der Bibel übereinstimmen, welche sagt, daß Gott ihm die Weisheit genommen und keinen Verstand zuertheilt habe, rühmen andere die Klugheit, namentlich die Vorsicht und Scheu des Vogels. Ich habe jahrelang mit Straußen verkehrt und muß ebenfalls der Bibel beipflichten. Meiner Ansicht nach gehört der Strauß zu den dümmsten, geistlosesten Vögeln, welche es gibt. Daß er sehr scheu ist, unterliegt keinem Zweifel: er flieht jede ihm ungewohnte Erscheinung mit eiligen Schritten, würdigt aber schwerlich die Gefahr nach ihrem eigentlichen Werthe, weil er sich auch durch ihm unschädliche Thiere aus der Fassung bringen läßt. Daß er unter den klugen Zebraherden lebt und sich deren Vorsicht zu Nutze zu machen scheint, spricht keineswegs für seinen Verstand; denn die Zebras schließen sich ihm an, nicht er ihnen, und ziehen aus dem schon durch seine Höhe zum Wächteramte berufenen Vogel, welcher davon stürmt, sobald er etwas ungewohntes sieht, bestmöglichsten Vortheil.

Das Betragen gefangener Strauße läßt auf einen beschränkten Geist schließen. Sie gewöhnen sich allerdings an den Pfleger und noch mehr an eine gewisse Oertlichkeit, lassen sich aber zu nichts abrichten und folgen augenblicklichen Eingebungen ihres schwachen Gehirnes blindlings nach. Empfangene Züchtigungen schrecken sie zwar für den Augenblick, bessern sie aber nicht: sie thun dasselbe, wegen dessen sie bestraft wurden, wenige Minuten später zum zweiten Male: sie fürchten die Peitsche, so lange sie dieselbe fühlen. Andere Thiere lassen sie gewöhnlich gleichgültig; während der Paarungszeit aber, oder wenn sie sonst in Erregung gerathen, versuchen sie, an denselben ihr Müthchen zu kühlen und mißhandeln sie ohne Grund und Ursache, oft auf das abscheulichste. Ein männlicher zahmer Strauß, welchen wir besaßen, verwundete ein Weibchen, ehe er sich an dasselbe gewöhnt hatte, mit den scharfen Nägeln seiner Zehen gefährlich. Er schlug dabei immer nach vorn aus und zwar mit solcher Kraft und Sicherheit, daß er jedesmal die Brust der bedrängten Straußin entsetzlich zerfleischte. Uns fürchtete er ebensowenig wie die Thiere, und wenn er sich gerade in Aufregung befand, durften wir uns ohne die Nilpferdpeitsche in der Hand nicht auf den ihn beherbergenden Hof wagen. Niemals haben wir bemerkt, daß er zwischen uns oder Fremden unterschieden hätte; doch will ich damit nicht behaupten, daß er nicht nach und nach sich an eine bestimmte Persönlichkeit gewöhnen könne. Gern stimme ich mit Heuglin überein, wenn er sagt, daß sein ganzes Wesen das Gepräge von Hast und Eile trage, obschon er zuweilen auch längere Zeit wie träumend und gedankenlos ins weite starre; entschieden aber muß ich meinem verstorbenen Freunde widersprechen, wenn er das Wesen auch als friedlich bezeichnet.

**Pflanzenstoffe** bilden die hauptsächlichste, jedoch nicht ausschließliche Nahrung des Straußes. In der Freiheit weidet er nach Art des Truthahnes, indem er Gras, Kraut und Laub abbeißt oder **Körner**, **Kerbthiere** und **kleine Wirbelthiere** vom Boden aufliest; in der Gefangenschaft würgt er alles ihm erreichbare hinab. Er scheint einen unwiderstehlichen Hang zu besitzen, nach allem, was nicht niet- und nagelfest ist, zu hacken und es womöglich aufzunehmen und in den Magen zu befördern. Ein ihm vorgeworfener Ziegelbrocken, eine bunte Scherbe, ein Stein oder ein anderer ungenießbarer Gegenstand erregt seine Aufmerksamkeit und wird ebenso gut verschlungen, als ob es ein Stück Brod wäre. Daß Strauße zu Selbstmördern werden können, indem sie ungelöschten Kalk fressen, steht mit meinen Beobachtungen im Einklange. Wenn wir in Chartum etwas verloren hatten, welches für eine Straußenkehle nicht zu umfangreich und für den kräftigen Magen nicht zu schwach war, suchten wir regelmäßig zuerst im Straußenkothe nach dem vermißten Gegenstande und sehr oft x mit Glück. Mein ziemlich umfangreicher **Schlüsselbund** hat den angegebenen Weg, wenn ich nicht irre, mehr als einmal gemacht. Berchon fand bei Zergliederung eines Straußes in dem Magen Gegenstände ☞Fig. 2 im Gewichte von 4,228 Kilogramm vor: Sand, Werch und Lumpen im Gewichte von 3,5 Kilogramm und drei Eisenstücke, neun englische Kupfermünzen, eine kupferne Thürangel, zwei eiserne Schlüssel, siebzehn kupferne, zwanzig eiserne Nägel, Bleikugeln, Knöpfe, Schellen, Kiesel usw. Kleinere Wirbelthiere werden gern verzehrt. Meine gefangenen Strauße in Chartum fraßen einige Küchlein, welche sich unvorsichtig in ihre Nähe gewagt hatten; Methuen beobachtete dasselbe. «Eine Ente hatte eine hoffnungsvolle Schar Junge zur Welt gebracht und führte sie mit mütterlichem Stolze im Hühnerhofe hin und her. Hier trafen sie auf den Strauß, welcher mit feierlichen Schritten auf und ab ging, und dieser ver-schluckte alle jungen Enten, eine nach der anderen, als wären es ebenso viele Austern gewesen.» Heuglin zählt, gewiß nicht mit Unrecht, allerlei Kriechthiere, junge Vögel und Wüstenratten zu seinen Nährstoffen.

Gefräßig kann man den Strauß gleichwohl nicht nennen; denn die Nahrungsmenge, welche er verzehrt, steht keineswegs außer Verhältnis zu seiner Größe. Für seine Genügsamkeit spricht schon sein Aufenthalt in Gegenden, welche so arm sind,

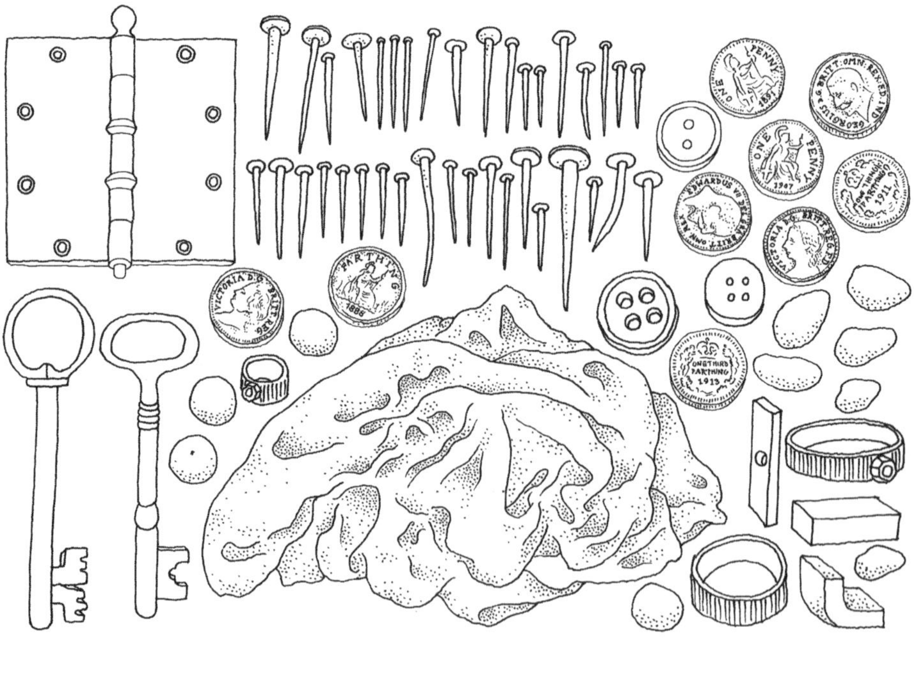


Fig. 2 Gegenstände, von Berchon im Magen eines Straußes gefunden

daß man es oft nicht begreift, wie sich der große Vogel überhaupt ernähren kann. Sein Gebaren beim Fressen erscheint gierig, ohne es eigentlich zu sein. Dagegen nimmt er tagtäglich eine bedeutende Wassermenge zu sich. Es ist wahrscheinlich, daß auch er, wie das Kamel, mehrere Tage lang dursten kann; in der Regel aber findet er sich tagtäglich an Quellen oder Wasserlachen ein und vergißt, wenn ihn arger Durst quält, sogar die ihm sonst eigene Scheu. «Wenn Strauße an einer Quelle trinken», sagt Anderson, «scheinen sie weder zu hören, noch zu sehen. Während unseres Aufenthaltes an einer solchen, wo ich in kurzer Zeit acht dieser prächtigen Vögel tödtete, erschienen sie regelmäßig jeden Mittag, und, obwohl ich mich nicht an sie heranschleichen konnte, ohne von ihnen gesehen zu werden, ließen sie mich doch in Schußweite kommen und zogen sich nur Schritt für Schritt zurück.» Genau dasselbe haben mir die Araber erzählt, und nach Beobachtungen an gefangenen scheint mir die Angabe glaubwürdig. Ob mit dieser Menge von Getränk in Verbindung steht, daß der Strauß harnt, wie es sonst kein anderer Vogel thut, lasse ich dahingestellt sein.

Ueber die Fortpflanzung sind wir erst durch die Beobachtungen, welche an gefangenen Straußen angestellt werden konnten, aufgeklärt worden, ⌜und zwar ganz besonders durch Crownright Schreiner, der Strauße neun Jahre lang ununterbrochen beobachtete, teils auf Reisen, namentlich aber in einer sehr großen Züchterei, die eine Ausdehnung von 1150 ha hatte. Hier blieben die Vögel beiderlei Geschlechts vollkommen sich selber überlassen, und kein Mensch kümmerte sich um sie, außer wenn sie «gepflückt» oder bei der großen Dürre gefüttert werden sollten «Die Lebensweise dieser Vögel», sagt Schreiner, «unterscheidet sich in nichts von der der wilden, als vielleicht darin, daß die Monogamie weniger streng gewahrt bleibt.» Nach demselben Gewährsmann kämpfen in der Fortpflanzungszeit die Hähne oft miteinander, und zwar mittels Fußtritten. Ein solcher Tritt wird nach vorn und etwas abwärts geführt; seine Kraft ist so groß, daß ein Mann davon umfällt wie ein Kegel. Die große Klaue, mit der, wie wir sahen, die längere Zehe bewährt ist, stellt eine gefährliche Waffe dar und bringt oft schwere Wunden hervor. Schreiner sah, wie von zwei Hähnen, die miteinander fochten, der größere einen Tritt erhielt, der ihn mehrere Meter weit zurückschleuderte, so daß er flach auf den Rücken fiel, während der angreifende Vogel durch die Gewalt des Rückstoßes zum Sitzen kam. Sie können sehr hoch treten, z.B. ohne weiteres einem ausgewachsenen Mann in das Gesicht, und Schreiner sah, wie einer einen berittenen Knaben auf diese Weise aus dem Sattel hob. Es ist keine sehr große Seltenheit, daß Leute totgetreten werden. Ein bösartiger Hahn scheint kein Ding zu fürchten, außer einen ihn angreifenden Hund. Als einmal ein Strauß einen Schnellzug daherrasen sah, stellte er sich mitten zwischen die Schienen, hob den Fuß, um nach ihm zu treten, und war natürlich im nächsten Augenblick zermalmt.⌟

In früheren Berichten vermischen sich Wahrheit und Dichtung. Sparrmann ist der erste Naturforscher, welcher aus eigener Anschauung eine wahrheitsgetreue Schilderung gibt; aber auch er läßt sich durch Mittheilungen der Eingeborenen be-

irren. «Heute», so erzählt er, «scheuchten wir einen Strauß, und zwar ein Männchen, vom Neste, welches er mitten auf dem freien Felde hatte, das indessen aus nichts weiter bestand, als aus dem Erdboden, auf dem die Eier ☞Fig. 3 lose und frei lagen. Der Strauß läßt also seine Eier nicht liegen, damit sie von der Sonne allein ausgebrütet werden, sondern er sitzt sie aus, zum wenigsten thut er dies in diesem Theile von Afrika. Es erhellt aus jenem Umstande, daß Männchen und Weibchen abwechselnd brüten. Die eigentliche Anzahl der Eier, welche die Strauße jedesmal legen, getraue ich mir nicht genau zu bestimmen. Derjenigen, welche wir jetzt antrafen, waren nur elf; sie waren alle frisch und sollten vermuthlich mit verschiedenen vermehrt werden; denn ein anderes Mal jagten zwei meiner Hottentotten wieder einen Strauß auf und nahmen vierzehn Eier aus dem Neste, von denen sie mir die meisten brachten, die übrigen aber liegen ließen, weil sie solche nicht für frisch hielten. Wahrscheinlich legt
x also der Strauß sechzehn, **achtzehn** oder zwanzig **Eier.**»

Lichtenstein beschreibt das Brutgeschäft ausführlicher. Nachdem er angegeben hat, daß während der Brutzeit nie mehr als vier bis fünf Strauße, ein Hahn und drei bis vier Hennen, beisammen leben, sagt er: «Alle die Hennen legen ihre Eier in ein und dasselbe Nest, welches aus nichts weiter besteht als aus einer runden Vertiefung in dem etwas aufgelockerten Thonboden, welche so groß ist, daß sie diese beim Brüten eben bedecken können. Rund umher scharren sie mit den Füßen eine Art von Wall, gegen welchen sich die Eier im äußersten Kreise anlehnen. Jedes Ei im Neste steht auf der Spitze, damit ihrer die größtmöglichste Zahl Platz finde. Sobald zehn bis zwölf Eier in dem Neste sind, fangen sie an zu brüten und zwar abwechselnd, indem am Tage sich die Hennen einander ablösen; bei Nacht aber brütet das Männchen allein, um die Angriffe des Schakals und der wilden Katzen, welche den Eiern gierig nachstellen, abwehren zu können. Indessen legen die Hennen während des Brütens immer fort, und nicht nur bis das Nest voll ist, welcher Fall eintritt, sobald dreißig Eier darin sind, sondern auch nachher. Diese später gelegten Eier liegen unordentlich um das Nest herum und scheinen von der Natur dazu bestimmt, die Raubsucht der oben genannten Feinde zu befriedigen, denen sie lieber diese frischen Eier, als die schon bebrüteten preisgeben will. Indessen haben sie noch eine wichtigere Bestimmung, die nämlich, den jungen Straußen, welche, wenn sie ausgekrochen sind, schon die Größe eines gewöhnlichen Hahnes haben, und deren zarte Magen doch nicht gleich das harte Futter der Alten vertragen, zur ersten Nahrung zu dienen. Die Alten selbst zertreten ihnen eines dieser Eier nach einander und bringen sie durch dieses nahrhafte Futter in kurzer Zeit so weit, daß sie selbst im Stande sind, sich im Felde ihre Nahrung zu suchen. Besonders sorgfältig suchen die Strauße den Ort zu verheimlichen, wo sie ihr Nest angelegt haben. Sie laufen nie gerade darauf zu, sondern pflegen es erst in weiten Bogen zu umkreisen. Ferner lösen sich die Weibchen im Brüten entweder nicht unmittelbar ab, und entfernen sich erst beide aus der Gegend des Nestes, damit man nicht gewahr werde, wo sie sich legen, oder sie wechseln so

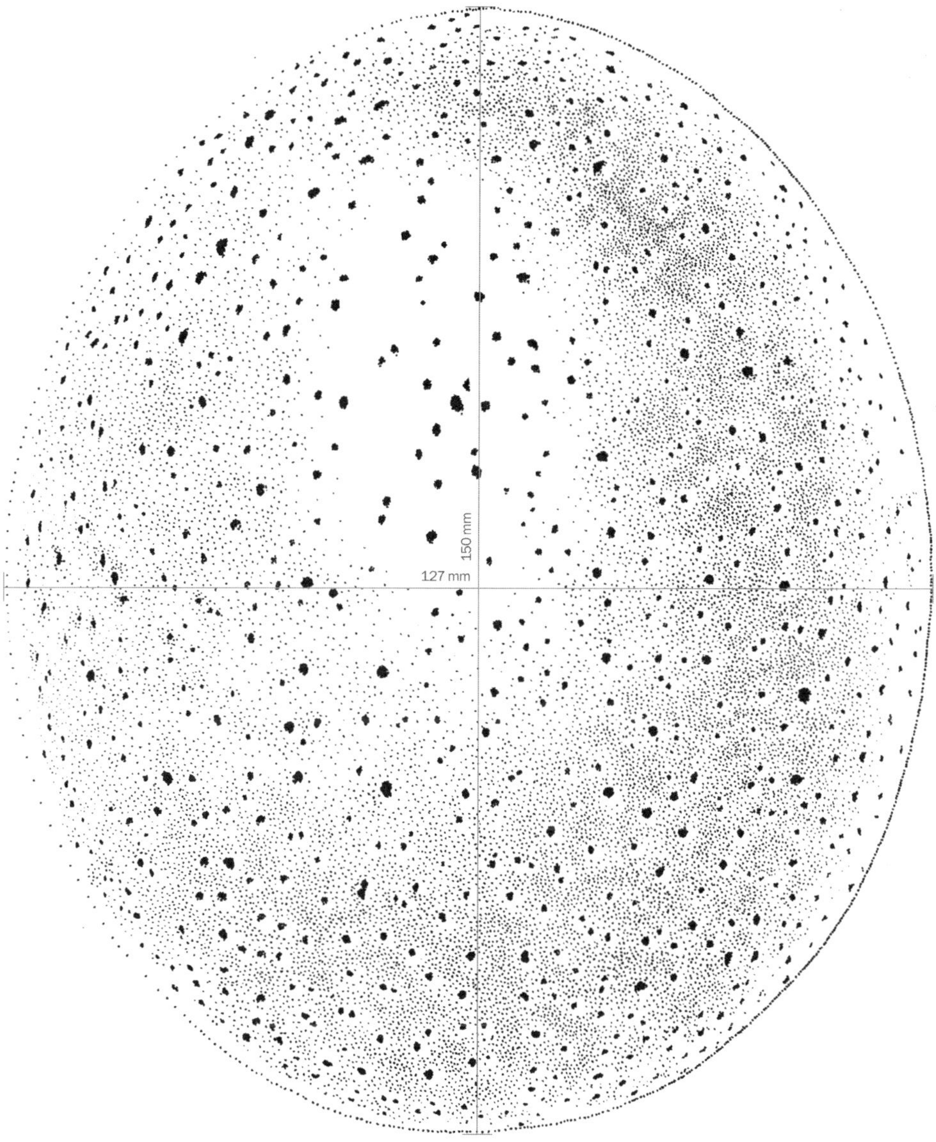


Fig. 3 Straußenei (Originalgröße); Eiersammlung ZMB

schnell, daß der etwaige Späher nie beide zugleich zu sehen bekommt. Am Tage verlassen sie das Nest auch wohl ganz und überlassen der Sonne das Geschäft des Brütens. Sobald sie bemerken, daß ihr Nest entdeckt ist und daß ein Mensch oder ein Raubthier dabei gewesen, die Lage der Eier verändert, oder wohl gar davon mitgenommen, zerstören sie es augenblicklich selbst, zertreten alle Eier und legen an einem anderen Orte ihr Nest an. Wenn daher die Ansiedler ein Nest finden, pflegen sie sich mit einem oder ein paar der umherliegenden, noch nicht bebrüteten Eier zu begnügen, scharren mit einem Strauche die Spuren ihrer Fußtritte wieder zu und können auf diese Art ein solches Nest zu einer wahren Vorrathskammer eines sehr angenehmen Nahrungsmittels machen, aus welcher alle zwei bis drei Tage soviel geholt werden kann, als die Haushaltung davon bedarf. In den Wintermonaten (Juli, August, September) findet man die Straußennester am häufigsten, und dann taugen die Federn, die beim Brüten viel auf der Erde abgestoßen und beschädigt werden, am wenigsten. Indessen habe ich zu allen Jahreszeiten Nester und bebrütete Eier gefunden.»

Dieser Bericht, welcher sich theils auf eigene Beobachtung, zum größeren Theile aber wohl auf die Erzählung der Südafrikaner gründet, findet sich nicht nur in den meisten Reisebeschreibungen wieder, sondern ist auch in alle Naturgeschichten übergegangen, enthält aber, wie wir jetzt wissen, viel unrichtiges. Auch Hartmanns Angabe, daß das Weibchen zweimal im Jahre zwölf bis zwanzig, mitunter sogar dreißig, Eier lege, ist offenbar falsch.

Versucht man, die Spreu vom Weizen zu sondern, so ergibt sich, daß allerdings mehrere Hennen in ein und dasselbe Nest legen, daß aber in der Regel nicht sie sitzen, sondern daß der Strauß brütet, und jene höchstens ausnahmsweise an diesem Geschäfte sich betheiligen. Je nach der Gegend tritt die Brutzeit früher oder später ein, immer und überall aber kurz vor Beginn des Frühlings, welcher das Weidegebiet der jungen Brut ergiebig macht. Der Hahn umtanzt die Henne mit gehobenen und zitternden Flügeln und unter allerlei Sprüngen und Geberden, wie dies später noch ausführlicher geschildert werden wird, und betritt sie dann in sitzender Stellung. Nach geraumer Zeit legt das Weibchen sein erstes Ei und die übrigen in Zwischenräumen von je zwei Tagen nach, bis das Gelege vollständig ist. Nunmehr beginnt die Bebrütung, und zwar zumeist von Seiten des Männchens, welches unter Umständen die Henne überhaupt nicht zuläßt oder ihr doch nur dann zu sitzen gestattet, wenn es sich zeitweilig entfernen muß, um die nöthige Aesung aufzunehmen. In kühleren Gegenden werden die Eier während des Tages ebenso regelmäßig bebrütet wie während der Nacht, im Inneren Afrikas dagegen bei Tage ohne Schaden für sie stundenlang verlassen, dann aber gewöhnlich mit Sand zugedeckt. Letzteres wurde mir von den Beduinen erzählt und durch Tristram selbst beobachtet. «Einmal, aber auch nur einmal», sagt dieser verläßliche Forscher, «hatte ich das Glück, ein Straußennest auszunehmen. Mit Hülfe unserer Ferngläser beobachteten wir zwei Vögel, welche längere Zeit auf einer und derselben Stelle standen, und fühlten uns veranlaßt, dahin zu reiten. Nachdem wir die schwer zu verfolgende Fährte aufgefunden hatten, ritten wir zur Stelle, auf welcher wir die Strauße hatten stehen sehen, und fanden dort den Sand niedergetrampelt. Zwei Araber begannen mit ihren Händen zu wühlen und brachten bald vier frische Eier aus einer Tiefe von ungefähr sechzig Centimeter unter der Oberfläche zum Vorscheine.»

Die Eier selbst sind verschieden groß, erklärlicherweise aber die größten von allen Vögeleiern. Ihre Länge schwankt zwischen einhundertundvierzig bis einhundertfünfundfunfzig, ihr Durchmesser an der dicksten Stelle zwischen einhundertundzehn bis einhundertsiebenundzwanzig Millimeter; die Gestalt ist schön eiförmig, an beiden Enden fast gleich abgerundet, die glänzende Schale sehr hart und dick, die Färbung gilblichweiß mit hellgelblicher, marmorartiger Zeichnung. Das Gewicht beträgt nach Hardy's Untersuchung im Durchschnitte eintausendvierhundertzweiundvierzig Gramm, ebensoviel wie das von vierundzwanzig Eiern des Haushuhnes. Der Dotter ist schmackhaft, obschon bei weitem weniger mild als der des Haushuhnes. Die Eier, welche man ums Nest herum findet, haben gewiß nicht den Zweck, welchen ihnen Lichtenstein zuschreibt, sondern werden nachträglich noch von dem oder jenem Weibchen abgelegt, während das Männchen bereits brütet. Es ist erklärlich, daß eine solche Ansicht über ihre Verwendung entstehen konnte, aber schwer begreiflich, wie ein Naturforscher, welcher doch über die erste Nahrung junger hühnerartigen Vögel unterrichtet sein muß, jener Meinung Glauben beimessen konnte. Nach einer zwischen fünfundvierzig bis zweiundfunfzig Tagen schwankenden Brutzeit entschlüpfen die Jungen und werden sofort, nachdem sie abgetrocknet, vom Neste weg und zur Weide geführt. Ueber sie kann ich aus eigener Erfahrung berichten, da ich einmal zu gleicher Zeit zehn von ihnen besessen, gepflegt und beobachtet habe. Nach Versicherung der Sudâner, welche sie mir brachten, waren sie höchstens einen Tag alt; zum mindesten behaupteten die Leute, es sei unmöglich, ältere zu fangen. Es sind allerliebste Thierchen, welche aber sonderbar aussehen, da sie eher einem Igel als einem Vogel gleichen. Ihre Bedeckung besteht nämlich nicht aus Federn, sondern aus steifen, dem Igel ähnlichen Horngebilden, welche in allen Richtungen vom Körper abstehen. Der
**Scheitel** ist, nach Heuglin, welcher eine Beschreibung von ihnen genommen hat, 20
lebhaft roströthlich mit wenigen schwarzen Tigerflecken, der Hals schmutzigweiß, ins Fahle spielend; Wangen, Ohrgegend und Kinn sind reiner weiß, die Halsseiten durch braunschwärzliche Längsflecke, Nacken und Hinterhals durch drei deutliche, ebenso gefärbte Längsstreifen geziert; die Brust ist falbweißlich, der Bauch schmutzigweiß, der Rücken auf weißlichem Grunde mit etwas krausen, hell strohgelblichen und glänzend schwarzen, im spitzigen Theile abgeplatteten lanzettförmigen Borsten bekleidet. Ihr Betragen ist das junger Trappen oder Hühner. Sie laufen sofort nach dem Auskriechen ebenso behend und gewandt als diese umher und sind geschickt genug, ihre Nahrung zu erbeuten. Nachdem meine gefangenen ungefähr vierzehn

Tage alt geworden waren, benahmen sie sich so selbständig, daß wir annehmen durften, sie vermißten die Führung ihrer Eltern nicht. Gleichwohl wissen wir, daß diese oder mindestens der Vater ihnen sorgfältige Pflege angedeihen läßt. Schon der brütende Strauß bethätigt warme Liebe zu den Eiern, tritt verhältnismäßig starken Feinden kühn gegenüber und nimmt zu allerlei Kunstgriffen seine Zuflucht, wenn er meint, einen unwillkommenen, ihm zu starken Gegner loswerden zu können. Anderson erzählt von einem Zusammentreffen mit einer Straußenfamilie, auf welche Jagd gemacht wurde. «Sobald die älteren Vögel unsere Absicht bemerkten, begannen sie eine eilige Flucht, das Weibchen voran, hinter ihm die Jungen und zuletzt das Männchen, welches in einiger Entfernung von den übrigen die Flucht schloß. Es lag etwas wahrhaft rührendes in der Sorge, welche die Eltern für ihre Jungen an den Tag legten. Als sie sahen, daß wir ihnen immer näher kamen, ließ das Männchen plötzlich in seinem Laufe nach und änderte seine Richtung; da wir aber doch von unserem Vorhaben nicht abstanden, beschleunigte es wieder seinen Lauf, ließ die Flügel hängen, so daß sie fast den Boden berührten, und sprang um uns herum, erst in weiteren und dann in engeren Kreisen, bis es uns auf Pistolenschußweite nahe kam. Jetzt warf es sich plötzlich auf den Boden, ahmte die Bewegung eines schwer verwundeten Vogels nach und stellte sich, als müsse es mit aller Kraft arbeiten, um wieder auf die Beine zu kommen. Ich hatte bereits nach ihm geschossen und glaubte wirklich, daß es verwundet sei, eilte deshalb zu ihm hin, mußte aber bald erfahren, daß sein Betragen nur eine Kriegslist von ihm war; denn sobald ich ihm näher kam, stand es langsam auf und rannte in entgegengesetzter Richtung dem Weibchen zu, welches mit den Jungen schon einen bedeutenden Vorsprung erlangt hatte.»

Mit dem Alter von zwei Monaten verlieren sich die Stachelfedern der jungen Strauße und machen dem unscheinbaren, grauen Gewande der Weibchen Platz. Dieses tragen beide Geschlechter bis zu ihrem zweiten Lebensjahre. In diesem sieht das Männchen schon schwarz aus, erst im dritten Jahre aber ist es ausgewachsen, ausgefärbt und zeugungsfähig.

Der Strauß erträgt, falls er genügenden Raum zu freier Bewegung hat, die Gefangenschaft ohne Kummer, läßt sich auch, wie schon angedeutet, so an einen gewissen Ort gewöhnen, daß er nach Belieben umherschweifen darf, ebenso hüten und auf Reisen mitnehmen. Duveyrier sah auf dem Wege nach Rhat im Lande der Tuareks einen zahmen Strauß einer Karawane folgen. Dem Vogel wurden, wenn er sich sonst überlassen blieb, Fesseln an die Füße gelegt, wie sie die Kamele auf der Weide tragen, damit er sich nicht verlaufen möge; im übrigen beaufsichtigte man ihn nicht, und er erschien auch regelmäßig wieder mit den Kamelen, denen er dann fessellos folgte. Auch Heuglins gezähmte Strauße wurden mit den Pferden und Kamelen frei auf die Weide getrieben oder durften sich nach Belieben in den Straßen der Ortschaften bewegen. Im Inneren Afrikas pflegen alle wohlhabenden und vornehmen Leute, sehr häufig aber auch die Dorfbewohner der Steppe, zu ihrem Vergnügen Strauße zu halten. In der Ortschaft Haschâba in Kordofân fand ich zwei Strauße, welche in einem halbwilden Zustande lebten, nach freiem Ermessen im Dorfe oder der es umgebenden Steppe umherliefen, von uns erkauft und in einer Anwandlung von kindischer Ruhmsucht schließlich todtgeschossen und abgebalgt wurden. In Chartum schauten über die Mauern der größeren Höfe regelmäßig ein Paar Straußenköpfe weg; in anderen Ortschaften fanden wir dieselbe Liebhaberei bethätigt. Es bedurfte eines einzigen Wortes, d.h. nur des Rühmens der Vögel, um glücklicher Besitzer von Straußen zu werden. Im Sudân dachte niemand daran, letztere zu Hausthieren zu stempeln, beziehentlich sie in irgend einer Weise zu benutzen; man hielt sie einzig und allein des Vergnügens wegen und gab sich nicht die geringste Mühe, sie zu züchten, ebensowenig als man darauf ausging, ihre Federn zu verwerthen. Erst der neuesten Zeit gebührt das Verdienst, die Züchtung versucht und Erfolge erzielt zu haben.

(...) Die von den genannten erzielten Erfolge eiferten zur Nachahmung an. In Grenoble züchtete Bouteille, in Madrid Graells; in einzelnen Thiergärten, beispielsweise in Berlin, hatte man wenigstens die Freude, Strauße zum Legen und zum Brüten schreiten zu sehen. Von außerordentlichem Einflusse waren die gewonnenen Ergebnisse für das Kapland. Hier hatte man auf Hühnerhöfen und Landgütern von jeher Strauße gehalten, einzelne von ihnen auch wohl vor leichte Wagen gespannt oder selbst zu Reitthieren verurtheilt; hier faßte man jetzt den Entschluß, die Zucht im großen zu versuchen. Im Jahre 1865 wurden im Kaplande die ersten Strauße in Gefangenschaft gezüchtet, vier Jahre später eine zweite Zucht glücklich groß gezogen. Ein Besitzer von neunundzwanzig Stück, unter denen funfzehn Männchen waren, begann, seine gefangenen Strauße zu rupfen und erlöste aus den gewonnenen Federn jedes männlichen Vogels nicht weniger als acht Pfund Sterling jährlich. Dies gab den Anstoß zu der gegenwärtig in ganz Kapland bestehenden und blühenden Straußenzucht. Nach einer Zählung, welche im Jahre 1865 vorgenommen wurde, gab es in den Ansiedelungen nicht mehr als achtzig gezähmte Strauße; zehn Jahre später, im Jahre 1875 also, hatte sich der Bestand auf zweiunddreißigtausend und einige hundert Stück gehoben, und heutzutage bildet die Straußenzucht einen der wichtigsten Erwerbszweige ganz Südafrikas, soweit es von Europäern bevölkert ist.

(...) Die erwachsenen Strauße beraubt man binnen je acht Monaten einmal ihrer Federn. Bevor man hinreichende Erfahrungen gesammelt hatte, rupfte man diese einfach aus, indem man eine Herde in einem bestimmten engen Raume zusammenpferchte und damit allen Widerstand der Vögel lähmte; das gewaltsame Ausziehen frisch entwickelter Federn wirkte jedoch oft sehr ungünstig und zog selbst Todesfälle nach sich. Aus diesen Gründen schneidet man gegenwärtig alle Federn hart über der Haut ab und entfernt etwa sechs Wochen später die Spulreste, welche in dieser Zeit noch nicht ausgestoßen wurden. Strauße, welche zur Brut schreiten sollen, dürfen selbstverständlich nicht gerupft werden; alle übrigen aber, auch die Weibchen, erleiden in den angegebenen Zeitabständen dieses Schicksal, da man Mittel gefunden hat, alle

Federn zu bleichen und beliebig zu färben. Infolge der massenhaften Erzielung brauchbarer Federn sinkt der Preis derselben allerdings von Jahr zu Jahr; dafür ist man aber auch im Stande, der mehr und mehr sich steigernden Nachfrage gerecht zu werden, ohne wie vormals durch rücksichtslose Jagd die Gefahr der Ausrottung der Vögel heraufzubeschwören.

Die Straußenjagd wird in ganz Afrika mit Leidenschaft betrieben. Den Beduinen gilt sie als eines der edelsten Vergnügen; denn gerade in der Schwierigkeit, welche sie verursacht, liegt für Menschen dieses Schlages ein besonderer Reiz. Die Araber Nordostafrikas unterscheiden den Strauß nach seinem verschiedenen Geschlechte und Alter genau. Der erwachsene männliche Vogel heißt «Edlím» (der Tiefschwarze), das Weibchen «Ribéda» (die Graue), der junge Vogel «Ermud» (der Bräunliche). Da Erbeutung der Federn das hauptsächlichste Ziel der Jagd ist, verfolgt man vorzugsweise, ja fast ausschließlich den «Edlím»; aber gerade dadurch schadet man der Vermehrung besonders empfindlich.

(...) Der Preis der Federn ist je nach der verschiedenen Oertlichkeit erheblichen Schwankungen unterworfen; auch liefern nicht alle Gegenden gleichgeschätzte Waare, weil die Beschaffenheit des Bodens und der Witterung ihre Reinheit erhöht oder mindert. Als die besten gelten die sogenannten Aleppofedern ☞Fig. 4, welche von den in der syrischen Wüste lebenden Straußen stammen; auf sie folgen der Reihe nach die Berber-, Senegal-, Nil-, Mogador-, Kap- und Jemenfedern, welche in der Sahara, den Steppen am Senegal, den Nilländern, Marokko, Südafrika und Südarabien gewonnen werden. Zahmen Straußen entnommene sind immer weniger werth als von wilden Vögeln herrührende. Im Norden Afrikas wird ein Fell mit den Federn bis zu hundert spanischen Thalern bezahlt; im Inneren des Erdtheiles kann man es gelegentlich ziemlich billig kaufen. Ein Kilogramm weißer Flügelfedern bester Güte wird schon im Sudân mit tausend bis zwölfhundert Mark unseres Geldes bezahlt, wogegen die kleineren weißen Schwingen- und Bürzelfedern kaum den vierten Theil jener Summe eintragen und ein Kilogramm schwarzer Rückenfedern selten über funfzig Mark kostet. Die von dem Vorgebirge der Guten Hoffnung kommenden Federn bezahlt man minder hoch, die im Handel sehr seltenen Aleppofedern erheblich höher. Der Werth der gesammten Einfuhr wird auf zwölf Millionen Mark geschätzt. Die Eier werden von allen Süd- und Mittelafrikanern ebenfalls vielfach, hauptsächlich als Gefäße, gebraucht. Man umgibt sie mit leichtem Flechtwerke, hängt sie gefüllt in den Hütten auf oder nimmt sie auch auf Reisen mit. In Kordofân benutzt man sie, um die Spitze der runden, kegelförmigen Strohhütten zu schmücken; in den koptischen Kirchen dienen sie zur Verzierung der Schnüre, welche die Lampen tragen. Eier und Fleisch werden von allen Innerafrikanern gegessen. Nach Burchell ist die unter den Hottentotten übliche Art, erstere zu kochen, höchst einfach. Man bohrt an dem einen Ende ein kleines rundes Loch durch die Schale und quirlt das Innere vermittels einer biegsamen Astgabel wohl durcheinander, setzt das Ei auf das Feuer, quirlt von Zeit zu

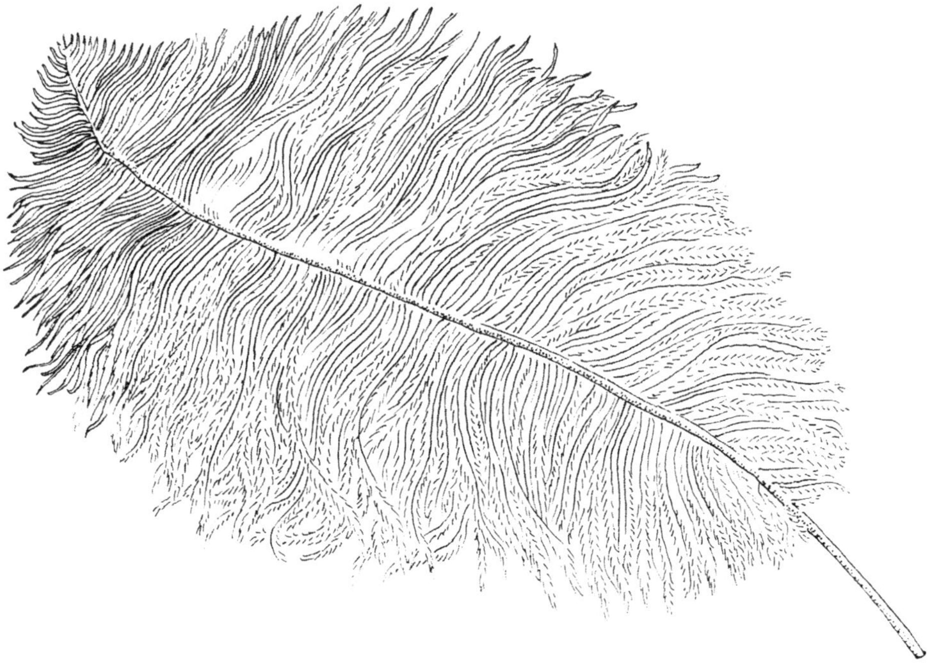

Fig. 4 Aleppofeder (½ der Originalgröße)

Zeit den Inhalt durch und fährt in dieser Arbeit fort, bis das Eiweiß geronnen ist. Lichtenstein erzählt, daß unter den von ihm aufgefundenen Straußeneiern nur wenige waren, welche noch zum Essen taugten, weil die meisten bereits ausgewachsene Küchlein enthielten. «Unsere Hottentotten verschmähten indessen auch diese nicht und brieten sie sich in den Schalen mit Hammelfett. Ich habe in der Folge die nach unseren Begriffen wohl ekelhafte Kost selbst versucht und in der That sehr schmackhaft gefunden.» Junge Strauße haben ein höchst zartes, wohlschmeckendes Fleisch; das älterer ist härter, dem Rindfleische ähnlich. +++

## Alagoas-Hokko *Mitu mitu* (Linnaeus, 1766) *

*im folgenden Text wird der «Hokko» allgemein beschrieben, zu dessen Unterfamilie *Mitu mitu* (ursprünglich als *Crax mitu* bezeichnet) gehört; in Wildnis ausgestorben

**Länge:** 83–89 cm **Gewicht:** 2–3 kg **Lebenserwartung:** bis zu 25[A] Jahre **Ehemaliges Verbreitungsgebiet:** Mittel- und Ostbrasilien **Zeitpunkt des Aussterbens:** 1994 **Ursachen des Aussterbens:** Zerstörung des Lebensraums durch Rodung für den Anbau von Zuckerrohr; Einsatz von Pestiziden; Jagd; Vermischung mit *Mitu-tuberosa*-Individuen unter menschlicher Obhut **Besonderes:** heutiger Bestand von ca. 30 Individuen in Erhaltungszucht

1 2 ⌜Bei den **Hokkos** ☞Fig. 5 (*Crax* Linn.) ist der **Schnabel** hoch, auf dem **Firste** stark
gekrümmt, seitlich zusammengedrückt, ausnahmsweise auch auf dem Firste schnei-
denartig ausgezogen, am Grunde regelmäßig mit einer Wachshaut überkleidet und
durch Höcker verziert, die während der Paarungszeit noch bedeutend anschwellen,
bei einer Art aber sich zu einem harten, sehr großen, birnförmigen Knollen umge-
stalten und bei einer zweiten Art durch ein mehr auf der Kopfmitte stehendes Horn
3 4 vertreten werden, der **Fuß** kräftig, mäßig hoch und ziemlich langzeitig, der **Flügel**
5 kurz, in ihm die die siebente und achte Schwinge die längsten, der **Schwanz** ziemlich
6 7 lang, etwas abgerundet, das Gefieder auf dem **Scheitel** und **Hinterkopfe** meist zu
8 einer **kammförmigen Haube** verlängert, die aus schmalen, steifen, sanft rückwärts,
9 an ihrer Spitze aber wieder vorwärts gekrümmten Federn besteht, auf der **Wange**,
10 11 12 dem **Oberhalse** und in der **Steißgegend** weich, fast dunig, auf dem **Unterhalse** und
13 14 **Rumpfe** hart und derb, der Zügel mit kleinen Pinselfedern besetzt, die **Augengegend** nackt.⌟

(...) Alle Arten der Familie bewohnen Süd- und Mittelamerika, einschließlich des Südens von Mejiko; der Hokko verbreitet sich über das Innere Brasiliens, von

Guayana bis Paraguay und wird dort in allen **Wäldern** gefunden. Aus den mir bekannten Berichten der Naturforscher, welche an Ort und Stelle beobachteten, und den Erfahrungen, welche wir an gefangenen Vögeln sammeln konnten, scheint hervorzugehen, daß seine Lebensweise der anderer Arten entspricht; es dürfte daher angemessen sein, ein allgemeines Lebensbild zu zeichnen.

Fig. 5 **Alagoas-Hokko** *Mitu mitu* (¼ der Originalgröße); Inv. Nr. NMW 44.410/VS/S

Die Hokkos sind an Bäume gebunden und verlassen den Wald höchstens auf kurze Zeit. Man trifft sie zwar oft auch auf dem Boden an und beobachtet, daß sie hier, falls der Grund eben, mit großer Schnelligkeit einher rennen; in der Regel aber sieht man sie im Gezweige der Bäume, während der Brutzeit paarweise, außerdem zu drei, vier und mehr Stück beisammen. Im Gezweige bewegen sie sich langsam, obschon mit verhältnismäßigem Geschicke; der Flug hingegen ist niedrig, geschieht in wagerechter Richtung und hat keine lange Dauer. Sämmtliche Arten fallen auf durch ihre Stimme, welche immer etwas eigenthümliches hat, aber je nach der Art sehr verschieden ist. Einige brummen, andere pfeifen, andere knurren, andere schreien ein «Hu, hu, hu, hu» aus tiefer Brust hervor, andere lassen Laute vernehmen, welche durch die Silben «Racka, racka» wiedergegeben werden mögen. Ihre Stimme vernimmt man am häufigsten während der Paarungszeit und insbesondere in den frühen Morgenstunden, bald nachdem sie aus dem Schlafe erwacht und aus dem Inneren der Waldungen nach den Lichtungen an den Stromufern hervorgekommen sind.

(...) Lange hatte er zu dieser Versicherung ungläubig gelächelt, weil er beobachtete, daß das südliche Kreuz gerade dann, um vier Uhr des Morgens, seine größte Höhe erreichte, wenn der Vogel ohnehin seine dumpfe, klägliche Stimme erschallen läßt. «Am vierten April aber hatte der Anfang des Kreuzes fünfundzwanzig Minuten nach elf Uhr nachts eben den Meridian erreicht, und in demselben Augenblicke schallten die hohlen Töne des Hokkos durch die stille Nacht. Nach Verlauf einer Viertelstunde lag wieder tiefe Ruhe auf unserer Umgebung. Da wir während dieser Zeit die Stimme des Vogels niemals gehört hatten, zeigte sich in diesem Falle die Angabe als so sicher und schlagend, daß alle Zweifel an der merkwürdigen Thatsache bei uns verschwanden.»

Die Nahrung der freilebenden Hokkos besteht vorzugsweise, vielleicht ausschließlich, in Früchten. Azara sagt zwar, daß sie sich von denselben Stoffen ernähren, welche die Hühner fressen, fügt aber ausdrücklich hinzu, daß sie schon Maiskörner nicht verdauen, sondern sie mit ihrem Kothe wieder ausscheiden, und alle übrigen Beobachter, mit Ausnahme von Martius, stimmen darin überein, daß Früchte ihr natürliches Futter sind. «In ihrem Magen», sagt der Prinz, «fand ich halb und gänzlich verdaute **Früchte** und **Nüsse**, welche zum Theil so stark waren, daß man sie mit einem Messer nicht ritzen konnte.» Schomburgk bestätigt diese Angabe und fügt hinzu, daß ihr Fleisch manchmal, unzweifelhaft infolge einer zeitweilig von ihnen bevorzugten Nährpflanze, einen durchdringenden zwiebelartigen Geruch und gleichzeitig einen erhöhten oder veränderten Geschmack annimmt. «Als die Indianer», erzählt er, «mit dem Reinigen eines Platzes zum Aufhängen der Hängematten beschäftigt waren und mit dem Waldmesser das im Wege stehende Gebüsch und die Schlingpflanzen niederhieben, traf meine Geruchsnerven jener Geruch in solchem Maße, als wären die Leute in einem Zwiebelfelde beschäftigt. Bei der Untersuchung fand ich, daß dieser Geruch dem Stamme und den Blättern einer Schlingpflanze eigenthümlich war. Ohne Zweifel fressen die Hokkos zur Zeit, in welcher ihr Fleisch den beschriebenen zwiebelartigen Geruch und Geschmack annimmt, die Früchte, Samen und Blüten dieser Schlingpflanze.» Bates hebt besonders hervor, daß die in den Waldungen am Amazonenstrome lebenden Hokkos niemals von den Wipfeln der hohen Waldbäume zum Boden herabkommen, und sagt damit nicht allein, daß sie in den Kronen der Bäume den größten Theil ihres Lebens verbringen, sondern daß sie in ihnen auch ihr Weidegebiet finden. Dafür spricht außerdem eine Erfahrung, welche wir in den Thiergärten gewonnen haben. Im Aufsuchen der Nahrung unterscheiden sich die Hokkos und die Schakuhühner von allen ihren sogenannten Ordnungsverwandten; sie scharren nämlich nicht, sondern lesen höchstens auf oder pflücken ab, wie die Tauben thun.

Ueber die Fortpflanzung wissen wir leider bis jetzt noch sehr wenig, so viel aber doch, daß die Hokkos nicht auf dem Boden, sondern auf Bäumen brüten. «Sie bauen ihre flachen Nester», sagt Martius, «aus Reisig in die Winkel der Aeste, nicht eben hoch über dem Boden, und das Weibchen legt nach unserem eigenen Befunde und der Versicherung der Indianer, stets nur **zwei** weiße **Eier** ☞Fig. 6, welche größer und stärker als unsere Hühnereier sind.» Schomburgk und Bates stimmen hiermit überein. x

(...) Ueber das Jugendleben der Hokkos ist mir keine ausführliche Mittheilung glaubwürdiger Reisender bekannt; gerade dieser Punkt aber würde für die Erkenntnis der Stellung der Vögel von größter Wichtigkeit sein.

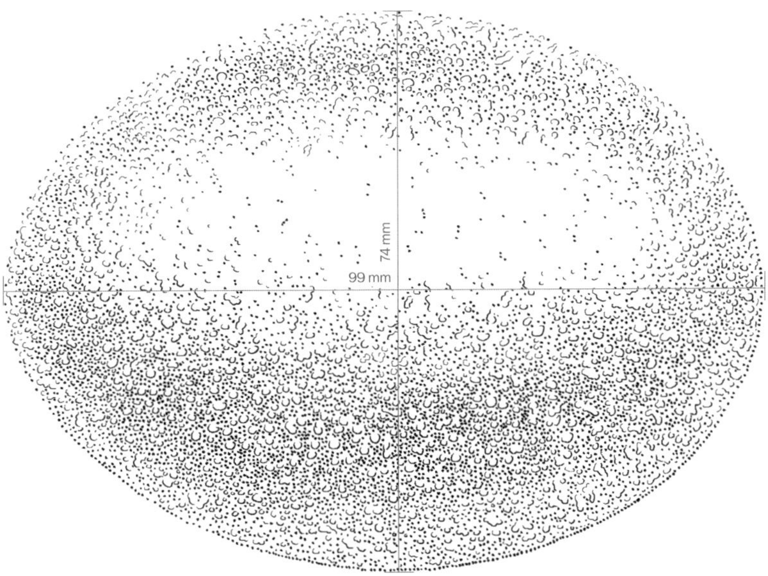


Fig. 6 Ei des Alagoa-Hokkos (Originalgröße); Inv. Nr. NMW 13.715/VS/E

Da das Wildpret der Hokkos an Weiße dem Taubenfleische, an Wohlgeschmack dem des Truthahnes ähnelt, wird ihre Jagd in Südamerika eifrig betrieben, insbesondere zur Zeit der Paarung, während welcher unsere Vögel durch ihre weitschallende Stimme verrathen werden. Im tiefen Walde, fern von den Wohnungen, sollen sie kaum Scheu vor den Menschen zeigen. Sonnini erzählt, daß er sich in Guayana oft mitten unter ihnen befunden habe, ohne sie durch seine Erscheinung in die Flucht zu schrecken. Man könne sich ihrer deshalb auch ohne alle Mühe bemächtigen und selbst mehrere nach einander erlegen, ohne daß die anderen sich entfernen; denn die überlebenden sähen den getödteten Genossen wohl ängstlich nach, flögen aber nur von einem Baume zum anderen. In der Nähe menschlicher Wohnungen hingegen sind die Hokkos sehr scheu und furchtsam; jedes Geräusch ängstigt sie, und die Erscheinung eines Menschen bewegt sie zur eiligen Flucht. Außer dem Fleische der erlegten Vögel benutzen die Indianer ihre starken Schwingen oder Schwanzfedern zur Herstellung von Fächern, sammeln daher auch solche Federn, welche sie im Walde finden, und bewahren sie bis zum Gebrauche in dem röhrenförmigen Scheidentheile eines getrockneten Palmenblattes auf. Hier und da werden auch die kleineren Federn zu allerlei Schmuck verwendet.

Die gefangenen Hokkos, welche man fast in allen Niederlassungen der Indianer findet, werden, laut Martius, aus den im Walde ausgenommenen, von Hühnern bebrüteten Eiern erzogen; denn die Fortpflanzung gefangener Hokkos soll nur unter besonders günstigen Verhältnissen gelingen. Die Indianer theilten Schomburgk mit, daß sich die Hokkos niemals in der Gefangenschaft fortpflanzen; Bates scheint dasselbe erfahren zu haben, weil er bemerkt, daß es schwer zu sagen sei, warum diese prächtigen Vögel nicht schon längst von den Indianern zu Hausthieren gewählt wurden, da sie doch so leicht zahm werden. «Das Hindernis soll darin liegen, daß sie in der Gefangenschaft nicht brüten. Dies mag wohl mit ihrem Baumleben zusammenhängen. Fortgesetzte Versuche würden möglicherweise ein günstigeres Ergebnis zur Folge haben; die Indianer besitzen zu solchen Versuchen aber nicht genügende Geduld und auch nicht hinlängliches Verständnis. Gleichgültig gegen solche Vögel kann man sie nicht nennen; denn das gemeine Truthuhn, welches in Südamerika eingeführt wurde, steht bei ihnen in hoher Achtung.» Die Annahme der Reisenden ist nicht ganz begründet, dürfte aber dazu beitragen, die Hoffnungen, welche einige Thierzüchter auf die Hokkos gesetzt haben, auf das rechte Maß zurückzuführen.

Ueber die leichte Zähmbarkeit dieser Vögel sind alle Naturbeobachter und ebenso alle Thierzüchter einig. Schon Azara erzählt, daß die Hokkos in den Niederlassungen nicht bloß wie Haushühner leben, sondern förmlich zu Stubenthieren werden. Sonnini sah in Guayana Scharen gezähmter Hokkos in den Straßen umherlaufen und sich ohne Furcht vor den Menschen frei bewegen. Sie besuchten die Häuser, in denen man ihnen Nahrung gegeben hatte, regelmäßig wieder und lernten ihren Pfleger genau kennen. Zum Schlafen erwählten sie sich erhabene Orte, in den Ortschaften also,

wie die Pfauen, die Dächer der hohen Häuser. Bates berichtet von einem gefangenen, welcher sehr vertraut mit seinem Gebieter war, sich selbst als ein Glied der Familie anzusehen schien, bei jeder Mahlzeit einfand, rund um den Tisch lief, von dem einen zum anderen ging, um sich füttern zu lassen und zuweilen den Kopf an Wange oder Schulter seiner Freunde rieb. Nachts erwählte er seinen Schlafplatz neben der Hängematte eines kleinen Mädchens, welchem er besonders zugethan war, und dem er bei allen seinen Ausflügen folgte. Solche liebenswürdige Anhänglichkeit sollte, so möchte man glauben, die Hokkos zu allgemeinen Lieblingen stempeln; gleichwohl werden sie nicht von jedermann gern in der Gefangenschaft gehalten. Auch sie haben, abgesehen von ihrer Langweiligkeit, Unarten, namentlich die eine, daß sie alles glänzende, **Gold-** x
**knöpfe** usw., verschlucken und infolge der starken Muskeln ihres Magens verderben.

Temminck bemerkt, daß man in Holland zu Ende des vorigen Jahrhunderts Hokkos gezüchtet habe, diese Zucht aber wieder verloren gegangen sei, erinnert sich dieser Angelegenheit jedoch nur aus seiner Jugendzeit her und kann sich recht wohl geirrt haben. Für letzteres sprechen die Erfahrungen, welche wir neuerdings gelegentlich der mit großer Sorgfalt angestellten Versuche gewannen. Die Hokkos eignen sich, so viel wir bis jetzt erfuhren, in keiner Hinsicht zur Vermehrung im gezähmten Zustande. Schon die Haltung ist schwierig. Alle gewöhnen sich zwar leicht an ein Ersatzfutter und erheben in dieser Hinsicht wenig Ansprüche; aber sie verlangen im Winter einen warmen Stall, weil sie sonst mindestens die Zehen erfrieren oder zu Grunde gehen, zeigen sich auch keineswegs so verträglich, wie man behauptet hat, sondern streiten heftig mit anderen ihrer Art oder mit Hühnern, dürfen also kaum unter gewöhnlichem Hausgeflügel gehalten werden. Zudem sind sie nur, wenn man ihnen einen größeren Spielraum gewährt, einigermaßen anziehend, im engeren Raume jedoch höchst langweilig. Stundenlang sitzen sie auf einer und derselben Stelle, fast ohne sich zu rühren, obgleich sie, wenn man sie jagt, eine große Beweglichkeit an den Tag legen. Ihre Stimme vernimmt man glücklicherweise nur in der Paarungszeit; wäre dies nicht der Fall, so würden sie vollends unerträglich sein; denn weder ihr Brummen, noch das gellende Pfeifen, welches sie hören lassen, ist besonders angenehm. Wenn sie pfeifen oder brummen, sitzen sie lange Zeit auf einer und derselben Stelle, pumpen, scheinbar mit Anstrengung, eine Menge Luft in die Lunge, und lassen dieselbe nur stoßweise wieder ausströmen, wobei eben der sonderbare Laut erzeugt wird. Man bleibt im unklaren, ob man das Brummen als Liebesruf zu deuten habe oder nicht; denn von einer Balze ist bei ihnen keine Rede, und der seinen Gesang hervorwürgende Hahn scheint sich nicht im geringsten um die Henne und diese sich nicht um ihn zu bekümmern.

(…) «Um die Aufzucht der Hokkos», schreibt Bodinus, «bin ich auf eine sehr ärgerliche Weise gekommen. Längere Zeit hatte ich bemerkt, daß das sehr bissige Männchen sein Weibchen heftig verfolgte und dieses, um sich zu retten, genöthigt war, sich zu verbergen. Das Männchen flog auf die Spitze eines dürren Baumes, stellte sich auf einen der höchsten Aeste; hier ein eigenthümlich schallendes Pfeifen ausstossend, übersah es seine ganze Umgebung und flog nach einiger Zeit herab, vermuthlich um das Weibchen zu betreten, ein Akt, welchen ich jedoch nicht beobachtete, weil dasselbe das etwas sehr ungestüme Annähern des Gemahles zu unpassender Zeit fürchtete. So wunderte ich mich nicht, als ich eines Tages bemerkte, daß das Weibchen in einem für Mandarinenenten bestimmten Häuschen saß und erst, als ich mehrere Tage hinter einander das Thier immer in derselben Stellung, Steiß und Schweif außerhalb besagten Kästchens, fand, stieß mir der Gedanke auf, daß der Vogel sich fest gekrochen haben und nicht wieder zurückkommen könne. Es schien mir fast unmöglich und wenigstens unglaublich, daß ein Häuschen, gerade genügend, eine brütende Mandarinenente aufzunehmen, von einem großen Hokko freiwillig zu einem angemessenen Aufenthaltsorte gewählt werden könne. In der bangen Sorge, daß das Thier sich fest gekrochen habe und wohl gar todt sei, stieg ich auf einer Leiter bis zum Häuschen empor, ergriff jenes, um es hervorzuziehen, und als es nicht folgen wollte oder konnte, freute ich mich, daß ich zur rechten Zeit demselben zur Hülfe geeilt sei. Plötzlich bei einer Bewegung desselben hörte ich es krachen und – o Jammer! nun erst nahm ich wahr, daß der Vogel auf einem mächtig großen Eie brütete. Mein Verdruß war groß; allein das Unglück war geschehen, und wenn für diesmal die Aufzucht von Hokkos mißlungen ist, so habe ich doch wichtige Fingerzeige für die Zukunft erhalten, welche ich benutzen werde. Vielleicht hätte ich noch in demselben Sommer ein günstiges Ergebnis erzielt, wäre nicht um die Mitte des Juli entsetzlich kaltes Wetter eingetreten. Bald, nachdem nämlich das Hokkohuhn um sein Ei gekommen, stand der Hahn wieder pfeifend auf der Spitze eines Baumes, und eines schönen Tages nahm ich auch wahr, wie derselbe in eines der an der Wand hängenden Entenhäuschen gekrochen war, ein ganz leises, gedehntes Pfeifen hören ließ und dabei sich mit den im Häuschen befindlichen Niststoffen zu schaffen machte, während das Weibchen sein altes, danebenhängendes Häuschen wieder aufsuchte, vor meinen Augen in dasselbe kroch und – ich mochte den Augen kaum trauen – mit unglaublicher Gewandtheit sich in demselben umdrehte! Hätte ich früher nicht an dem vorhandenen Ei gesehen, daß das Thier im Häuschen wirklich gelegt haben mußte, ich hätte dies nicht für möglich gehalten, weil es sich nach meinem Dafürhalten nicht umdrehen konnte; jetzt war mir alles klar. Das Thier hatte sich beim Legen mit dem Kopfe nach der Oeffnung gedreht, nothwendig hätte das Ei sonst außerhalb des Häuschens auf die Erde fallen müssen, denn letzteres ist bedeutend kürzer wie der Vogel selbst. Hieraus schließe ich, daß der Mutung nicht frei auf Bäumen, sondern in Höhlen sein Nest anlegt und, weil er die kleinsten benutzt, keine große Anzahl von Eiern legt, wie denn auch unsere Henne nur ein einziges gelegt hat. Zu letzterem Schluß komme ich um so mehr, als das Ei im Verhältnisse zur Größe des Thieres unförmlich groß ist, größer als das stärkste Pfauenei. Von Farbe ist es weiß und der Gestalt nach gleichmäßig und rundlich eiförmig; nur ganz wenig ist das eine Ende spitzer als das andere.»

«Die jungen Hokkos», bemerkt Aquarone, welcher ebenfalls glückliche Zuchtergebnisse erzielt zu haben versichert, «nehmen in den ersten vierzehn Tagen wenig Nahrung zu sich, und man muß ihnen oft etwas anbieten, um sie zum Fressen zu reizen. Sie lassen sich auch nicht gern beim Fressen zusehen, da sie sehr mißtrauisch sind, und verstecken sich entweder hinter die Henne oder verwenden keinen Blick von dem Zuschauer. Wenn sie sich zur Ruhe setzen wollen, und die Anwesenheit eines Menschen merken, fliegen sie gegen das Gitter und hören nicht auf den Ruf der Henne. Selten verkriecht sich ein junger Hokko unter die Flügel der Alten, bäumt vielmehr von dem ersten Tage seines Lebens an. Ist keine Vorrichtung vorhanden, daß er sich auf einen erhöhten Standpunkt setzen kann, so ist er die ganze Nacht unruhig und stößt sich gegen das Gitter. Man darf deshalb die Jungen höchstens zwei bis drei Tage im Brutkasten halten und setzt sie lieber in einen Käfig von einem Meter ins Geviert, mit einer, in einer Höhe von vierzig bis funfzig Centimeter angebrachten Stange, auf welcher sie dann die ganze Nacht und manchmal selbst am Tage zu sitzen pflegen. Sie haben vom ersten Tage ihres Lebens an gern einen großen Raum zur Benutzung, um in ihm zu laufen und zu springen.

Ihre **Zehen** sind sehr zart; läßt man sie einen oder zwei Tage länger in dem Brutkasten, so verkrümmen sich dieselben; gibt man ihnen Stangen, so biegen sie sich zum natürlichen Zustande zurück. Der kleine Käfig, in welchem man sie zuerst hält, muß sich nach Süden öffnen und mit seinem Sande bedeckt sein; denn sie liegen gern nach dem Fressen in der Sonne und baden sich im Sande. Wenn sie acht Tage alt sind, kann man sie füglich mit der Henne ausgehen lassen; sie bleiben bei ihr und fressen Gras aus Nachahmungstrieb. Nur muß man sie vor Hunden und Katzen hüten; denn sie sind so feig und gewöhnen sich so schwer an diese Thiere, daß sie vor Entsetzen leicht ihrer Mutter entrinnen und sie verlieren. Wenn man vergißt, sie in ihren Käfig zu bringen, setzen sie sich, auch wenn sie noch jung sind, möglichst hoch auf einen Baum, jedoch in der Nähe der Henne. Sie gewöhnen sich sehr schwer daran, das Futter aus der Hand zu nehmen, und selbst nach zwei bis drei Monaten geschieht dies noch mit der größten Vorsicht und mit offenbarem Mißtrauen. Niemals lassen sie sich in die Hand nehmen wie die Küchlein unserer Hühner. Mit letzteren und mit Fasanen leben sie gesellig, und wenn sie einmal eines dieser Thiere verfolgen, so geschieht es aus Spielerei. Ihrer Pflegemutter beweisen sie innige Anhänglichkeit und fliegen, wenn sie von ihr getrennt sind, über die Mauer, um ihr einen Besuch abzustatten. Sie sind nicht empfindlich gegen die Kälte, ein wenig gegen starken Wind, sehr gegen die Nässe, am meisten gegen Schnee. Den ganzen Tag über laufen sie im Garten herum und suchen selbst gegen Abend keinen Schutz, falls das Wetter kalt und trocken ist, während sie bei feuchtem Wetter oder bei Regen oft den ganzen Tag über im Käfige verweilen und sich abends bei Zeiten zurückziehen. In solchen Tagen lassen sie wohl auch die Henne, welche sie bei klarem Wetter nicht aus den Augen verlieren, allein ausgehen. Sie erhalten dieselbe Nahrung wie junge Fasanen: am ersten

Tage harte Eier mit Salat und Brodkrume gemischt, später eine Mischung von Hanf,
Reis, Gerste und Rübsen oder Samen. Ameiseneier sind eine Leckerei, welche sie nicht
nöthig haben. Nach vier bis fünf Tagen fressen sie alle möglichen kleinen Thiere, wie
x **Heuschrecken**, **Mücken**, **Ameisen**, **Mehlwürmer**, **Mehlkäfer**, mit Vorliebe solche, wel-
che hart sind; so ziehen sie die gelben Mehlwürmer den weißen vor. Regenwürmer
beachten sie kaum; vierzehn Tage später fressen sie alle Thiere, bis auf die Regenwür-
mer, diese erst, nachdem sie selbst einen Monat alt geworden und auch dann nur,
wenn sie solche selbst gesucht haben; im späteren Alter aber nehmen sie solche Wür-
mer sehr gern. Brod in Milch getaucht, lieben sie auch, falls nur das Brod nicht zu
sehr erweicht ist. Ueberreste von Krabben und Krebsen behagen ihnen, und diese
x Nahrung ist ihnen auch sehr zuträglich. Kleine **Schnecken** fressen sie, doch erst nach-
dem sie die Schale derselben zerbrochen, während Fasanen und Enten sie ganz ver-
schlucken. In den ersten zwei bis drei Monaten wachsen sie nicht sichtlich; aber nach
einem Monate entwickeln sie sich sehr rasch. Nach der ersten Mauser verändert sich
16 das Gefieder nicht mehr. Das **Auge** beider Geschlechter ist kurz nach der Geburt
kastanienbraun; diese Färbung bleibt bei den Weibchen, während sie sich bei den
Hähnen dunkler färbt; nach Verlauf eines Monats ist sie braun, nach Verlauf von vier
Monaten dunkelbraun und, wenn sie erwachsen sind, fast schwarz.»⌋ +++

## Auckland-Säger *Mergus australis* Hombron & Jaquinot, 1841*

*im folgenden Text werden die Säger allgemein beschrieben; Brehm teilt die Säger in die Unterfamilie «Merginae» ein, die in der hier verwendeten Systematik nicht geführt wird

**Länge:** 50 cm **Gewicht:** 1000 – 1250[A] g **Lebenserwartung:** 8 – 11[A] Jahre **Ehemaliges Verbreitungsgebiet:** Auckland-Inseln, Admas-Inseln **Zeitpunkt des Aussterbens:** 1902 **Ursachen des Aussterbens:** Minimierung der Art vermutlich noch vor ihrer Entdeckung (1840) durch die Einführung von Schweinen (1807) und Katzen (1820), außerdem durch eingeschleppte Tiere wie Ratten und Hunde; Jagd **Besonderes:** wegen seiner verkürzten Flugfedern flugunfähig, sehr guter Taucher

⌈Die Angehörigen der Unterfamilie der **Säger** ☞Fig. 7 (Merginae) unterscheiden
sich von andern Gänsevögeln durch sehr gestreckten **Leib**, mittellangen, aber dünnen 1
**Hals**, großen, gewöhnlich mit Busch oder Haube geschmückten **Kopf**, langen, gera- 2 3
den oder ein wenig aufwärts gebogenen, schlanken, schmalen, fast walzenförmigen,
scharfrandigen, mit starken Zähnen besetzten und mit einem kräftigen Haken ver-
sehenen **Schnabel**, weit hinten eingelenkte, niedrige, großzehige **Füße**, deren hintere 4 5
Zehe einen breiten Hauptlappen trägt, mittellange, sehr spitzige **Flügel**, unter deren 6
Schwungfedern die erste und zweite die längsten sind, durch den kurzen, breiten, abge-
rundeten, aus 16 – 18 Federn bestehenden **Schwanz** und weiches, dichtes, schön gefärb- 7
tes Kleingefieder, das nach Geschlecht und Alter wie nach der Jahreszeit sich ändert.

Die Säger gehen mit wenig aufgerichtetem Vorderkörper watschelnd und wakkelnd, schwimmen vorzüglich, tauchen mit größter Leichtigkeit und können lange unter dem Wasser verweilen, haben leichten, schnellen, entenartigen Flug, nehmen, wenn sie in Gesellschaft durch die Luft ziehen, eine gewisse Ordnung an, erheben sicht unter Geräusch und mit Hilfe ihrer Beine ziemlich leicht vom Wasser und stürzen

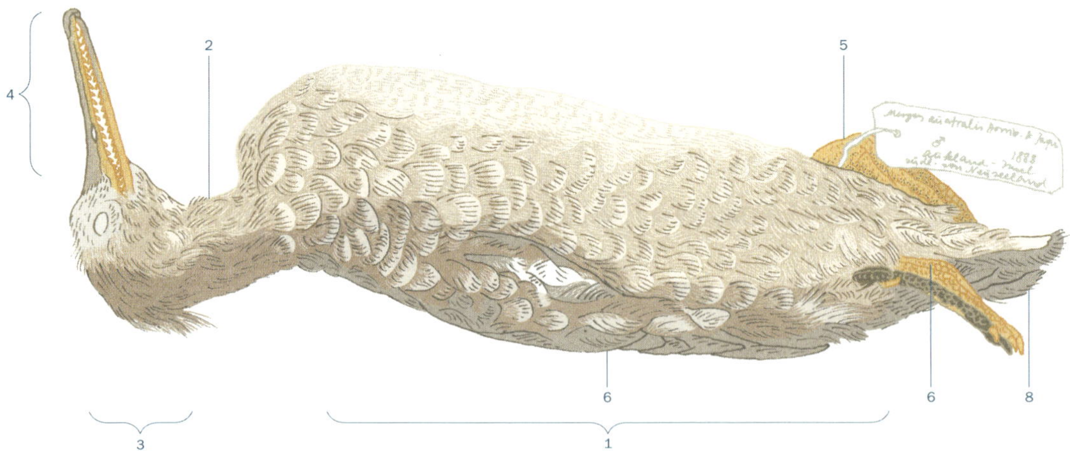


Fig. 7 **Auckland-Säger** *Mergus australis* (⅓ der Originalgröße); Inv. Nr. NMW 50.760/VS/B

sich schief darauf hinab, nach dem Einfallen entweder sofort untertauchend oder sich durch die vorgestreckten Ruder aufhaltend. Ihre Stimme ist ein merkwürdiges Schnarren, das wegen seiner mannigfaltigen Töne unter Umständen sogar wohllautend wird. Sie sind vorsichtig und scheu, bis zu einem gewissen Grade gesellig, aber doch futterneidisch und deshalb oft streit- und rauflustig. Um andre Vögel bekümmern sie sich in der Regel nicht; jede Art lebt mehr oder weninger für sich und hält sich, auch wenn sie mit andern Schwimmvögeln das nämliche Gewässer teilt, abgesondert von den Verwandten.

Von den neun bekannten Arten der Säger gehören sechs dem Norden der Alten, eine dem der Neuen Welt, eine dem südöstlichen Brasilien und eine den Aucklandinseln an. Strenge Kälte vertreibt die nördlichen Arten aus ihrer Heimat und zwingt sie zu Wanderungen, die sie ziemlich regelmäßig bis nach Norddeutschland, seltner bis nach dem Süden Europas oder unter entsprechender Breite gelegnen Ländern Asiens und Amerikas führen. Je nach der Örtlichkeit, die sie bewohnen, sind sie Zug-, Wander- oder Strichvögel; keine Art wandert weiter, als sie muß. Sie verschmähen **Pflanzennahrung** zwar nicht ganz, nehmen aber doch nur im Notfalle zu solcher ihre Zuflucht. Ihr eigentliches Futter sind **Fische** und andre **Wassertiere**, beispielsweise kleine Lurche, Krebse und **Insekten**. Die Fische erbeuten sie durch schnelles Nachjagen unter Wasser, ganz so wie Taucher; doch durchschnattern auch sie zuweilen Nahrung versprechende seichte Stellen der Gewässer. Sie sind äußerst gefräßig und können demgemäß den Fischereien höchst empfindlichen Schaden zufügen.

Ihre Fortpflanzung stimmt mit der andrer Entenvögel überein. Sie leben in Einweiblichkeit und in geschlossener Ehe, brüten auf dem Boden unter dem Gestrüpp oder Gesträuch, zwischen Riedpflanzen und in Baumhöhlen oder auf passenden Baumzweigen, auch wohl selbst in den Nestern andrer Vögel. Ihr kunstloses Nest wird von trocknem **Schilf**, Laub, Moos, Binsen und dergleichen aufgeschichtet und x
wie bei den Enten mit Dunen ausgekleidet. Das Gelege enthält **7–14** ungefleckte, x
graugrünlichweiße **Eier**. Nur das Weibchen brütet, und zwar ungefähr 22–24 Tage lang; das Männchen hält sich währenddem in der Nähe der Gattin auf, erscheint auch anfangs noch bei den Jungen, verläßt diese aber bald, schlägt sich mit andern seines Geschlechtes in Flüge zusammen und verbringt nun in deren Gesellschaft die Mauser.

Den bei uns einheimischen kleineren Arten stellen alle unsre Edelfalken und der Habicht nach; der Brut wird das gesamte Raubzeug, das in Frage kommen kann, gefährlich. Der Mensch verfolgt sie nicht regelmäßig, weil das Wildbret schlecht und tranig schmeckt, nimmt ihnen jedoch oft die Eier weg und verwendet auch wohl die Dunen und Federn. In der Gefangenschaft werden Säger nur von den wahren Liebhabern gehalten, weil ihre Unterhaltung ziemlich kostspielig ist und sie einen wirklichen Nutzen nicht gewähren können. Die Schönheit ihrer Farben und die Lebendigkeit ihres Wesens fesseln übrigens jeden Tierfreund.⌋ +++

## **Anden-Taucher** *Podiceps andinus* Meyer de Schauensee, 1959*

*im folgenden Text werden die Lappentaucher allgemein beschrieben, zu deren Familie (Podicipedidae) *Podiceps andinus* gehört

**Länge:** 30–33 cm **Gewicht:** ca. 300[A] g **Lebenserwartung:** keine Angaben **Ehemaliges Verbreitungsgebiet:** Kolumbien, Ecuador und Peru **Zeitpunkt des Aussterbens:** 1977 **Ursachen des Aussterbens:** Zerstörung des Lebensraums durch Sumpftrockenlegung, Pestizide, Verschmutzung, eingeschleppte Fische und Krebstiere; Jagd **Besonderes:** flugunfähig; sehr guter Taucher

An erster Stelle mögen die Steißfüße oder **Lappentaucher** ☞Fig. 8 (Podicipidae)
1 Erwähnung finden. Ihr Leib ist auffallend breit und plattgedrückt, der **Hals** lang und
2 3 ziemlich dünn, der **Kopf** klein, gestreckt und niedrig, der **Schnabel** ein verlängerter, auf den Seiten zusammengedrückter Kegel mit eingezogenen, sehr scharfen Schneiden, deren untere ein wenig in die obere eingreift. Die Füße sind ganz am Ende des Leibes eingelenkt und durch ihren Bau höchst ausgezeichnet, nicht besonders hoch, seitlich so zusammengedrückt, daß sie vorn an der Spanne eine scharfe, glatte Kante erhalten. Unter den drei Vorderzehen ist die äußerste ebenso lang oder noch etwas länger als die mittlere, die innere aber viel kürzer als die letztere, die hintere ziemlich hoch eingelenkt und stummelartig; alle Vorderzehen werden von der Wurzel an bis zum ersten Gelenke durch eine Spannhaut verbunden, sind von hier an zwar gespalten, beiderseits jedoch mit breiten, nicht ausgeschnittenen, vorn abgerundeten Schwimmlappen besetzt, auf denen die breiten, platten Nägel aufliegen; an der Hinterseite findet sich nur an der nach unten gekehrten Seite ein breiter, auf der entgegen-
4 gesetzten bloß ein sehr schmaler Lappen. Die **Flügel** sind klein, kurz und schmal, unter den Schwingen die zweite, erste und dritte die längsten. Ein Schwanz fehlt gänz-

lich; an seiner Stelle steht bloß ein kleiner Büschel zerschlissener Federn. Das Kleingefieder liegt überall dicht an und bildet auf der Unterseite einen wahren Pelz, ist glatt und besitzt einen sanften Atlasglanz, wogegen es am Kopfe, Halse, auf dem Unterrücken und **Bürzel** haarartig zerschlissen erscheint. Im Hochzeitskleide trägt der 5
Kopf älterer Vögel einen prachtvollen Schmuck in Gestalt eines breiten **Wangen**- und 6
**Kehlkragens** oder eines zweitheiligen Federbusches, welcher in der Regel durch lebhaftere Färbung sich auszeichnet. (...)

⌜Die Steißfüße, von denen man einige 20 Arten kennt, sind kosmopolitisch verbreitet und werden in der Alten Welt von Norwegen an über ganz Europa, durch ganz Asien, bis zu den Molukken, Neuguinea, Neukaledonien, Australien, Neuseeland

Fig. 8 **Anden-Taucher** *Podiceps andinus* (½ der Originalgröße)

und durch ganz Afrika, einschließlich Madagaskar, gefunden sowie in der Neuen Welt von der Vancouverinsel bis zu den Falklandinseln und in Westindien. In Abessinien gehen sie bis 2500, in den Anden Perus sogar bis über 4000 m hoch (am Juninsee).

Sie bewohnen **stehende**, ausnahmsweise auch wohl **langsam fließende Gewässer**, welche am Rande mit **Schilf** und Rohr umgeben sind, und lassen sich nur ausnahmsweise zeitweilig auf dem **Meere** sehen. «Keine andere Vogelart», sagt Naumann, «ist so ganz Wasser- oder Schwimmvogel wie sie, da auch nicht eine bis jetzt bekannt wurde, welche nicht, wenigstens zu gewissen Zeiten, länger oder kürzer auf dem Lande verweilte. Die Lappentaucher gehen nur in höchster Bedrängnis auf das Land; doch bleiben sie ganz nahe am Wasser, um, überrascht, sich sogleich wieder in dasselbe stürzen zu können. Bei allen ihren Handlungen bedürfen sie das Wasser, selbst sich in Flug zu setzen und fliegend in die Luft zu erheben, weil sie dies nicht anders können als mit einem kurzen Anlaufe von der Wasserfläche. Ihre Lebensweise theilt sich in Schwimmen und Tauchen, und wenn andere Schwimmvögel sich erholen, ausruhen, sonnen wollen und sich dazu an das Ufer oder sonst ein festes Plätzchen begeben, bleiben die Lappentaucher auf dem Wasserspiegel und erreichen dasselbe
7 schwimmend. Der Ruhe gänzlich überlassen, liegt ihr **Rumpf** so wenig eingetaucht auf der Wasserfläche wie ein Stück Kork; die Beine werden in die Höhe gehoben und auf die Tragfedern längs den Flügeln gelegt; der Schnabel wird zwischen Rücken und Schulterfedern gesteckt. So ruhen und schlafen sie bei stillem Wetter, auf ruhiger Spiegelfläche, gewöhnlich weit vom Lande. Ist das Wasser aber nicht ganz ruhig, so daß sie befürchten müssen, der Luftzug möge sie in die Nähe des Ufers treiben, so lassen sie dabei die Beine in das Wasser hängen und verstehen es meisterlich, vermuthlich durch ganz eigene Bewegungen, immer auf derselben Stelle zu bleiben.»

Unter der Wasserfläche forteilend, bewegen sie sich so rasch, daß ein am Ufer dahingehender Mensch mit ihnen nicht gleichen Schritt zu halten vermag. Dabei strecken sie sich lang aus und rudern nun mit aller Kraft ihrer Füße vorwärts. Ein leichter Ruck bringt sie unter die Oberfläche, ein Stoß von unten nach oben wieder in die Höhe. Sie schwimmen in jeder Lage des Leibes und tauchen diesen nach Belieben ins Wasser ein. In tiefster Ruhe liegen sie flach auf den Wellen, bei einiger Aufregung schon etwas tiefer unter der Oberfläche, bei Furcht tauchen sie. Um ihr Gefieder einzufetten, nehmen sie die wunderbarsten Stellungen an, legen sich auf eine Seite, erheben sich fast senkrecht, so daß man ihre Beine beinahe bis zu den Zehen außerhalb des Wassers sieht, ziehen den Hals bald ein oder strecken die Kniee weit von sich usw. So leicht es ihnen wird, sich schwimmend zu bewegen, so schwer fällt es ihnen, auf festem Lande eine Stellung einzunehmen oder zu gehen. «Sie erscheinen dabei», laut Naumann, «in der wunderlichsten Haltung, und ihre Gestalt erhält das abenteuerlichste Aussehen. Der Rumpf wird beinahe senkrecht mit geringer Neigung nach vorn aufgerichtet, der Hals sehr stark in die S-Form gebogen; die Läufe stehen mit geringer Biegung der Ferse fast senkrecht, doch unten ziemlich nach außen ge-

spreizt. So und nicht anders stehen und gehen sie.» Weitere Strecken durchmessen sie übrigens nicht in aufrechter Haltung laufend, sondern wie die Seetaucher kriechend. Gefangene, welche ich im Freien auf einem kleinen Teiche hielt, habe ich nie stehen oder gehen, sondern immer nur kriechen sehen. An denen, welche man ins Zimmer nimmt, bemerkt man auch bald, wie schwer ihnen der Gang wird. Sie rennen zwar oft schußweise umher, fallen aber dabei sehr bald wieder auf **Brust** und Bauch 8
nieder und beeilen sich, wenn sie es können, sobald als möglich ein Wassergefäß zu erreichen, in welchem sie sich dann behaglich ausruhen. Zum Fluge können sie sich, nach Naumanns Beobachtungen, vom festen Boden aus nicht erheben, wohl aber nach einem längeren Anlaufe vom Wasserspiegel aus. Der lange Hals und Kopf werden gerade nach vorn, die breiten Füße gerade nach hinten ausgestreckt und die Flügel sehr rasch flatternd bewegt. So streben sie in gerader Linie vorwärts, erreichen bald eine verhältnismäßige Höhe und fördern sich so schnell, daß man darüber sich verwundern muß. Sie steuern mit den Füßen und sind also im Stande, ihre Flugrichtung beliebig abzuändern; die kurzen Flügel gestatten ihnen aber nicht, zu schweben: deshalb werfen sie sich auch beim Niedersetzen in schiefer Richtung auf das Wasser herab und fallen mit hörbarem Geräusche auf dessen Oberfläche. Während des Sommers entschließen sie sich übrigens höchst ungern zum Fliegen, und bei Gefahr greifen sie stets zuerst zum Tauchen. An Sinnesschärfe stehen sie wahrscheinlich wenig anderen Schwimmvögeln nach; ihre geistigen Fähigkeiten scheinen dementsprechend entwickelt zu sein. Mißtrauisch, scheu und listig zeigen sie sich stets, lernen zwar nach und nach ungefährliche Menschen oder Thiere von gefährlichen Feinden unterscheiden, lassen sich aber mit jenen ungern in ein näheres Verhältnis ein, leben überhaupt nur für sich, am liebsten paar-, oder höchstens familienweise, ohne sich um andere Geschöpfe mehr als nöthig zu kümmern. Bei Gefahr nehmen sie zu mancherlei List ihre Zuflucht; gefangen, ergeben sie sich ohne weiteres in ihr Schicksal und verrichten dann alle ihre Geschäfte, ohne auf den dicht neben ihnen stehenden Menschen die geringste Rücksicht zu nehmen.

Kleine **Fische**, **Kerbthiere**, **Fröschchen** und **Froschlarven** bilden ihre Nahrung. Sie holen sich ihre Beute aus der Tiefe des Wassers herauf, verschlingen sie aber erst, nachdem sie wieder aufgetaucht sind. Dabei nehmen sie zufällig auch Sand und grüne **Pflanzentheile** mit auf. Absichtlich verschlucken sie, wie der ältere Naumann zuerst beobachtete, ihre eigenen Federn. «Sie nehmen dazu», sagt Naumann, «meist Brustfedern, auch nicht bloß die, durch deren Entfernung sie in der Fortpflanzungszeit ganz unten am Bauche nackte Brutflecke bilden, sondern auch solche, die von selbst ausfallen, zu manchen Zeiten mehr, zu anderen weniger. Man vermißt sie bei keinem alten Vogel gänzlich, und der Magen ist nicht selten so damit angefüllt, daß sie einen lockeren Ballen darin bilden, in welchem die eingehüllten Nahrungsmittel kaum herauszufinden sind. Ihre Brusthaut zeugt in jeder Jahreszeit davon; sie ist stets mit hervorkeimenden, in den Blutkielen steckenden, halbreifen, kurz mit jungen

Federn von jedem Alter, zwischen den vollständig ausgebildeten besetzt. Erst wenn sie ihr vollständiges Gefieder, ihr Jugendkleid, erhalten haben, fangen sie an, sich selbst Brustfedern auszurupfen und sie zu verschlucken; so lange die Jungen das Dunenkleid tragen, wissen sie von diesem Genusse nichts.»

Sie leben streng paarweise, lieben sich zärtlich, wandern vereinigt und kehren zusammen wieder zurück auf denselben Teich, welcher sie vorher beherbergte. Hier bauen sie ein schwimmendes Nest, welches von dem aller anderen Vögel dadurch abweicht, daß es nicht aus trockenen, sondern aus nassen Stoffen zusammengeschichtet wird, die Eier also stets im Feuchten, sogar im Wasser selbst liegen müssen. Die Neststoffe werden durch Tauchen vom Grunde heraufgeholt, an einigen alten Schilfstengeln befestigt und höchst liederlich zusammengeschichtet, so daß sie mehr einem zusammengetriebenen Haufen als einem Neste ähneln. Schon während des Baues geschieht die Begattung. Ein Betreten kann bei ihnen nicht stattfinden, weil ihre Füße ganz am Ende des Rumpfes eingelenkt sind und sie sich nothwendig aufrecht stellen müßten. Beide Gatten schwimmen daher, laut Naumann, nach vorhergegangenen Liebeleien, welche bei einigen Arten zuletzt durch lärmendes Geschrei beendet werden, gegen einander und richten sich senkrecht gerade in die Höhe; ihre Brüste schmiegen sich dicht an einander, endlich auch die Bäuche, und der Akt ist mit einem Ruck vollzogen, worauf sie sogleich wieder, wie gewöhnlich, neben einander schwimmen und ihre laute Stimme erheben, als ob sie bezweckten, daß alle Welt vernehmen
x sollte, was hier eben vorgegangen sei. Das Gelege besteht aus **drei** bis **sechs** mäßig großen, ländlichen, stark-, aber rauhschaligen **Eiern** von ursprünglich grünlichweißer Färbung, welche jedoch bald von dem Schmutze des Nestes eine gelbröthliche oder olivenbräunliche Färbung, zuweilen auch eine marmorirte Zeichnung annehmen. Beide Geschlechter brüten abwechselnd, das Weibchen im ganzen länger als das Männchen, welches, während die Gattin auf dem Neste sitzt, in der Nähe desselben umherschwimmt. Verlassen beide gemeinschaftlich das Nest, so holen sie stets vorher einen Haufen halb verfaulter Wasserpflanzen vom Grunde herauf und bedecken damit die Eier. Nach ungefähr dreiwöchentlicher Brutzeit entschlüpfen die Jungen, auch aus solchen Eiern, welche während der Bebrütung größtentheils im Wasser liegen, und werden nun sofort dem letzteren zugeführt. Zu schwimmen verstehen sie vom ersten Augenblicke ihres Lebens an, tauchen lernen sie binnen wenigen Tagen, da sie die Alten anfangs bei Gefahr immer unter ihre Flügel nehmen und mit ihnen
9 sich in die Tiefe versenken; nicht selten werden die zwischen den **Brustfedern** versteckten Jungen auch beim Ausfliegen mit fortgetragen. Ein glaubwürdiger Beobachter hat mir erzählt, daß er einen Ohrensteißfuß aus der Luft herabgeschossen, zwischen dessen Federn er zu seiner höchsten Ueberraschung zwei Junge versteckt fand. Ihr Nest betreten die Küchlein selten wieder; wenn sie ausruhen wollen, finden sie ein Ruheplätzchen oder nachts eine Schlafstelle auf dem Rücken der Eltern. Das Besteigen dieses warmen und weichen Sitzes würde ihnen schwerlich gelingen; dafür aber

wissen die liebenden Alten Rath. Sie geben ihnen ein Zeichen, sich im Schwimmen dicht aneinander zu drängen, tauchen unter das Wasser und erheben sich unter ihnen wieder aus demselben, so daß jene auf ihren Rücken zu sitzen kommen. Auf ähnliche Weise entledigen sie sich auch dieser Bürde, wenn sie ihnen zur Last wird, oder vielmehr wenn allen eine Gefahr droht. «Um dem kleinen Völkchen, so lange es am Tauchen noch wenig Geschmack hat, Nahrung vorzusetzen», so schreibt mir Liebe, «suchen sie eine schilffreie Stelle auf, versammeln die Jungen rings um sich und treten kräftigst Wasser, ganz nach Art eines Menschen, welcher sich in einem tiefen Gewässer aufrecht erhalten will. Dadurch wirbeln sie unausgesetzt Schlammtheile und mit diesen Würmer und Larven vom Grunde zur Oberfläche empor, und die emsigen Kleinen können nun reiche Lese halten.»

Solange die Steißfüße sich auf dem Wasser befinden, sind sie vor den meisten Gefahren gesichert; fliegend aber werden sie oft die Beute der Raubvögel. Ihren Eiern stellen Raben und Rohrweihen, vielleicht auch Wasserhühner und Rallen begierig nach. Früher erlegte man die anmuthigen Vögel, welche für jedes stehende Gewässer eine wahre Zierde bilden, nur zur Fastenzeit; neuerdings ist es Mode geworden, ihr reiches Gefieder zu Krägen und anderem Winterschmucke zu verwenden, und seitdem stellt man ihnen unerbittlich nach. Von Algerien werden jährlich gegen vierzigtausend, aus Sibirien gegen anderthalb Millionen Bälge ausgeführt. Zur Zeit der Feuerschlösser war es ein Kunststück, Steißfüße zu erlegen; denn sie tauchten beim Aufblitzen des Pulvers auf der Pfanne so rasch in die Tiefe, daß die Schrote wohl die Stelle, auf welcher sie sich befunden hatten, nicht aber sie selbst trafen. Unseren jetzigen Gewehren entgehen sie nicht mehr oder doch nur selten. Der Fang ist Sache des Zufalls, falls man nicht ein kleines Gewässer, in welchem sich gerade Steißfüße befinden, ablassen und sie auf das Trockene bringen kann. In kleineren Teichen oder in entsprechend hergerichteten, d.h. mit größeren Wasserbecken versehenen, Käfigen lassen sich gefangene Steißfüße leicht erhalten, vorausgesetzt natürlich, daß man ihnen eine hinlängliche Menge von Fischen und Kerbthieren verschafft. Die größeren Arten begnügen sich mit Fischen allein, die kleineren verlangen diese und Kerbthiere. Ihr beständiges Auf- und Niedertauchen, die verschiedenen Stellungen, welche sie annehmen, die harmlose Zuthunlichkeit, welche sie zeigen, erfreuen jedermann. +++

020 019 018

**Kusaei-Sumpfhuhn** *Porzana monasa* (Kittlitz, 1858) *[1]
**Laysan-Sumpfhuhn** *Porzana palmeri* (Frohawk, 1892) *[2]
**Hawaii-Sumpfhuhn** *Porzana sandwichensis* (J.F. Gmelin, 1789) *[3]

*im folgenden Text wird anhand der europäischen Art *Porzana porzana* die Gattung der Sumpfhühner *(Porzana)* allgemein beschrieben; Abweichungen bei Färbung, Größe und Anzahl der Eier

[1]**Längе:** ca. 18 cm **Gewicht:** 28–44[A] g **Lebenserwartung:** 5–7[A] Jahre **Ehemaliges Verbreitungsgebiet:** Kosrae-Insel, Förderation Mikronesien **Zeitpunkt des Aussterbens:** 1928 **Ursachen des Aussterbens:** Beute eingeschleppter Ratten **Besonderes:** flugunfähig

[2]**Länge:** ca. 15 cm **Gewicht:** 25–42 g **Lebenserwartung:** 5–7[A] Jahre **Ehemaliges Verbreitungsgebiet:** Hawaii-Inseln Laysan, Midway-Insel **Zeitpunkt des Aussterbens:** 1944 **Ursachen des Aussterbens:** Zerstörung des Lebensraums durch eingeschleppte Meerschweinchen, Ratten und Kaninchen; dadurch Vernichtung der Nahrungsgrundlage (Insekten) des Sumpfhuhns **Besonderes:** flugunfähig

[3]**Länge:** ca. 13 cm **Gewicht:** 22–40 g **Lebenserwartung:** 5–7[A] Jahre **Ehemaliges Verbreitungsgebiet:** Hauptinsel Hawaii **Zeitpunkt des Aussterbens:** 1884 **Ursachen des Aussterbens:** Beute eingeschleppter Ratten, Mungos und Katzen **Besonderes:** flugunfähig

⌈Die 16 Arten umfassende Gattung der zierlichen **Sumpfhühnchen** (*Porzana* Vieill.) ☞Fig. 9–11 kennzeichnet hauptsächlich der kurze, seitlich zusammengedrückte
1 **Schnabel** und die lange Hinterzehe. Sie ist fast allweltlich verbreitet, findet sich in der Alten Welt bis zum 65. Grad nördl. Br. und hat Vertreter auf Neuseeland, den Chathaminseln und der Mehrzahl der ozeanischen Inseln, geht aber in der Neuen Welt weniger weit nach Norden, und nach Süden bis zur Breite von Buenos Aires.

Unter den drei europäischen Arten ist das Tüpfelsumpfhühnchen, auch Grashuhn,
Muthühnchen, Heckenschnarre, Eggascher, Winkernel, Matkern, Maknetzel, Makosch
genannt, *Porzana porzana* Linn. *(Ortygometra, maruetta)* das größte.⌋ Seine Länge
beträgt einundzwanzig, die Breite vierzig, die Fittiglänge zwölf, die Schwanzlänge
sechs Centimeter. **Stirne** und **Vorderscheitel**, **Kehle**, **Kropf** und **Oberbrust** sind 2 3 4 5 6
schieferblaugrau, letztere Theile sanft olivenbraungrau abschattirt und weiß getüp-
felt, die **Zügel** auf weißem Grunde bräunlichweiß, aschfarben gepunktet und ober- 7
wie unterseits durch einen schmalen weißen und schwarzen Saum begrenzt, die
Federn des **Oberkopfes** und Nackens olivenbraun, breit schwarz geschaftet und weiß 8
gefleckt, **Mantel** und **Schultern** dunkel olivenbraun, durch breite schwarze Schaft- 9 10

Fig. 9 **Kusaei-Sumpfhuhn** *Porzana monasa* (Originalgröße)

flecke und sehr viele weiße, eckige, halbmondförmige, oft schwarz gesäumte oder um-
11 12 säumte Tüpfel, Flecke und Strichelchen gezeichnet, **Unterrücken** und **Bürzel** schwarz,
ölbraun gefleckt und spärlich weiß bespritzt, die Weichenfedern mit breiten oliven-
braunen, schwarz schattirten und schmäleren wellenförmig zackigen Querbinden
13 14 15 16 geziert, **Brust-** und **Bauchmitte** weiß, **Steiß-** und **Unterschwanzdeckfedern** dunkel
17 rostgelb, die Schwingen und **Schwanzfedern**, mit Ausnahme der ersten, außen weiß
18 gesäumten **Handschwinge**, dunkel olivenbraun, die Unterflügeldeckfedern schwarz
19 und weiß gebändert. Das **Auge** ist dunkel rothbraun, der Schnabel an der Wurzel
orangeroth, übrigens bis gegen die schmutzig gilbliche Spitze citrongelb, der Fuß
gelblichgrün. Das etwas kleinere Weibchen ist matter gefärbt als das Männchen; das
Herbstkleid unterscheidet sich vom Frühlingskleide dadurch, daß Olivenbraun vor-
herrscht und die weißen Tüpfel minder schön sind; das Jugendkleid ist durch stärkere
weiße Tüpfelung ausgezeichnet, das Nestkleid schwarz.

Fig. 10 **Laysan-Sumpfhuhn** *Porzana palmeri* (¾ der Originalgröße); Inv. Nr. ZMB 53.36, ZMB 53.37

Fig. 11 **Hawaii-Sumpfhuhn** *Porzana sandwichensis* (Originalgröße)

(…) Es erscheint nicht vor der Mitte, meist erst in den letzten Tagen des April am
Brutplatze, und beginnt schon gegen Ende des August wieder südwärts zu wandern,
reist ebenfalls des Nachts, soviel wie möglich zu Fuße, und wird bei dieser Gelegenheit
auch in Gegenden bemerkt, denen es während des Sommers gänzlich fehlt. Seinen
Sommerstand nimmt es am liebsten auf nassen, mit vielen Gräben durchzogenen
und mit Seggengrase bestandenen **Wiesen**, kaum minder gern im eigentlichen **Sumpfe** x x
oder **Bruche**, niemals aber an freien Wasserflächen.

Im Schutze der bergenden Gräser führt es sein verstecktes Leben. Uebertages regt
es sich wenig; gegen Abend ermuntert es sich, und während der ganzen Nacht ist es
in voller Thätigkeit. Ist man im Stande, es zu belauschen, so sieht man, daß es sich im
wesentlichen ganz nach Art des Wiesenknarrers bewegt, wie dieser im Stehen sich
hält, wie dieser geht, läuft, wadet und fliegt, bei Gefahr mit dem **Schwanze** wippt usw. 20
Nur in einer Beziehung scheint es den Verwandten bei weitem zu übertreffen: es
schwimmt und taucht ausgezeichnet, ebenso gern wie anhaltend, das Schwänzchen
gestelzt, bei jedem Ruderstoße mit dem **Kopfe** nickend, erscheint daher gerade in 21
dieser Beziehung höchst anmuthig. Sein Lockton ist ein zwar hell tönender, aber

mehr quietschender als pfeifender Laut, der Ausdruck der Zärtlichkeit, welcher beiden Geschlechtern eigen zu sein scheint, ein kurzes »Uit«, dem Geräusche, welches ein fallender Tropfen in einem gefüllten Gefäße hervorbringt, vergleichbar, der Angstruf ein quakendes Geschrei. Im Vertrauen auf seine unvergleichliche Fertigkeit, sich zu verbergen, ist es durchaus nicht scheu, läßt den nahenden Hund oder Menschen im Gegentheile oft so dicht an sich herankommen, daß dieser wie jener es ergreifen kann, wird auch durch Verfolgungen kaum gewitzigt, beweist aber durch leichte Zähmbarkeit und innige Anhänglichkeit dem Pfleger gegenüber, daß es lernt und demnach als bildungsfähig bezeichnet werden muß. Um andere harmlose Vögel bekümmert es sich, dem Anscheine nach, nicht, dürfte jedoch, angesichts eines Nestes kleiner Sumpfvögel, die Raubgelüste seiner Familie schwerlich verleugnen; denn seine Nahrung ist im wesentlichen genau dieselbe, welche der Wiesenknarrer genießt.

Das Nest, ein loses, grobes Geflecht aus Schilf- und Seggenblättern oder Binsen, Grashalmen und anderen feineren Stoffen, welche die innere Auskleidung bilden, steht regelmäßig an wenig zugänglichen, oft rings vom Wasser umgebenen, in keiner Weise dem Blicke auffallenden Stellen des Brutgebietes, auf und zwischen Seggenblättern oder Halmen, und wird im Laufe der Zeit durch beständiges Nieder- und Gegeneinanderbeugen der umstehenden Halme vom Weibchen absichtlich noch besser verborgen, so daß selbst das scharfe Auge des Weih den unter der grünen Kuppellaube brütenden Vogel nicht zu sehen vermag. Zu Ende des Mai oder in den ersten Tagen des Juni pflegt das aus neun bis zwölf Eiern bestehende Gelege vollzählig zu sein. Die Eier, deren Längsdurchmesser etwa dreiunddreißig und deren Querdurchmesser vierundzwanzig Millimeter beträgt, sind länglich eiförmig, glattschalig, feinkörnig, glänzend und auf lichtrostgelbem Grunde mit vielen seinen dunkleren Pünktchen, violettgrauen Schalen- und, zumal am stumpfen Ende, scharf umrandeten, großen rothbraunen Oberflecken gezeichnet. Das Männchen scheint am Brutgeschäfte wenig Antheil zu nehmen, sich auch um die Jungen nicht zu kümmern und alle Sorgen der Mutter zu überlassen. Nach dreiwöchentlicher, hingebender Bebrütung zeitigt diese die Küchlein, welche im schwarzwolligen Dunenkleide dem Eie entschlüpfen und unmittelbar nach dem Abtrocknen mit ihr davon laufen, vom ersten Tage ihres Lebens an gleich den Eltern sich benehmen, gewandt wie Mäuse durch das Gras huschen, ohne Bedenken ins Wasser gehen, schwimmen und tauchen, bei Gefahr aber so geschickt sich bergen und drücken, daß nur die unfehlbare Nase eines Raubsäugethieres sie aufzufinden vermag. Noch ehe sie ausgefiedert sind, vereinzeln sie sich, verlassen die Mutter und beginnen auf eigene Gefahr den Weg durch das Dasein zu wandeln.

Viele Feinde stellen dem wehrlosen Vogel, noch mehr den Eiern nach, so daß seine bedeutende Vermehrung eben ausreicht, die Verluste zu decken. Erlegt wird er selten und meist nur zufällig, gelegentlich der Heerschnepfenjagd, gefangen, zum Bedauern aller Liebhaber, welche ihn pflegten oder doch kennen, noch seltener. +++

## Tristan-Ralle *Gallinula nesiotis* P.L. Sclater, 1861*

*im folgenden Text wird die Gattung der Teichhühner *(Gallinula)* allgemein beschrieben, zu der *Gallinula nesiotis* gehört

**Länge:** 25 cm **Gewicht:** 400 g **Lebenserwartung:** 13–15 Jahre **Ehemaliges Verbreitungsgebiet:** St. Helena, Tristan-Insel **Zeitpunkt des Aussterbens:** um 1890 **Ursachen des Aussterbens:** Jagd; Zerstörung des Lebensraums; Beute eingeschleppter Ratten, Hauskatzen und Hunde **Besonderes:** nahezu flugunfähig wegen zu kurzer Flügel

⌈Durch kurzen **Lauf** und gleich tiefe Einlenkung der **Zehen** kennzeichnet sich die 12
Gattung der Rohr- oder **Teichhühner** ☞Fig. 12 (*Gallinula* Briss.), deren acht Arten
**schilfreiche Seen**, größere **Sümpfe** und **Brüche**, **Teiche** und pflanzenbedeckte **Fluß-** x x
**ufer**, immer aber süße Gewässer bewohnen. Sie treiben sich viel im Schilfe und noch mehr auf dem pflanzenbedeckten Wasserspiegel umher, sind im Laufen weniger geschickt als im Schwimmen und Tauchen und haben einen schwerfälligen, wankenden und ermüdenden Flug. Sie gehören nicht zu den verträglichen Vögeln, sondern behaupten eifersüchtig das einmal gewählte Gebiet, vertreiben aus ihm alle anderen ihrer Art, wenn sie können auch andere Vögel überhaupt, und beweisen dabei einen mit ihrer geringen Größe außer allem Verhältniß stehenden Mut. Kleine Vögel fallen sie mörderisch an und werden den Bruten sehr schädlich. Dagegen sind die Gatten untereinander äußerst zärtlich und die Eltern ungemein anhänglich und hingebend gegen die Brut. Ihr aus Schilf- und Rohrblättern kunstlos errichtetes Nest legen sie stets im Schilf oder wenigstens in dessen Nähe an, oft so, daß es auf dem Wasserspiegel
schwimmt. Das Gelege besteht aus **4–12** glattschaligen, gefleckten und gepunkteten x
**Eiern.** Die Jungen kommen in einem äußerst zierlichen, dunkel gefärbten Dunenkleide zur Welt. Nach der Brutzeit verlassen alt und jung gemeinschaftlich die Heimat und wenden sich entweder südlicheren oder in anderer Hinsicht günstigeren Gegenden zu.

(...) Das Teichhühnchen, ein in allen Erdteilen heimischer, obwohl in ständigen Unterarten auftretender Vogel, ist in Europa, mit Ausnahme des hohen Nordens, überall gemein, in Deutschland Zugvogel, der zu Ende März erscheint und erst im Oktober wegzieht, wahrscheinlich in Paaren und wohl größtenteils zu Fuß wandert, zuweilen auch bei uns zulande überwintert. Im Frühjahre kommen gewöhnlich beide Gatten in einer Nacht auf ihrem Brutteiche an, ausnahmsweise beide bald nacheinander. Wenn das Paar von einem Teiche Besitz ergriffen hat, beachtet es den Ruf der in der Luft dahinziehenden Artgenossen nicht mehr; ist aber nur erst der eine Gatte da, so antwortet er dem oben fliegenden und ladet ihn durch ähnliche Töne ein, zu ihm herabzukommen. Kleine Teiche die am Rande mit Schilf oder Ried bewachsen, wenigstens durch Rohr und Gebüsch bedeckt und teilweise mit schwimmenden Wasserpflanzen überwuchert sind, bilden die bevorzugten Aufenthaltsorte des Teichhuhns. Jedes Pärchen liebt es, einen Teich für sich allein zu besitzen, und nur auf größeren Wasserflächen siedeln sich mehrere Pärchen an, von denen dann jedes an seinem Gebiete streng festhält. Liegen mehrere Teiche nebeneinander, so besuchen sie die rauflustigen Männchen gegenseitig, um einen Strauß auszufechten, werden aber stets wieder zurückgeschlagen.

(...) Das Teichhühnchen ist schon am frühen Morgen wach und rege und geht erst spät zur Ruhe. Auf Teichen, die dem menschlichen Verkehr fern liegen, verbirgt es sich am Tage im Schilf und kommt nur morgens und abends auf das offene Wasser heraus, fliegt auch bei Ankunft eines Menschen, so schnell es kann, seinem Versteckplatz zu; dort hingegen, wo es sich an den Menschen gewöhnt hat und weiß, daß dieser es schützt, wird es ungemein kirre. Im Frühjahr hat jedes Pärchen, wie oben schon angedeutet wurde, längere Kämpfe mit anderen zu bestehen, die sich erst einen Standort suchen müssen. Naht ein fremdes Teichhuhn, so fährt das Männchen
3 4 mit aufgesträubten **Flügeln**, niedergedrücktem **Kopfe**, halb schwimmend, halb auf
5 dem Wasser laufend, gegen den Eindringling los, hackt und kratzt mit **Schnabel** und
6 **Füßen**, schlägt auch mit den Flügeln und ruft, wenn jener nicht weichen will, die Gattin zu Hilfe, bis der Gegner vertrieben ist. Solche Kämpfe werden auch dann noch ausgefochten, wenn bereits der Bau des Nestes in Angriff genommen wurde. Dieses steht gewöhnlich in einem Schilfbusch auf den niedergeknickten Blättern oder zwischen mehreren Büschen auf der Oberfläche des Wassers selbst, seltener auf einem trockneren Hügelchen im Schilfe. Holzstücke, Bretter, Entenhäuschen und dergleichen werden gern benutzt, vorausgesetzt, daß sie im Wasser schwimmen. Beide Gatten bauen gemeinschaftlich nur zuweilen sorgfältug, gewöhnlich aber liederlich. Schilfblätter, trockne wie frische, werden übereinander geschichtet und oben korbartig ineinander geflochten. Die Mulde ist tief napfförmig. Sobald der Bau vollendet ist, beginnt das Weibchen zu legen.

(...) Es scheinen übrigens in der Geschichte der Fortpflanzung und besonders des Nestbaues beim Teichhühnchen allerlei wenig beobachtete Sonderbarkeiten vor-

Fig. 12 **Tristan-Ralle** *Gallinula nesiotis* (¾ der Originalgröße); Inv. Nr. NMW 80.348/VS/S

zukommen, auf die man erst in neuster Zeit anfängt aufmerksam zu werden. So fand Pike in mehreren Fällen, daß die Eier in einem ersten Neste ausgebrütet wurden und dann für die Jungen ein zweites an einer sichern Stelle, z. B. auf einem umgestürzt im Flusse liegenden Baum, gebaut war, ja nach diesem, als es zu klein geworden war, ein drittes. Corbin sagt, es werde von Teichhühnchen häufig eine größere Anzahl von Nestern gebaut, als je benutzt würde, vermag aber eine Erklärung für diesen bedeutenden zwecklosen Aufwand von Arbeit und Zeit nicht zu geben. Gleich nach der Ablage des ersten Eies fängt das Weibchen zu brüten an, anstatt, wie die meisten anderen Vogelformen, zu warten, bis das Gelege vollständig ist. Daher sind die Jungen einer Brut sehr ungleich entwickelt, und Lewis Bonhote meint, daß das Männchen den größeren Jungen ein neues Nest baue, solange das Weibchen noch auf den späteren Eiern sitze. Hett hält es für möglich, daß die älteren Jungen unter Umständen sich selbst ein Nest bauen.

Das Teichhühnchen brütet zweimal im Jahre, nach Howard Saunder nicht selten dreimal. «Wenn die Jungen der zweiten Brut auf dem Wasserspiegel erscheinen», schildert Naumann, «kommen die nun mehr als halbwüchsigen der ersten Brut herbei, zeigen sich freundlich und zuvorkommend gegen ihre jüngeren Geschwister und helfen den Alten, diese zu führen. Groß und klein, alt und jung ist sozusagen ein Herz und eine Seele. Ein unvergleichlich anmutiges Bild gibt eine solche Doppelfamilie, wenn sie sich furchtlos auf einem kleinen Wasserspiegel ausgebreitet hat und in voller Tätigkeit ist. Jedes der erwachsenen Jungen ist eifrig bemüht, einem seiner kleinen Geschwister das, was es als Nahrungsmittel aufgefunden, darzureichen, weshalb diese Kleinen bald einem von jenen, bald einem der Eltern nachschwimmen und mit verlangendem Piepen ihre Eßlust andeuten, gleich zufrieden, wer sie zuerst stillt. Da gewöhnlich die Anzahl der Jungen zweiter Brut kleiner ist als die von der ersten, auch noch die Eltern die Pflege der Kinder keineswegs müßig sind, so kommen nicht selten zwei von den Jungen erster Brut auf eins von der zweiten, dessen Führer sie nun abgeben. Dieses schwimmt dann gewöhnlich in ihrer Mitte und wird wechselseitig von beiden geliebkost und gefüttert. Auch bei vorkommenden Gefahren warnen die großen recht altklugerweise die kleinen Jungen, wie es ihnen sonst die Alten taten.» Die Jungen der ersten Brut helfen nicht bloß die der zweiten mit aufziehen, sie stehen nach Howard Saunders den Eltern auch beim Bau des zweiten Nestes bei.

Obgleich das Teichhühnchen seine Nahrung mehr dem Tier- als dem Pflanzenreiche entnimmt und hauptsächlich **Käfer**, **Libellen**, **Eintagsfliegen**, **Wasserwanzen** und **andere Insekten**, **Wasserschnecken** und dergleichen verzehrt, läßt es sich doch leicht in Gefangenschaft halten und an einfaches Ersatzfutter gewöhnen. (...)⌋ +++

**Kanarischer Austernfischer** *Haematopus meadewaldoi* Bannerman, 1913

*im folgenden Text wird die Gattung der Austernfischer (*Haematopus* Linn.) allgemein beschrieben, zu der *Haematopus meadewaldoi* gehört

**Länge:** 43 cm **Gewicht:** 500–550[A] g **Lebenserwartung:** 12–25[A] Jahre **Ehemaliges Verbreitungsgebiet:** östliche Kanarische Inseln **Zeitpunkt des Aussterbens:** 1981 **Ursachen des Aussterbens:** Zerstörung des Lebensraums; Beute eingeschleppter Katzen, Marder und Ratten **Besonderes:** tag- und nachtaktiv; sehr geselliger, monogamer Vogel; Abhalten von Trillerwettstreiten während der Balz

Wer irgend eine Küste der Nordsee besucht, wird gewiß die Bekanntschaft eines Strandvogels machen, welcher hier fast aller Orten häufig vorkommt und sich durch sein Betragen so auszeichnet, daß man ihn nicht übersehen kann. Die Küstenbewohner sind mit ihm ebenso vertraut worden, wie wir mit einem unserer Raben oder mit dem Sperlinge: darauf hin deutet schon sein Namenreichthum. Der **Austerfischer** ☞Fig. 13, Austersammler, Austerfresser, Austeregel und Austerdieb, die Meer-, See-, Strand- oder Wasserelster, Heister- oder Elsterschnepfe, Seeschnepse usw. *(Haematopus ostralegus, hypoleucus, balthicus, orientalis* und *longirostris, Scolopax pica, Ostralega pica und europaea, Ostralegus vulgaris)*, fällt auf durch seine Gestalt und hat außer seinen Sippschaftsangehörigen keine ihm wirklich nahe stehenden Verwandten (…). ⌜Die Gattung, der er angehört (*Haematopus* Linn.), umfaßt 13 Arten und ist beinahe
auf der ganzen Erde vertreten.⌟ Sie wird kennzeichnet durch gedrungenen **Leib** und 1
großen **Kopf**, welcher einen langen, geraden, sehr zusammengedrückten, vorn keil- 2
förmigen, harten **Schnabel** trägt, der mittelhohe, kräftige **Fuß**, dessen drei **Zehen** sich 3 4 5
ebensowohl durch ihre Kürze wie ihre Breite und eine große Spannhaut zwischen der
äußeren und mittleren auszeichnen, die mittellangen, aber spitzigen **Flügel**, in denen 6

Fig. 13 **Kanarischer Austernfischer** *Haematopus meadewaldoi* (⅓ der Originalgröße)

die erste Schwungfeder die längste ist, und der aus zwölf Federn gebildete ziemlich
7 kurze, gerade abgeschnittene **Schwanz**. Im inneren Baue macht sich, laut Nitzsch, bemerklich: die bedeutende Entwickelung derjenigen Muskeln, welche die Kiefer bewegen, und mehrere hiervon theilweise abhängige Verhältnisse des Kopfgerüstes sowie auch gewisse Eigenthümlichkeiten des übrigen Gerippes und der Weichtheile. Die Wirbelsäule besteht aus dreizehn Hals-, neun Rücken- und neun Schwanzwirbeln.

Das Gabelbein ist weniger als bei anderen Strandvögeln gekrümmt; die vier Hauptbuchten des Brustbeines sind sehr entwickelt, die neun Rippenpaare fallen auf durch ihre Schmächtigkeit, die Gaumenbeine durch ihre Breite; die Augenscheidewand ist mehrfach durchbrochen. Ausgebildete Nasendrüsen, welche als breite Polster die
zwischen den **Augen** befindliche Gegend der Stirnbeine bedecken, die kurze, am 8
hinteren Rande mit hornigen Zähnen besetzte Zunge, der dickwandige, reichmuskelige Vormagen, der schwachmuskelige Magen und der sehr lange Darmschlauch mögen außerdem noch hervorgehoben werden. (...) So plump und schwerfällig unser Vogel aussieht, so bewegungsfähig zeigt er sich. Er läuft, in ähnlicher Weise wie der Steinwälzer, absatzweise, gewöhnlich schreitend oder trippelnd, nöthigenfalls aber auch ungemein rasch dahinrennend, kann sich, Dank seiner breitsohligen Füße, auf dem weichsten Schlicke erhalten, schwimmt, und keineswegs bloß gezwungen, vorzüglich und fliegt sehr kräftig und schnell, meist geradeaus, aber oft auch in kühnen Bogen und Schwenkungen dahin, mehr schwebend als die meisten übrigen Strandvögel. Seine Stimme, ein pfeifendes «Hyip», wird bei jeder Gelegenheit ausgestoßen, zuweilen mit einem langen «Kwihrrrrr» eingeleitet, manchmal auch kurz zusammengezogen, so daß sie wie «Kwik, kwik, kewik, kewik» klingt. Am Paarungsorte trillert er wundervoll, wohltönend, abwechselnd und anhaltend.

Sein Betragen erklärt die Beachtung, welche ihm überall gezollt wird. Es gibt keinen Vogel am ganzen Strande, welcher im gleichen Grade wie er rege, unruhig, muthig, neck- und kampflustig und dabei doch stets wohlgelaunt wäre. Wenn er sich satt gefressen und ein wenig ausgeruht hat, neckt und jagt er sich wenigstens mit seinesgleichen umher; denn lange still sitzen, ruhig auf einer Stelle verweilen, vermag er nicht. Solches Necken geht zuweilen in ernsteren Streit über, weil jeder eine ihm angethane Unbill sofort zu rächen sucht. «Acht bis zehn dieser Vögel», erzählt Graba, «saßen auf einem oder auf zwei Beinen im besten Schlafe neben einander, als plötzlich durch das Vorbeifliegen einer anderen Schar und durch deren Geschrei sie aus dem Schlafe aufwachen. Dabei trat unglücklicherweise einer dem anderen auf den Fuß. Sogleich kam es zum Zweikampfe. Mit vorgestrecktem Halse und Schnabel rückten beide wie Hähne auf einander los, schlugen sich mehrere Male mit den Flügeln und hackten sich mit dem Schnabel. Der Kampf währte nicht lange; denn der eine wich und sein Gegner begnügte sich, einige zornige und verächtliche Blicke, mit den nöthigen Geberden begleitet, nachzuschicken.» Solch innerlicher Hader ist übrigens selten unter einer Gesellschaft der Austerfischer, weil sie beständig Kämpfe mit fremdartigen Vögeln auszufechten haben. Aufmerksamer als jeder andere Küstenvogel, finden sie fortwährend Beschäftigung, auch wenn sie vollständig gesättigt sind. Jeder kleine Strandvogel, welcher naht oder wegfliegt, wird beobachtet, jeder größere mit lautem Rufe begrüßt, keine Ente, keine Gans übersehen. Nun nahen der Küste aber auch andere Vögel, welche jene als Feinde, mindestens als Störenfriede der Gesammtheit kennen gelernt haben. Sobald einer von diesen, also ein Rabe oder eine Krähe, eine Raub- oder große Seemöve, von weitem sich zeigt, gibt ein Austerfischer das Zeichen zum Angriffe, die übrigen erheben sich, eilen auf den Feind zu, schreien laut, um seine Ankunft auch anderen Vögeln zu verrathen, und stoßen nun mit größter Wuth auf den Eindringling herab. In diesem Gebaren gleichen sie ganz den Kiebitzen; ihre Waffe ist aber vorzüglicher und der Erfolg um so sicherer. Daß das übrige Strandgeflügel bald lernt, ihre verschiedenen Stimmlaute zu deuten, den gewöhnlichen Lockton z.B. vom Warnungsruf zu unterscheiden, versteht sich von selbst. Da, wo es Austerfischer gibt, sind sie es, welche vor allen übrigen das große Wort führen und das Leben des vereinigten Strandgewimmels gewissermaßen ordnen und regeln. Dem Menschen weichen die listigen Geschöpfe überall mit der nöthigen Vorsicht aus. Sie kennen den Hirten, den Fischer, wissen, daß diese beiden ihnen selten oder niemals beschwerlich fallen und lassen sie deshalb ohne Bedenken nahe herankommen; aber sie betrachten jeden anderen Menschen mit mißtrauischen Blicken und gestatten dem Jäger wohl einmal, nicht aber fernerhin, ihnen so nahe auf den Leib zu rücken, daß er einen erfolgreichen Schuß abgeben kann.

Welcher Handlung der Austerfischer seinen gewöhnlichen Namen verdankt, ist schwer zu sagen, denn er fischt gewiß niemals Austern. Allerdings nimmt er gern
x x kleinere **Weichthiere** auf, frißt auch wohl eine größere **Muschel** aus, welche todt an den Strand geschleudert wurde, ist aber nicht im Stande, eine solche zu öffnen. Seine Nahrung besteht vorzugsweise aus **Gewürm**, und wahrscheinlich bildet der Uferwurm
x den größten Theil seiner Speise. Daß er dabei einen kleinen **Krebs**, ein **Fischchen** und ein anderes Seethier nicht verschmäht, bedarf der Erwähnung nicht, ebensowenig,
x daß er in der Nähe des an der Küste weidenden Viehes **Kerbthiere** erjagt. Muscheln und Steinchen wendet er vielleicht noch häufiger um als der Steinwälzer.

Diejenigen Austerfischer, welche als Strandvögel betrachtet werden können, beginnen um die Mitte des April, die, welche wandern, etwas später mit dem Nestbaue. Die Vereine lösen sich, und die Pärchen vertheilen sich auf dem Brutplatze. Jetzt vernimmt man hier das Getriller der Männchen fortwährend, kann auch Zeuge ernster Kämpfe zweier Nebenbuhler um ein Weibchen werden. Dagegen leben die Austerfischer auch auf dem Brutplatze mit allen harmlosen Vögeln, welche denselben mit
x x ihnen theilen, im tiefsten Frieden. Kurze, **grasige Flächen** in der Nähe der **See** scheinen ihre liebsten Nistplätze zu sein; wo diese fehlen, legen sie das Nest zwischen den von Hochfluten ausgeworfenen Tangen am Strande an. Das Nest ist eine seichte,
x selbstgekratzte Vertiefung; das Gelege besteht aus **drei**, oft auch nur aus **zwei** sehr großen, bis sechzig Millimeter langen, vierzig Millimeter dicken, spitzigen oder rein eiförmigen, festschaligen, glanzlosen, auf schwach bräunlich rostgelbem Grunde mit hell violetten oder dunkel graubraunen und grauschwarzen Flecken, Klexen und Punkten, Strichen, Schnörkeln usw. gezeichneten **Eiern**, welche übrigens vielfach abändern. Das Weibchen brütet sehr eifrig, in den Mittagsstunden aber nie, weshalb es auch von dem Männchen nicht abgelöst wird; doch übernimmt dieses die Sorge

für die Nachkommenschaft, wenn die Mutter durch irgend einen Zufall zu Grunde geht. Nach etwa dreiwöchentlicher Bebrütung entschlüpfen die Jungen und werden nun von den Alten weggeführt. Bei Gefahr verbergen sie sich gewöhnlich, wissen aber auch im Wasser sich zu bewegen; denn sie schwimmen und tauchen vortrefflich, können sogar auf dem Grunde und unter Wasser ein Stück weglaufen. Beide Alten sind, wenn sie Junge führen, vorsichtiger und kühner als je.

Am leichtesten kann man die Austerfischer berücken, wenn man zur Zeit ihres Mittagsschläfchens auf sie ausgeht; ihre Sinne sind aber so sein, daß man ihnen auch dann vorsichtig nahen muß, weil sie die Tritte eines gehenden Menschen hören oder doch verspüren. Erschwert wird die Jagd noch ganz besonders dadurch, daß sie ein überaus zähes Leben besitzen und einen sehr starken Schuß vertragen. Uebrigens jagt wohl nur der Naturforscher oder der Sonntagsschütze ernsthaft auf Austerfischer, weil deren Wildpret von der Nahrung einen so widerwärtigen Geschmack annimmt, daß es gänzlich ungenießbar wird. Dagegen gelten deren Eier mit Recht als höchst schmackhafte Speise. Liebhaber fangen sich einen oder den anderen, um den anziehenden Gesellen in der Gefangenschaft beobachten zu können. Laufschlingen, welche dort, wo sich viele dieser Vögel umhertreiben, gestellt werden, führen regelmäßig zum Ziele, und die Eingewöhnung der gefangenen verursacht keine Mühe. Wenn man ihnen anfänglich einige Krabben, zerkleinertes Fischfleisch, zerhackte Muscheln und dergleichen vorwirft, kann man sie bald ans einfachste Stubenfutter, aufgeweichtes Milchbrod nämlich, gewöhnen. Die Alten verlieren bald ihre Scheu vor dem Menschen, d.h. sobald sie zu der Ueberzeugung gekommen sind, daß dieser ihnen wohl will. Sie vertragen sich auch mit allen übrigen Vögeln, welche man mit ihnen zusammenbringt, und leisten diesen nach wie vor ihre Wächterdienste. «Ein Paar Austerfischer», erzählt Gadamer, «welche ich vom Neste aus groß gezogen hatte, waren so zahm, daß sie mich sogar an meiner Stimme erkannten und mich, sobald sie dieselbe vernahmen, mit lautem Zurufe begrüßten. Ich ließ sie unter meinen Haushühnern frei umherlaufen, und nie waren die Hühner so sicher vor dem Habichte, als so lange sie diese treuen Wächter hatten, welche die Ankunft eines solchen Räubers sofort durch ihr weit tönendes Angstgeschrei zu erkennen gaben und sich bei den Hühnern bald Nachachtung zu verschaffen wußten.» Leider verbleichen Schnabel und Füße schon nach kurzer Gefangenschaft. +++

## **Wandertaube** *Ectopistes migratorius* (Linnaeus, 1766)

**Länge:** 38 – 42 cm **Gewicht:** 600 – 800 g **Lebenserwartung:** 10 – 15 Jahre **Ehemaliges Verbreitungsgebiet:** USA, Kanada **Zeitpunkt des Aussterbens:** 1914 **Ursachen des Aussterbens:** Jagd nach Fleisch; Jagd zur Beseitigung als Plage; Zerstörung des Lebensraums durch Abholzung von Wäldern **Besonderes:** Zwischen 1909 und 1911 der erfolglose Versuch, durch das Aussetzen einer Prämie von 1500 Dollar ein lebendes Brutpaar ausfindig zu machen; über 2 Milliarden Tiere pro Schwarm mit einem Verbrauch von ca. 470 Millionen Kilogramm Körnerfutter pro Tag; Fähigkeit, eine Strecke von 450 – 600 Kilometer in 6 Stunden zurückzulegen

Die hochberühmte **Wandertaube** ☞ Fig. 14 *(Ectopistes migratorius, Columba migratoria, americana* und *canadensis),* Vertreter einer gleichnamigen Sippe *(Ectopistes),* ist
1 kräftig gebaut, langhälsig und kleinköpfig, ihr **Schnabel** mittellang, ziemlich dünn,
2 3 4 gerade, der **Lauf** kurz, aber kräftig, kürzer als die **Mittelzehe** ohne Nagel, der **Flügel** lang, zugespitzt, in ihm die zweite Schwinge die längste, der aus zwölf Federn be-
5 stehende **Schwanz** länger als die Flügel und, mit Ausnahme seiner beiden etwas verkürzten Mittelfedern, abgestuft. Die allgemeine Färbung ist schieferblau, die der
6 7 **Unterseite** röthlichgrau; die **Halsseiten** sind purpurviolett, wie gewöhnlich schillernd,
8 der **Bauch** und die Afterdecken weiß, die Schwingen schwärzlich, weiß gesäumt, die
9 mittleren **Steuerfedern** schwarz, die **seitlichen** lichtgrau, an der Wurzel der Innen-
10 fahne mit einem braunrothen und einem schwarzen Fleck gezeichnet. Das **Auge** ist
11 glänzend roth, der Schnabel schwarz, der **Fuß** blutroth. Beim etwas kleineren Weibchen herrscht Aschgraubraun, auf dem Rücken und Bürzel Weißlichgrau vor; die mittleren Schwanzdeckfedern sind rothbraun. Die Länge beträgt beim Männchen

zweiundvierzig, beim Weibchen neunundneunddreißig, die Breite fünfundsechzig und sechzig, die Fittig- und Schwanzlänge je einundzwanzig Centimeter.

Von der Hudsonsbai an bis zum Golfe von Mejiko und von den Felsgebirgen an bis zur östlichen Küste findet sich die Wandertaube, welche sich auch einige Male nach England verflogen haben soll, in allen Staaten Nordamerikas, aber keineswegs überall in gleicher Menge. In den östlicheren Staaten scheint sie, wie Gerhardt sagt, in größeren Massen aufzutreten, «und daher schreiben sich auch die von den glaubwürdigsten Beobachtern ausgehenden Beschreibungen ihrer Sitten und Gewohnheiten, welche im Auge manches Europäers ins Reich der Fabel zu gehören scheinen, weil er vernehmen muß, daß in Nordamerika die Züge wilder Tauben die Sonne verfinstern, meilengroße **Wälder** durch ihren scharfen Koth verderben und starke Aeste unter x ihrer Last niederbrechen, einer zahlreichen Menschenmenge nebst ihren Schweinen und einer Unzahl von Raubthieren wochenlang Nahrung bieten und in Wald und Feld wirklich furchtbaren Schaden thun können.» Alle Schilderungen des Auftretens dieser Taube aber sind wahr, erreichen nicht einmal die Wirklichkeit.

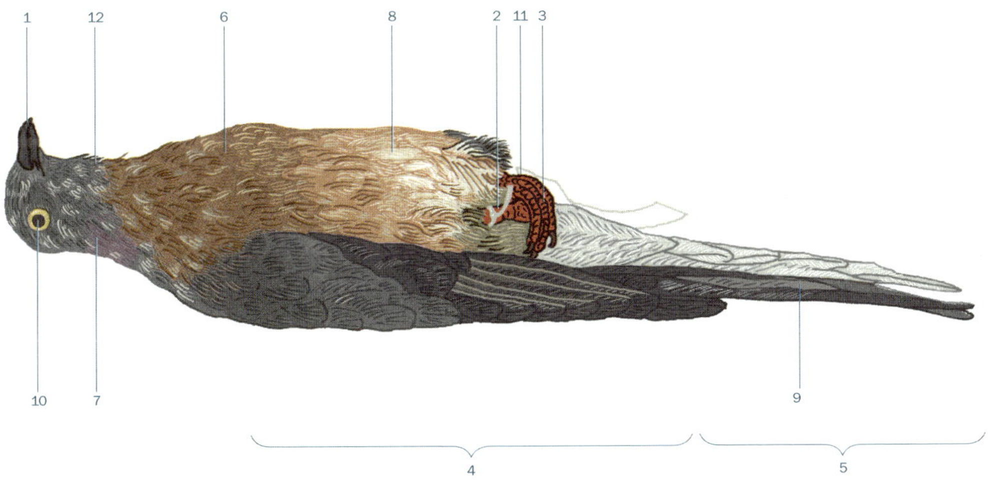


Fig. 14 **Wandertaube** *Ectopistes migratorius* (⅓ der Originalgröße); Inv. Nr. ZMB 11200

«Die Wandertaube, welche in Amerika Wildtaube genannt wird», sagt Audubon, «bewegt sich mit außerordentlicher Schnelligkeit und treibt sich mittels rasch wiederholter Flügelschläge durch die Luft. Sie fliegt oft im Kreise umher, mit beiden im Winkel erhobenen Flügeln sich in der Schwebe erhaltend, bis sie sich niederläßt. Dann stößt sie die Spitzen der Vorderschwingen an einander und veranlaßt dadurch ein bis auf dreißig oder vierzig Meter vernehmbares Geräusch. Bevor sie sich setzt, bricht sie die Kraft des Fluges durch wiederholte Flügelschläge, um zum ruhigen Erfassen eines Zweiges oder zum Fußen auf dem Boden gelangen zu können.

Ich habe mit der Schilderung des Fluges begonnen; denn er ist es, welcher die Gewohnheiten dieser Thiere bestimmt. Ihre Wanderungen geschehen ausschließlich der Nahrung halber, nicht, um der Winterstrenge nördlicher Breiten zu entrinnen oder um einen passenden Platz zum Brüten zu suchen. Demgemäß nehmen sie nirgends festen Stand, sondern siedeln sich da an, wo sie Futter finden, verweilen unter Umständen jahrelang, wo man sie sonst nie bemerkte, verschwinden plötzlich und kehren erst nach Jahren wieder zurück. Ihre außerordentliche Flugkraft setzt sie in den Stand, erstaunliches zu leisten. Dies ist erprobt worden durch in Amerika wohlbekannte Thatsachen. Man tödtete in der Umgebung New Yorks Wandertauben,
12 deren **Kropf** mit Reis gefüllt war, welchen sie doch nur in den Feldern Georgias und Carolinas verzehrt haben konnten. Da ihre Verdauung so rasch vor sich geht, daß das eingenommen Futter in zwölf Stunden völlig zersetzt ist, mußte man schließen, daß sie zwischen drei- und vierhundert (englische) Meilen binnen sechs Stunden oder die Meile in einer Minute zurückgelegt hatten. Hiernach könnten sie bei gleicher Geschwindigkeit in weniger als drei Tagen nach Europa gelangen. Diese Flugkraft wird unterstützt durch große Sinnesschärfe, welche sie befähigt, bei ihren raschen Flügen das Land unter sich abzusuchen und ihr Futter mit Leichtigkeit zu entdecken. Ich habe beobachtet, daß sie, über eine unfruchtbare Gegend ziehend, in hoher Luft dahinstrichen, während sie da, wo die Gegend waldig und nahrung versprechend war, sich oft herniedersenkten».

«Auf meinem Wege nach Frankfort», erzählt Wilson, «durchstrich ich die Wälder, über denen ich in den Morgenstunden viele Tauben nach Osten hatte fliegen sehen. Gegen ein Uhr mittags begannen sie zurückzukehren und zwar in solchen ungeheueren Scharen, daß ich mich nicht erinnern konnte, zuvor so viele auf einmal gesehen zu haben. Eine Lichtung in der Nähe der Bersoebucht gewährte mir freie Aussicht, und hier setzte mich das, was ich sah, vollends in Erstaunen. Die Tauben flogen mit großer Stetigkeit und Schnelligkeit ungefähr in der Höhe eines Büchsenschusses über mir, mehrere Schichten dick und so eng neben einander, daß, wenn ein Flintenschuß sie hätte erreichen können, eine einzige Ladung mehrere von ihnen gefällt haben würde. Von der Rechten zur Linken, so weit das Auge reichte, erstreckte sich dieser unermeßliche Zug in die Breite und Länge, und überall schien er gleich gedrängt und gleich dicht zu sein. Neugierig, zu erfahren, wie lange das Schauspiel währen würde, zog ich meine Uhr, um die Zeit zu bestimmen, und setzte mich nieder, um die vorüberziehenden Taubenscharen zu beobachten. Es war ein Viertel nach ein Uhr, und ich saß von nun an mehr als eine Stunde, aber statt daß ich eine Verminderung des Zuges wahrnehmen konnte, schien er zu wachsen an Anzahl und zuzunehmen an Schnelligkeit, und ich mußte endlich, um Frankfort noch zu erreichen, meinen Weg fortsetzen. Gegen vier Uhr nachmittags kreuzte ich den Kentuckyfluß bei der Stadt Frankfort: der lebendige Strom über meinem Haupte schien aber noch immer ebenso zahlreich, noch ebenso breit zu sein als je zuvor. Lange nachher gewahrte ich die Tauben noch in großen Abtheilungen, welche sechs oder acht Minuten brauchten, ehe sie vorüber waren, und diesen folgten wiederum andere Scharen, in derselben Richtung nach Südosten fliegend, bis nach sechs Uhr des Abends. Die grösste Breite des Zuges ließ auf eine entsprechende Breite ihres Brutplatzes schließen.»

«Im Herbste 1813», berichtet Audubon, «als ich einige Meilen unter Hardensburgh am Ohio über die dürren Ebenen ging, bemerkte ich einen Zug Wandertauben, welcher von Nordost nach Südwest eilte. Da mir ihre Anzahl größer erschien, als ich sie jemals vorher gesehen hatte, kam mir die Lust an, die Züge, welche innerhalb einer Stunde im Bereiche meines Auges vorüberflogen, zu zählen. Ich stieg deshalb ab, setzte mich auf eine Erhöhung und machte mit meinem Bleistift für jeden vorübergehenden Zug einen Tupfen aufs Papier. In kurzer Zeit fand ich, daß das Unternehmen nicht auszuführen war: denn die Vögel erschienen in unzählbarer Menge. Ich erhob mich also, zählte die Tupfen und fand, daß ich in einundzwanzig Minuten deren einhundertdreiundsechzig gemacht hatte. Ich setzte meinen Weg fort; aber die Massen vermehrten sich immer stärker. Die Luft war buchstäblich mit Tauben erfüllt und die Nachmittagssonne durch sie verdunkelt wie bei einer Mondfinsternis. Der Unrath fiel in Massen wie Schneeflocken herab, und das Geräusch der Flügelschläge übte eine einschläfernde Wirkung auf meine Sinne. Während ich in Youngs Wirtschaft am Zusammenflusse des Saltriver mit dem Ohio auf mein Mittagessen wartete, sah ich noch unermeßliche Legionen vorüberziehen, in einer Breite, welche sich vom Ohio bis zu den in der Ferne sichtbaren Waldungen erstreckte. Nicht eine einzige dieser Tauben ließ sich nieder; aber in der ganzen Umgegend gab es auch keine Nuß oder Eichel. Demgemäß flogen sie so hoch, daß verschiedene Versuche, sie mit meiner vortrefflichen Büchse zu erreichen, vergeblich waren: die Schüsse störten sie nicht einmal. Unmöglich ist es, die Schönheit ihrer Luftschwenkungen zu beschreiben, wenn ein Falke versuchte, eine aus dem Haufen zu schlagen. Mit einemmale stürzten sie sich dann unter Donnergeräusch, in eine feste Masse zusammengepackt, wie ein lebendiger Strom hernieder, drängten dicht geschlossen in welligen und scharfwinkeligen Linien vorwärts, fielen bis zum Boden herab und strichen über demselben in unvergleichlicher Schnelle dahin, stiegen dann senkrecht empor, einer mächtigen Säule vergleichbar, und entwickelten sich, nachdem sie die Höhe wieder erreicht, zu einer Linie, gleich den Gewinden einer ungeheueren, riesigen Schlange.

Vor Sonnenuntergang erreichte ich Louisville, welches von Hardensburgh fünfundfunfzig Meilen entfernt ist. Die Tauben zogen noch immer in unverringerter Anzahl dahin, und so ging es drei Tage ununterbrochen fort.

Es war höchst anziehend, zu sehen, daß ein Schwarm nach dem anderen genau dieselben Schwenkungen ausführte wie der vorhergehende. Wenn z.B. ein Raubvogel an einer gewissen Stelle unter einen solchen Zug gestoßen hatte, beschrieb der folgende an derselben Stelle die gleichen Winkelzüge, Krümmungen und Wellenlinien, welche der angegriffene Zug in seinem Bestreben, der gefürchteten Klaue des Räubers zu entrinnen, durchflogen hatte. Der Mensch, welcher derartige Schwenkungen zu beobachten wünscht, braucht nur, wenn er einen derartigen Auftritt gesehen, auf derselben Stelle zu verweilen, bis der nächste Zug ankommt.

Das ganze Volk war in Waffen. An den Ufern des Ohio wimmelten Männer und Knaben durch einander und schossen ohne Unterlaß unter die fremden Gäste, welche hier, als sie den Fluß kreuzen wollten, niedriger flogen. Massen von ihnen wurden vernichtet, eine Woche und länger genoß die Bevölkerung nichts als das Fleisch oder das Fett der Tauben, und es war von nichts als von Wildtauben die Rede. Die Luft war währenddem gesättigt von der Ausdünstung, welche dieser Art eigen ist.

Vielleicht ist es nicht unnütz, eine Schätzung aufzustellen von der Anzahl der Tauben, welche ein solcher Schwarm enthält, und von der Menge der Nahrung, welche er vertilgt. Nimmt man an, daß der Zug eine Meile breit ist – was durchaus nicht übertrieben genannt werden darf – und daß er bei der angegebenen Schnelligkeit ununterbrochen drei Stunden währt, so erhält man ein Parallelogramm von einhundertundachtzig englischen Geviertmeilen. Rechnet man nun nur zwei Tauben auf den Geviertmeter, so ergibt sich, daß der Zug aus einer Billion einhundertundfunfzehn Millionen einhundertsechsunddreißigtausend Stück Wandertauben besteht. Da nun jede Taube täglich ein halbes Pint an Nahrung bedarf, braucht der ganze Zug eine Menge von acht Millionen siebenhundertundzwölftausend Bushels täglich.» Wilson stellt eine ähnliche Rechnung auf und gelangt zu dem Ergebnisse, daß ein Schwarm über zwei Billionen Tauben enthält und täglich siebzehn Millionen vierhundertvieru ndzwanzigtausend Bushels Körnerfutter bedarf.

«Sobald die Tauben», fährt Audubon fort, «Nahrung entdecken, beginnen sie zu kreisen, um das Land zu untersuchen. Während ihrer Schwenkungen gewährt die dichte Masse einen prachtvollen Anblick. Je nachdem sie ihre Richtung wechseln und die obere oder untere Seite dem Beobachter zukehren, erscheinen sie bald blau, bald purpurn. So ziehen sie niedrig über den Wäldern dahin, verschwinden zeitweilig im Laubwerke, erheben sich wieder und streichen in höheren Schichten fort. Endlich lassen sie sich nieder; aber im nächsten Augenblicke erheben sie sich, plötzlich erschreckt, unter donnerähnlichem Dröhnen und vergewissern sich fliegend über die vermeintliche Gefahr. Der Hunger bringt sie jedoch bald wieder auf den Boden herab. Sobald sie gefußt haben, sieht man sie emsig die welken Blätter durchstöbern, um

nach der zum Boden gefallenen Eichelmast zu suchen. Unablässig erheben sich einzelne Züge, streichen über die Hauptmasse dahin und lassen sich wieder nieder; dies geschieht aber in so rascher Folge, daß der ganze Zug beständig zu fliegen scheint. Die Nahrungsmenge, welche vom Boden aufgesucht wird, ist erstaunlich groß; aber das Aufsuchen geschieht so vollkommen, daß eine Nachlese vergebliche Arbeit sein würde. Während sie fressen, sind sie zuweilen so gierig, daß sie beim Verschlucken einer **Nuß** oder **Eichel** keuchen, als ob sie ersticken müßten. Ungefähr um die Mitte x
des Tages, nachdem sie sich gesättigt haben, lassen sie sich auf den Bäumen nieder, um zu ruhen und zu verdauen. Auf den Zweigen laufen sie gemächlich hin und her, breiten ihren schönen Schwanz und bewegen den Hals vor- und rückwärts in sehr anmuthiger Weise. Wenn die Sonne niedersinkt, fliegen sie massenhaft den Schlafplätzen zu, welche gar nicht selten hunderte von Meilen von den Futterplätzen entfernt liegen.

Betrachten wir nun einen dieser Schlafplätze, meinetwegen den an dem Grünen Flusse in Kentucky, welchen ich wiederholt besucht habe. Er befand sich in einem hochbestandenen Walde, welcher nur wenig Unterwuchs hatte. Ich ritt vierzig Meilen in ihm dahin und fand, da ich ihn an verschiedenen Stellen kreuzte, daß er mehr als drei Meilen breit war. Als ich ihn das erste Mal besuchte, war er ungefähr vor vierzehn Tagen in Besitz genommen worden. Zwei Stunden vor Sonnenuntergang kam ich an. Wenige Tauben waren zu sehen; aber viele Leute mit Pferden und Wägen, Gewehren und Schießvorrath hatten sich rings an den Rändern aufgestellt. Zwei Landwirte hatten über dreihundert Schweine mehr als hundert Meilen weit hergetrieben, in der Absicht, sie mit Taubenfleisch zu mästen. Ueberall sah man Leute beschäftigt, Tauben einzusalzen, und allerorten lagen Haufen von erlegten Vögeln. Der herabgefallene Mist bedeckte den Boden mehrere Centimeter hoch, in der ganzen Ausdehnung des Schlafplatzes, so dicht wie Schnee. Viele Bäume, deren Stämme etwa sechzig Centimeter im Durchmesser hatten, waren niedrig über dem Boden abgebrochen, und die Aeste der größten und stärksten herabgestürzt, als ob ein Wirbelsturm im Walde gewüthet hätte. Alle Anzeichen deuteten darauf hin, daß die Anzahl der Vögel, welche hier gehaust hatten, eine über alle Begriffe große sein mußte. Als der Zeitpunkt des Eintreffens der Tauben herannahte, bereiteten sich deren Feinde fast ängstlich auf ihren Empfang vor. Viele erschienen mit eisernen Töpfen, welche Schwefel enthielten, andere mit Kienfackeln, wieder andere mit Pfählen, die übrigen mit Gewehren. Die Sonne war unseren Blicken entschwunden, und noch nicht eine einzige Taube war erschienen; aber alles stand bereit, und aller Augen schauten auf zum klaren Himmel, welcher zwischen den hohen Bäumen hindurch schimmerte. Plötzlich vernahm man den allgemeinen Schrei: ‹Sie kommen›. Und sie kamen, obgleich noch entfernt, so doch mit einem Dröhnen, welches an einen durch das Takelwerk brausenden Schneesturm erinnerte. Als sie wirklich da waren, und der Zug über mir wegging, verspürte ich einen heftigen Luftzug.

Tausende von Tauben wurden rasch von den Pfahlmännern zu Boden geschlagen; aber ununterbrochen stürzten andere herbei. Jetzt wurden die Feuer entzündet, und ein großartiges, ebenso wundervolles wie entsetzliches Schauspiel bot sich den Blicken. Die Tauben, welche zu tausenden ankamen, ließen sich allerorten nieder, bis um die Aeste und Zweige der Bäume sich feste Massen gebildet hatten. Hier und da brachen die Aeste unter ihrer Last, stürzten krachend nieder und vernichteten hunderte der darunter sitzenden Vögel, ganze Klumpen von ihnen zu Boden reißend. Es war ein Auftritt der Verwirrung und des Aufruhrs. Ich fand es gänzlich unnütz, zu sprechen oder auch den mir zunächst Stehenden zuzuschreien. Bemerkte man doch selbst das Abbrennen der Gewehre meist nur an dem Blitze des Pulvers!

Niemand durfte wagen, sich auf den Schauplatz der Verheerung zu begeben. Die Schweine waren in einen Pferch gebracht worden; denn ihr Geschäft, die Todten und Verwundeten aufzulesen, sollte erst am nächsten Morgen beginnen. Schon war es Mitternacht, und noch fortwährend kamen die Tauben, noch immer zeigte sich keine Abnahme. Der Aufruhr währte die ganze Nacht hindurch fort. Ich war begierig zu erfahren, auf wie weit hin man den Lärm vernehmen könne, und sandte deshalb einen Mann ab, dies zu erforschen. Er kehrte mit der Nachricht zurück, daß er drei Meilen vom Orte noch alles deutlich gehört habe. Erst gegen Tagesanbruch legte sich das Geräusch einigermaßen. Lange bevor man einen Gegenstand unterscheiden konnte, begannen die Tauben bereits wegzuziehen und zwar in einer ganz anderen Richtung, als sie gekommen waren. Bei Sonnenaufgang waren alle verschwunden, welche noch fliegen konnten. Nun vernahm man das Heulen der Wölfe, der Füchse, der Luchse, des Kuguars, der Bären, Waschbären und Beutelthiere, welche unten umherschnüffelten, während Adler und eine Menge von Geiern sich einfanden, um mit jenen die Beute zu theilen. Jetzt begannen auch die Urheber der Niederlagen die todten, sterbenden und verstümmelten Tauben aufzulesen. Sie wurden auf Haufen geworfen, bis jeder so viele hatte, als er wünschte; dann ließ man die Schweine los, um den Rest zu vertilgen.»

Genau dieselbe Schlächterei findet auf den Brutplätzen der Wandertaube statt. «Das Brutgeschäft der Wildtaube», erzählt Audubon ferner, «und die Plätze, welche zu diesem Zwecke gewählt werden, sind der Beachtung werth. Die Fortpflanzung hängt nicht gerade von der Jahreszeit ab; aber der gewählte Platz ist immer ein solcher, welcher leicht zu erlangende Nahrung im Ueberflusse enthält und in passender Nähe von Wasser liegt. Waldbäume von großer Höhe tragen die Nester. Zu dieser Zeit ruckst die Wandertaube sanft, aber doch stärker als unsere Haustaube, wie ‹Kuh kuh kuh›, während sie sonst nur die Silben ‹Ki ki ki› auszustoßen pflegt. Der Tauber folgt mit stolzem Anstande, ausgebreitetem Schwanze und hängenden Flügeln, welche er unten zu schleifen pflegt, dem Weibchen, entweder auf dem Boden oder auf den Zweigen. Der Leib wird aufrecht gehalten, der Kropf vorgedrückt. Die Augen blitzen, er ruckst, hebt dann und wann seine Flügel, fliegt einige Meter weit vorwärts, kehrt

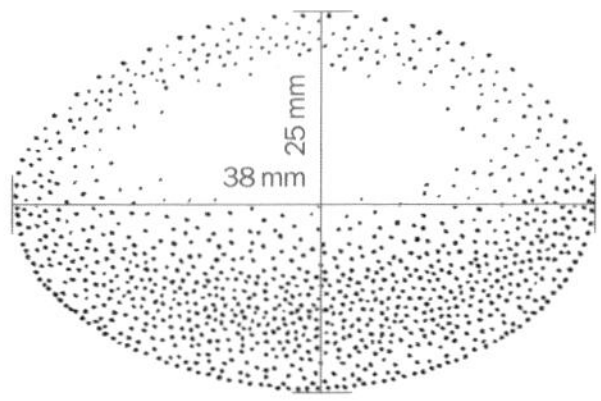


Fig. 15 Ei der Wandertaube (Originalgröße); Eiersammlung Nehrkorn

zur Täubin zurück, schnäbelt sich liebkosend mit dieser und füttert sie aus seinem Kropfe. Nach solchem Vorspiele beginnen beide den Bau ihres Nestes. Dasselbe besteht aus wenigen dürren Zweigen, welche auf einer Astgabel durcheinander gelegt werden. Auf einem und demselben Baume sieht man oft funfzig bis hundert Nester beisammen; |ich würde sagen, noch mehr, fürchtete ich nicht, daß man die wunderbare Geschichte dieser Taube für märchenhaft halten möchte. Die **zwei Eier** ☞Fig. 15 x
sind rundlich, etwa fünfunddreißig Millimeter lang, fünfundzwanzig Millimeter dick und reinweiß. Während das Weibchen brütet, ernährt es das Männchen, erweist ihm überhaupt wahrhaft rührende Zärtlichkeit und Zuneigung. Es verdient bemerkt zu werden, daß die Jungen regelmäßig ein Pärchen sind. Die Alten füttern ihre Sprossen, bis diese sich selbst ernähren können; dann verlassen sie die Eltern und bilden bis zu ihrer Reife gesonderte Schwärme. Nach sechs Monaten sind sie fortpflanzungsfähig. Sobald sie ausgekrochen sind, beginnt der Gewaltherrscher, Mensch genannt, die Bruten zu vernichten. Er zieht aus mit Aexten und anderen Waffen und haut Aeste und Bäume nieder, den Frieden der harmlosen Ansiedler zu stören. Beim Zusammenstürzen der gefällten Stämme und Aeste werden die Jungen aus den Nestern geschleudert und Massen von ihnen vertilgt.»

Wilson schildert den Brutplatz ausführlicher. «Wenn die brütenden Wandertauben einen Wald länger im Besitze gehabt haben, bietet er einen überraschenden Anblick dar. Der Boden ist mit Mist bedeckt, alles weiche Gras und Buschholz zerstört. Massen von Aesten liegen unten wirr durch einander, und die Bäume selbst sind in einer Strecke von mehr als tausend Acker so völlig kahl, als ob sie mit der Axt behandelt worden wären. Die Spuren einer solchen Verwüstung bleiben jahrelang sichtbar, und man stößt auf viele Stellen, wo in mehreren nachfolgenden Jahren keine Pflanze zum Vorscheine kommt. Die Indianer betrachten solchen Brutplatz als eine wichtige Quelle für ihren Wohlstand und Lebensunterhalt. Sobald die Jungen völlig ausgewachsen sind, erscheinen die Bewohner der umliegenden Gegenden mit Wägen, Betten und Kochgeräthschaften, viele vom größten Theile ihrer Familie begleitet, und bringen mehrere Tage auf dem Brutplatze zu. Augenzeugen erzählten mir, das Geräusch und Gekreisch in den Wäldern sei so arg gewesen, daß die Pferde scheu geworden wären und keiner dem anderen, ohne ihm ins Ohr zu schreien, sich verständlich hätte machen können. Der Boden war bedeckt mit zerbrochenen Aesten, herabgestürzten Eiern und Jungen, von denen Herden von Schweinen sich mästeten. Habichte, Falken und Adler kreisten scharenweise in hoher Luft und holten sich nach Belieben junge Tauben aus den Nestern; das Auge sah nichts als eine ununterbrochene, sich tummelnde, drängende, durch einander flatternde Taubenmasse; das Rauschen der Fittige glich dem Rollen des Donners. Dazwischen vernahm man das Prasseln der stürzenden Bäume; denn die Holzschläger beschäftigten sich jetzt, diejenigen umzuhauen, welche am dichtesten mit Nestern bedeckt waren.»

Man sollte glauben, daß die Tauben durch derartige Anstalten vertilgt werden müßten. «Ich habe mich aber», bemerkt Audubon, «durch jahrelange Beobachtungen überzeugt, daß sie nichts anderes als die Rodung der Wälder zu vermindern vermag.» Im Jahre 1805 kamen in New York Schooner an, welche mit Wandertauben beladen waren. Das Stück wurde zu einem Cent verkauft. Ein Mann in Pennsylvanien fing, wie Audubon uns mittheilt, in seinem Schlaggarne an einem Tage fünfhundert Dutzend und zog zuweilen zwanzig Dutzenden von ihnen das Netz mit einem Male über den Kopf. Noch im Jahre 1830 gelangten sie so häufig auf den Markt zu New York, daß man sie überall massenweise sah.

In der Gefangenschaft hält die Wandertaube bei geeigneter Pflege jahrelang aus, pflanzt sich auch ohne Umstände fort. Gegenwärtig fehlt sie in keinem unserer Thiergärten. +++

## Seychellen-Sittich *Psittacula wardi* (E. Newton, 1867)*

*im folgenden Text wird die Gattung der Edelsittiche *(Psittacula)*, zu der *Psittacula wardi* gehört, allgemein beschrieben und als «Zwergpapageien» bezeichnet

**Länge:** 41 cm **Gewicht:** 115 – 140[A] g **Lebenserwartung:** 20 – 35 Jahre **Ehemaliges Verbreitungsgebiet:** Seychelleninseln Mahé und Silhouette **Zeitpunkt des Aussterbens:** 1906 **Ursachen des Aussterbens:** Zerstörung des Lebensraums durch den Anbau von Kokosnußplantagen; starke Dezimierung des als Schädling auf den Maisfeldern geltenden Tieres durch Jagd und Auslegen von Fallen

Die **Zwergpapageien** ☞Fig. 16 *(Psittacula)* gehören zu den anmuthigsten Gliedern dieser Unterfamilie; ihre äußere Erscheinung wenigstens ist gefällig und gewinnend, und auch ihr Betragen in mancher Beziehung anziehend und fesselnd. «Die deutschen Dichter», sagt Schomburgk, «kannten die zärtliche Liebe nicht, welche zwischen einem Pärchen der Zwergpapageien waltet; deshalb wählten sie ein Taubenpaar zum Sinnbilde der idyllischen Liebe. Allein wie weit bleibt ein solches in seiner Zärtlichkeit hinter jenem zurück! Hier herrscht die vollkommenste Harmonie zwischen dem beiderseitigen Wollen und Thun: frißt das eine, so thut dies auch das andere; badet sich dieses, so begleitet es jenes; schreit das Männchen, so stimmt das Weibchen unmittelbar mit ein; wird dieses krank, so füttert es jenes, und wenn noch so viele auf einem Baume versammelt sind, so werden doch niemals die zusammengehörenden Pärchen sich trennen.» Daß Schomburgks Schilderung richtig ist, beweisen diejenigen Zwergpapageien, welche mehr oder weniger regelmäßig in unsere Käfige gelangen und uns Gelegenheit bieten, sie eingehend zu beobachten. Man hat einer Art nicht mit Unrecht den Namen «Unzertrennliche» gegeben, diese Benennung auch wohl auf alle ausgedehnt, geht aber zu weit, wenn man behauptet, daß der eine Gatte den Tod des

Fig. 16 **Seychellen-Sittich** *Psittacula wardi* (½ der Originalgröße)

anderen niemals überlebe. Wahr ist es: sie leiden schwer unter dem Verluste des Ehe-
genossen, trauern aber, wenn dieser durch einen anderen ersetzt wurde, nicht länger
mehr, gewöhnen sich auch früher oder später an Einzelhaft. Doch hält man sie nur
gezwungen allein, weil man sich des hübschen Bildes der Zärtlichkeit beider Gatten
nicht berauben will. Alle Zwergpapageien sind kleine, gedrungen gebaute Vögel von
Sperlings- bis höchstens Staarengröße, mit glänzendem und oft buntem Gefieder. Ein
schönes Blattgrün ist die vorherrschende Färbung desselben; der **Kopf** ist oft roth, der 1
**Bürzel** blau, der **Schwanz** meist bunt, und dann gewöhnlich durch eine schwarze 2 3
Quer- und Endbinde gezeichnet. Der **Schnabel** ist verhältnismäßig sehr kräftig, zuwei- 4
len auffallend dick, meist höher als lang und seitlich abgerundet, der **Oberschnabel** 5
mäßig gekrümmt und mit ansehnlich langer, dicker Spitze über den unteren herab-
gebogen, vor der Spitze rechtwinkelig ausgeschnitten oder sanft ausgebuchtet, der
**Unterschnabel** meist höher als jener und seine **Schneide** jederseits vor der Spitze tief 6 7
ausgebuchtet, der **Fuß** kurz und kräftig, der **Flügel**, unter dessen **Schwingen** die drei 8 9 10
ersten alle anderen überragen, lang, durch die sehr lange **Flügelspitze** ausgezeichnet, 11
der Schwanz endlich kurz und sanft gerundet oder gerade abgeschnitten.

Die Sperlingspapageien verbreiten sich weiter als alle anderen Sippen ihrer Ord-
nung; denn sie gehören vier Erdtheilen an. Von den dreiundzwanzig Arten, welche
Finsch unterscheidet, leben elf in Südamerika, vier in Afrika, und zwar drei auf dem
Festlande, eine auf Madagaskar, sieben auf den südasiatischen Inseln und eine in
Australien. Alle Arten scheinen da, wo sie vorkommen, sehr häufig aufzutreten und
nach der Brutzeit zu oft unzählbaren Scharen sich zu gesellen. Sie bevölkern den
**Wald** und die buschreiche Steppe, die Ebene wie das Gebirge bis zu dreitausend Meter x
unbedingter Höhe, verhalten sich nur, so lange sie fressen, ruhig und still, treten
übrigens außerordentlich geräuschvoll auf und schwatzen und zwitschern so laut
und schneidend, daß einem die Ohren gellen. Ihre Bewegungen sind rasch, hastig
und unstet; der Flug geschieht unter schwirrenden Flügelschlägen, der Lauf trippelnd
und rennend, das Klettern ruckweise, aber eilfertiger als bei den meisten ihres
Geschlechtes. Hinsichtlich ihrer höheren Begabungen stehen sie hinter allen größeren
Papageien entschieden zurück, hinsichtlich ihres Wesens noch mehr: die meisten
erscheinen bald ebenso langweilig, als sie anfänglich fesselten.

Allerlei **Baumfrüchte** und **Sämereien** bilden ihre Nahrung; in die Getreidefelder x
fallen auch sie plündernd ein, richten daher unter Umständen sehr beträchtlichen
Schaden an. Alle Arten brüten in Baumhöhlungen; einzelne von ihnen kleiden letz-
tere aber sorgsam mit weicheren Stoffen aus. Das Gelege besteht aus **vier** bis **acht** x
**Eiern** und wird entweder vom Weibchen allein oder von beiden Geschlechtern ge-
meinsam bebrütet. Gefangene Zwergpapageien beanspruchen sorgfältige Pflege, er-
weisen sich als sehr hinfällig und lohnen nur ausnahmsweise die Mühe, welche sie
verursachen. Gleichwohl werden sie von vielen mit Vorliebe gepflegt, haben sich sogar
begeisterte Liebhaber erworben. +++

## Karolina-Sittich *Conuropsis carolinensis carolinensis* (Linnaeus, 1758)*

*im folgenden Text als *Conuropsis carolinensis* bezeichnet

**Länge:** ca. 32 cm **Gewicht:** 90–120 g **Lebenserwartung:** ca. 10 Jahre **Ehemaliges Verbreitungsgebiet:** USA, Südost-Nordamerika **Zeitpunkt des Aussterbens:** 1918 **Ursachen des Aussterbens:** Jagd nach Fleisch und Federn; Verfolgung zum Zwecke der Vogelzucht; Zerstörung des Lebensraums durch Abholzung von Wäldern sowie Einführung von Futter-Konkurrenten (Bienen) **Besonderes:** in Nordamerika am häufigsten vorkommende Papageienart

⌜Zu den eigentlichen Keilschwanzsittichen wurde früher auch der einzige Papagei gerechnet, der in Nordamerika vorkommt; der **Karolinasittich** ☞Fig. 17, *Conuropsis carolinensis* Linn., den man neuerdings zum Vertreter einer eigenen Gattung (*Conuropsis* Salv.) gemacht hat, weil seine vierte Handschwinge nicht verschmälert ist. Seine Länge beträgt 32, die Breite 55, die Flügellänge 18, die Schwanzlänge 15 cm. Hauptfärbung ist ein angenehmes dunkles Grasgrün, das wie gewöhnlich auf dem
1 2 Rücken dunkler, auf der Unterseite gelblicher ist; **Stirn** und **Wangen** sind rötlich-
3 orange, welche Farbe auch auf dem Hinterkopf, den **Schultern** und den Schwingen
4 5 erscheint, wogegen der **Nacken** rein goldgelb ist. Die großen **Flügeldeckfedern** sind
olivengrün mit gelblicher Spitze, die Schwingen dunkel grasgrün, innen tief purpur-
6 7 schwarz, die letzten **Armschwingen** und die **Schulterfedern** in der Endhälfte oliven-
8 bräunlichgrün, die **Schwanzfedern** dunkelgrün, in der Nähe des Schaftes blau, innen
schwärzlich graugelb gesäumt, unterseits dunkel graugelb, außen schwärzlich. Die
9 10 11 **Iris** ist graubraun, der **Schnabel** hornweißlich fahl, der **Fuß** gelblich-fleischfarben.
Der weibliche Vogel ist blässer gefärbt und der junge bis auf den orangenen Vorderkopf einfarbig grün.

Der Karolinasittich kam früher in Nordamerika bis zum 42. Grad nördl. Br. recht häufig vor und schien das dort oft recht rauhe Wetter wohl zu vertragen. Wilson versichert, höchlich überrascht gewesen zu sein, als er während eines Schneesturmes im Februar einen Flug dieser Vögel laut schreiend längs der Ufer des Ohio dahinfliegen sah. Dann und wann begegnete man einzelnen auch noch nördlicher, selbst in der Nähe Albanys. Diese Verhältnisse haben sich inzwischen sehr geändert. Schon Audubon bemerkt in seinem trefflichen Werke, das im Jahre 1831 erschien, daß der Karolinasittich ungemein rasch abnehme und in einigen Gegenden, die er 25 Jahre früher massenhaft bewohnte, kaum noch gefunden werde, ja daß man längs des Mississippi zur angegebnen Zeit kaum noch die Hälfte von denen beobachtete, die vor 15 Jahren dort gelebt hätten. Die Verminderung ist stetig weitergeschritten. «Hunderte dieser Prachtvögel», klagt Allen vor etwa 30 Jahren, «werden in jedem Winter am obern St. Johnsflusse von handwerksmäßigen Vogelstellern gefangen und nach den nördlichen Städten gesandt, Tausende unnützerweise von Jägern getötet.» In Anbetracht dieser unnützen Schlächtereien sprach auch schon Boardman mit Recht die Befüchtung aus, der Karolinasittich würde in nicht zu langer Zeit gänzlich ausgerottet sein. Manche Jäger erlegten nach diesem Gewährsmann 40 – 50 Stück mit wenigen Schüssen, einzig und allein zu ihrem Vergnügen, indem sie die treue Anhänglichkeit der Vögel mit dem Tode lohnten und einen nach dem andern von denen, die

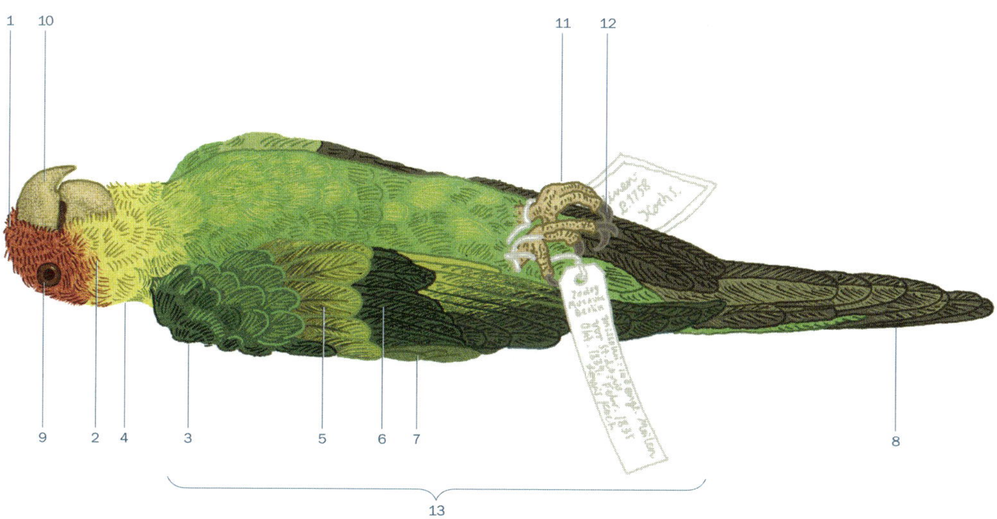


Fig. 17 **Karolina-Sittich** *Conuropsis carolinensis carolinensis* (1/3 der Originalgröße); Inv. Nr. ZMB 10173

zu den Gefallenen herbeiflogen, herabschossen, bis der ganze Flug vernichtet war. Ihre räuberischen Einfälle in den Feldern zogen diesen Vögeln außerdem die Verfolgung der Landwirte zu. So kann es niemand wundernehmen, daß der Karolinasittich aus weiten Strecken der Vereinigten Staaten verschwunden ist. Gegenwärtig kommt er nur noch in den Staaten um den Golf von Mexiko und im untern Tale des Mississippi vor, doch auch hier nur vereinzelt. Bevorzugte Wohnplätze von ihm sind Gegenden, deren reicher Boden mit einem Unkraut, Runzelklette genannt, bewachsen ist, dessen Kapseln ihn ungeachtet der dichten Bewaffnung mit langen Stacheln eine gesuchte Nahrung liefern. Nebenbei fällt er freilich auch in die Pflanzungen ein und tut hier Schaden, weil er weit mehr verwüstet, als er frißt.

«Der Karolinasittich», sagt Audubon, allerdings vor etwa 70 Jahren, «begnügt sich keineswegs mit Runzelkletten, sondern frißt oder zerstört die verschiedensten Arten von **Früchten** und ist deswegen der unwillkommenste Besucher für den Pflanzer, den Bauer oder den Gärtner. Die **Getreidekeime** in den Feldern werden oft von Flügen dieser Vögel besucht und von ihnen so vollständig bedeckt, daß die Haufen den gleichen Anblick gewähren, als wenn sie mit einem glänzend gefärbten Teppich belegt wären. Sie hängen sich rund herum am Feimen auf, ziehen das Stroh heraus und zerstören zweimal so viel von den Körnern, wie zur Stillung ihres Hungers genügen würden. Sie überfallen Birn- und Apfelbäume, wenn die Frucht noch sehr klein und unreif ist, und zwar hauptsächlich der Kerne wegen. Ebenso wie im Kornfelde, fallen sie haufenweise auf den Obstbäumen im Garten ein, pflücken eine Frucht, öffnen sie an einer Stelle, nehmen die weichen und milchigen Kerne heraus, lassen sie fallen, pflücken eine andere und gehen so von Zweig zu Zweig, bis der Baum, der vorher so vielversprechend aussah, seiner Früchte völlig beraubt ist. Den meisten übrigen Früchten bringen sie ebensolchen Schaden; nur der Mais zieht niemals ihre Aufmerksamkeit auf sich. Es versteht sich von selbst, daß diese Übergriffe in die Gerechtsame des Pflanzers von diesem Gerecht und dem Papageien förmliche Schlachten geliefert werden. Oft fällt ein einziger Schuß ihrer 10 oder 20; aber die Überlebenden kehren doch immer und immer wieder zu demselben Orte zurück: So habe ich erfahren, daß mehrere hundert dieser Vögel in wenig Stunden erlegt wurden.»

«Im Flug», berichtet Wilson, «ähneln sie sehr den Tauben. Sie halten sich in geschlossenen Schwärmen und stürmen mit großer Schnelligkeit unter lautem und weit schallendem, spechtartigem Geschrei dahin, gewöhnlich in einer geraden Linie, gelegentlich aber auch in sehr anmutig gewundenen Schlangenlinien, die sie, wie es scheint, zu ihrem Vergnügen plötzlich und wiederholt verändern. Ihre Lieblingsbäume sind die großen **Sykomoren** und **Platanen**, in deren Höhlungen sie Herberge finden. Ihrer 30 und 40 und zuweilen, namentlich bei strenger Kälte, noch mehr, schlüpfen oft in dieselbe Höhle. Hier hängen sie sich an den Seitenwänden wie die Spechte an,
12 indem sie sich mit den **Krallen** und dem Schnabel anklammern. Es scheint, daß sie viel schlafen; wenigstens ziehen sie sich oft bei Tage in ihre Höhlen zurück, um einen

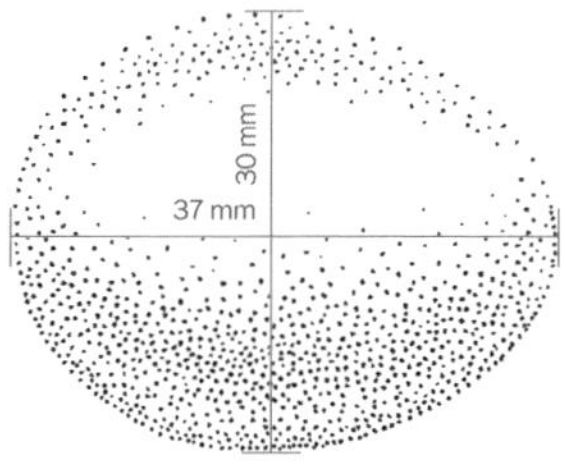


Fig. 18 Ei des Karolinasittichs (Originalgröße); Inv. Nr. NMW 4.107/VS/E

kurzen Mittagsschlummer zu halten. «Eigentümlich ist, daß sie gerne Salz fressen. In der Nähe von Salinen sieht man sie immer in großer Anzahl, und hier bedecken sie den ganzen Erdboden und die benachbarten Bäume, manchmal in solcher Menge, daß man nichts anderes sieht als ihr glänzendes und schimmerndes Gefieder.

Wie schwierig es für den nordamerikanischen Naturforscher schon seit längerer Zeit geworden war, Eier des Karolinasittichs zu erhalten, geht wohl am besten daraus hervor, daß mehr Korn von einem der bekanntesten Eierkundigen der Vereinigten Staaten befragt wurde, ob es nicht möglich sei, aus Deutschland in der Gefangenschaft des Vogels zu beschaffen. Der Tiergarten in Hannover erwies sich als ergiebige Bezugsquelle und konnte die Wünsche des Amerikaners erfüllen. Aus den über das Brutgeschäft unsers Vogels in besagtem Tiergarten veröffentlichten Mitteilungen geht hervor, daß der Karolinasittich in einem passenden Nistkasten auf einer Unterlage von abgeklaubten Holzspänen im Juni **zwei Eier** ☞Fig. 18 legte. Ihr größter Durch- x
messer beträgt 36, der kleinste 30 mm. Fast kugelig, schneeweiß und ungemein stark glänzend, weichen sie nach Versicherung kundiger Sammler wesentlich von denen anderer Papageien ab.

Über das Gefangenleben teilt Wilson folgendes mit: «Neugierig, zu erfahren, ob der Papagei sich leicht zähmen lasse oder nicht, beschloß ich, einen am **Flügel** leicht 13
verwundeten in meine Pflege zu nehmen. Ich bereitete ihm eine Art von Bauer am Stern meines Bootes und warf ihm hier Kletten vor, die er sofort nach seiner Ankunft an Bord annahm. Während der ersten Tage teilte er seine Zeit ziemlich regelmäßig ein in Schlafen und Fressen. Dazwischen benagte er die Stäbe seines Käfigs. Als ich den Strom verließ und über Land reiste, führte ich ihn in einem seidnen Schnupftuche mit mir, ungeachtet aller Beschwerde, die ein derartiges Beginnen notwendigerweise mit sich brachte. Nachdem ich bei meinem Freunde Dunbar angekommen war, ver-

schaffte ich mir einen Käfig und setzte diesen unter den Vorbau des Hauses. Hier rief mein Gefangener sehr bald die vorübereilenden Flüge herbei, und tagtäglich sahen wir nunmehr zahlreiche Scharen um unser Haus herum, welche die lebhafte Unterhaltung mit Polly begannen. Einen von ihnen, der ebenfalls leicht am Flügel verwundet worden war, steckte ich in Pollys Käfig, zum größten Vergnügen der bisher Vereinsamten. Sie näherte sich ihm augenblicklich, flüsterte ihm ihre Teilnahme an seinem Glück zu, streichelte ihm den Schnabel, Haupt und Nacken und schloß sich ihm überhaupt aufs Innigste an. Der Neuling starb, und Polly war tagelang ruhelos und untröstlich. Ich brachte nun einen Spiegel neben den Platz, wo sie gewöhnlich saß; sie erschaute ihr Bild, und ihre frühere Glückseligkeit schien zurückzukehren: Sie war wenigstens eine Zeitlang außer sich vor Freude. Rührend war es, zu sehen, wie sie, wenn der Abend sich nahte, ihr Haupt hart an das Bild im Spiegel legte und dann ihre Befriedigung durch flüsternde Rufe ausdrückte. Nach kurzer Zeit kannte sie den ihr beigelegten Namen und antwortete, wenn sie aufgerufen wurde. Sie kletterte auch auf mir herum, setzte sich auf meine Schulter und nahm mir den Bissen aus dem Munde. Zweifellos würde ich ihre Erziehung ganz vollendet haben, hätte nicht ein unglücklicher Zufall sie ums Leben gebracht. Die arme Polly verließ eines Morgens, während ich noch schlief, ihren Käfig, flog über Bord und ertrank im Golf von Mexiko.»

In späteren Jahren wurden so viele Karolinasittiche lebend auf unsern Tiermarkt gebracht, daß ihr Preis in kurzer Zeit bis auf wenige Mark herabsank. Ein privater Vogelfreund bezeichnete den Karolinasittich als «unverbesserlich dummscheu». E. Rey sieht sich veranlaßt, einiges zur Ehrenrettung des Vogels mitzuteilen. «Schon seit mehreren Jahren», sagt er, «halte ich neben anderen Papageien auch Karolinasittiche, die sich trotz ihres allerdings nicht gerade angenehmen Geschreis und trotz ihres unersättlichen Appetits auf Fensterkreuze meine Zuneigung durch andere, höchst liebenswürdige Eigenschaften in dem Grad erworben haben, daß ich mich niemals entschließen konnte, sie abzuschaffen. Schon nach kurzer Zeit hatten sich diese Vögel so an mich gewöhnt, daß sie mir beispielsweise ohne weiteres auf die Hand oder den Kopf flogen, wenn ich ihnen eine Walnuß, die sie besonders gern fressen, vorhielt. Nahm ich dabei die Nuß so, daß sie von der Hand völlig bedeckt wurde, so blieben die Vögel ruhig auf ihrem Beobachtungsposten. Zerbrach ich aber die Nuß in der Hand, ohne sie dabei sehen zu lassen, so rief sie das dadurch entstandene Knacken sofort herbei. Später, als ich diese Papageien in ein Gebauer brachte, gaben sie mir noch mehr Gelegenheit, ihre hohe Begabung näher kennenzulernen. Eine ihrer gewöhnlichsten Untugenden bestand darin, das Wassergefäß, nachdem ihr Durst gestillt war, sofort umzuwerfen oder zur Tür des Bauers hinaus auf die Erde zu werfen, wobei sie auf die unzweideutigste Weise ihre Freude an den Tag legten, wenn ihre Schelmerei den gewünschten Erfolg hatte, d.h. wenn das Wassergefäß dabei zerbrach. Alle Versuche, letzteres zu befestigen oder die Tür des Käfigs zuzuhalten, scheiterten daran, daß die Vögel, dank ihrer unverdrossenen Bemühung, nur zu bald lernten, wie der Widerstand zu beseitigen sei. Da ich auf diese Weise nichts erreichte, schlug ich einen anderen Weg ein, indem ich die Vögel jedesmal, wenn ich sie bei solcher Ungezogenheit erwischte, mit Wasser bespritzte. Es gewährte einen unbeschreiblich komischen Anblick, wenn sie verstohlenerweise gemeinschaftlich die Schiebetür des Käfigs öffneten, indem der eine unten den Schnabel als Hebebaum einsetzt und der andre an der Decke des Käfigs hängt und die Tür mit aller Anstrengung festhält, bis sein Gefährte sie von unten wiederum ein neues Stück gehoben hat. Ist dann nach kurzer Zeit die entstandene Öffnung groß genug, um den unten Beschäftigten herauszulassen, so holt er ganz vorsichtig den Wassernapf herbei, und dieser geht dann, wenn ich nicht schnell einschreite, demselben Schicksal entgegen wie so mancher seiner Vorgänger.

«Was mir jedoch vor allem andern diese Papageien lieb und wert macht, ist der Umstand, daß es mir geglückt ist, sie ohne Schwierigkeit an Aus- und Einfliegen zu gewöhnen. Sie treiben sich manchmal von morgens 9 Uhr bis gegen Abend, wenn es anfängt zu dunkeln, im Freien umher und kommen nur dann und wann, um auszuruhen oder um Nahrung zu sich zu nehmen, in ein Fenster meines Arbeitszimmers, in dem ich ihnen eine Sitzstange angebracht habe. An einzelnen Tagen fliegen sie wenig und halten besonders um die Mittagszeit einige Stunden Ruhe. Frühmorgens unternehmen sie die weitesten Ausflüge, und des Abends, wenn sie schlafen wollen, kommen sie an ein anderes Fenster am entgegengesetzten Ende meiner Wohnung, in dessen Nähe ihr Käfig seit längerer Zeit steht. Finden sie dieses Fenster verschlossen, so erheben sie ein wahrhaft fürchterliches Geschrei oder suchen sich durch Klopfen an die Scheiben Einlaß zu verschaffen. Ist jedoch zufällig niemande in jenem Zimmer anwesend, so nehmen sie auch wohl ihren Weg durch das ersterwähnte Zimmer und durch mehrere andere, um an ihren Schlafplatz zu gelangen.»

«Der Flug selbst ist leicht und schön. Oft stürzen sie sich fast senkrecht von ihrem Sitz im Fenster auf die Straße hinab und fliegen dicht über dem Pflaster dahin, oder sie erheben sich auch wohl über die höchsten Häuser, weite Kreise beschreibend. Fliegen sie nur kurze Strecken, so ist der Flug meist flatternd, bei größeren Ausflügen, die oft 20–25 Minuten dauern, mehr schwebend und pfeilschnell. Wenn sie so mit rasender Schnelligkeit am Fenster vorbeifahren und blitzschnell hart um eine Hausecke biegen oder senkrecht an einer Wand hinauf- und herabfliegen, wird man sehr deutlich an den Flug unserer Edelfalken erinnert. Werden sie von anderen Vögeln verfolgt, so wissen sie diese gewöhnlich durch raubvogelartige Stöße zu verscheuchen. Besonders mit den Turmseglern waren sie fast immer in Neckereien verwickelt. Ein Sperling war einmal so verblüfft über die bunten Fremdlinge, daß er längere Zeit wie gebannt den einen Papagei verfolgte, sich neben ihn setzte und die seltene Erscheinung anstarrte, als dieser zum Fenster zurückgekehrt war, auch solches Spiel mehrmals wiederholte, ohne mich zu bemerken, der ich noch mit einem andern Herrn am geöffneten Fenster stand.»⌋ +++

## **Busch-Neuseeland-Schlüpfer** *Xenicus longipes longipes* (J. F. Gmelin, 1789)*

*im folgenden Text werden die Buschschlüpfer (XENICIDAE) allgemein beschrieben

**Länge:** ca. 10 cm **Gewicht:** 12–16^A g **Lebenserwartung:** keine Angabe **Ehemaliges Verbreitungsgebiet:** Süden der Hauptinsel Neuseelands **Zeitpunkt des Aussterbens:** 1972 **Ursachen des Aussterbens:** Zerstörung des Lebensraums; Beute eingeschleppter Katzen, Marder und Ratten **Besonderes:** flinker, guter Flieger und schneller Läufer; Erzeugen eines leichten Summgeräusches durch den Flügelschlag; Art der Fortbewegung zwischen Büschen und Ästen ausschließlich hüpfend und schlüpfend; hauptsächlich dämmerungsaktiv, da sehr scheu; von den Maori «Atua» – Vogel der Göttlichkeit – genannt

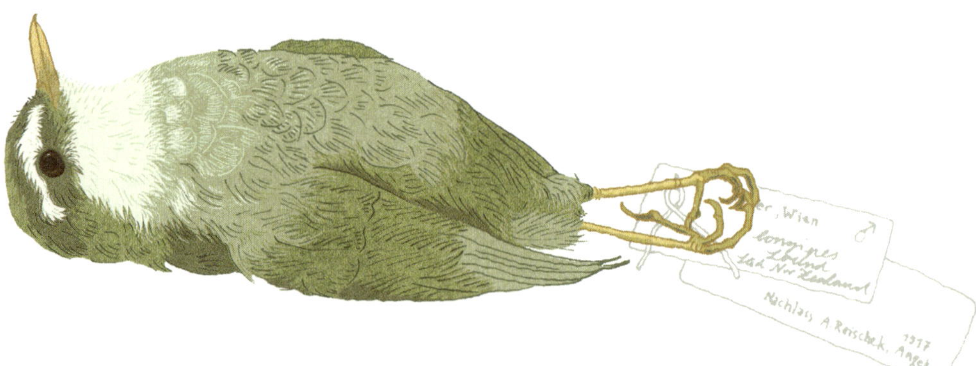


Fig. 19 **Busch-Neuseeland-Schlüpfer** *Xenicus longipes longipes* (Originalgröße); Inv. Nr. NMW 51.048/VS/B

⌜Die beiden anderen Familien altweltlicher Schreivögel bedürfen nur kurzer Erwähnung. Nahe verwandt mit den Pittas, aber doch in der Bekleidung des Fußes und der Bildung der Syrinx deutlich von ihnen geschieden sind die Lappenpittas (PHILEPITTIDAE), die in zwei Arten Madagaskar bewohnen. Die Männchen tragen einen fleischigen Lappen über dem Auge. Es sind bunt, doch nicht glänzend gefärbte Vögel von Finkengröße, die sich so gut wie ausschließlich am Boden aufzuhalten scheinen.

Noch kleiner und unscheinbarer sind die **Buschschlüpfer** ☞Fig. 19 (XENICIDAE) Neuseelands, von denen man vier Arten in zwei Gattungen kennt. Außer durch Besonderheiten der Syrinx sind sie durch den Besitz von nur zehn Steuerfedern von x ihren nächsten Verwandten unterschieden. Sie leben auf **Bäumen**, jagen **Insekten** x und legen ihre flaschenförmigen Nester in Baum- und sonstigen Löchern an.⌟ +++

## Hawaii-Krausschwanz *Moho nobilis* (Merrem, 1786)*

*im folgenden Text als «Moho, *Acrulocercus nobilis* Merr.» bezeichnet

**Länge:** 24–32 cm **Gewicht:** keine Angaben **Lebenserwartung:** keine Angaben **Ehemaliges Verbreitungsgebiet:** Hauptinsel Hawaii **Zeitpunkt des Aussterbens:** 1934 **Ursachen des Aussterbens:** Jagd; Beute eingeschleppter Ratten und Katzen; Infektion mit Krankheiten eingeschleppter Tiere **Besonderes:** sehr scheuer, aber lebhafter Vogel; erschwerte Beobachtung des Tiers wegen dessen Vorliebe, in kleinen Gruppen in Baumkronen zu sitzen; Erzeugen eines Summgeräusches durch den Flügelschlag

⌈(…) Seit der Mamo ausgerottet ist, werden die verlängerten seitlichen golgelben Brustfedern eines echten Honigfressers, des **Moho** ☞Fig. 20 oder O-o, *Acrulocercus nobilis* Merr., zum Schmuck verarbeitet.

(…) Die Kennzeichen der etwa 260 Arten enthaltenden Familie der Honigfresser
1 (Meliphagidae) sind ziemlich langer, dünner, leichtgebogener, abgerundeter **Schna-**
2 3 4 **bel**, dessen **Oberkiefer** den **unteren** etwas überragt, mittellange, kräftige **Füße** mit
5 6 starken Hinterzehen, mittellange, abgerundete **Flügel** mit elf **Handschwingen**, deren
erste äußerst klein und verborgen und deren zweite verkürzt ist, und mehr oder
7 8 minder langer, meist auch abgerundeter **Schwanz**. Die **Nasenlöcher** liegen unter einer knorpeligen Schwiele verborgen; die Rachenspalte ist eng. Die Honigfresser haben, wie schon angedeutet, Pinselzungen: nach Gadow teilt sich die die Unterseite überziehende Hornplatte jederseits in zwei rollenartige Gebilde, deren jedes sich wieder und wieder zweiteilig spaltet, so daß die Zungenspitze schließlich aus sehr zahlreichen feinen Halbröhrchen besteht. Beim Poë sind schließlich ungefähr 80 solcher Halbröhrchen vorhanden. Der Magen der Honigfresser ist sehr klein und wenig muskulös. Das Gefieder ist verschiedenartig, bald dichter, bald glatter anliegend, oft auch in

eigentümlicher Weise verlängert, so namentlich in der Ohr- und Halsgegend, bald bunt, bald wieder ziemlich einfarbig, nach dem Geschlechte wenig verschieden. Häufig
treten kahle Stellen am **Kopfe** auf, z. B. bei den Lederköpfen (*Philemon* Vieill.), und 9
viele Arten tragen Hautlappen an Ohren, **Wangen** und **Kehle**. Nach Lucas scheint die 10 11
Familie mit der der COEREBIDAE einigermaßen nahe verwandt zu sein.

(…) In Ihrem Wesen und Betragen bekunden die Honigfresser große Übereinstimmung. Sie sind fast ohne Ausnahme sehr lebhafte und unruhige, größtenteils auch redselige Vögel. Im Gezweig nehmen sie, je nach ihrer zeitweiligen Beschäftigung, die verschiedensten Stellungen an. Kletterkünfte nach Art unserer Meisen wissen sie vortrefflich auszuführen. Sie hüpfen geschickt von einem Zweige zum andern, laufen rasch längs der Äste dahin und hängen sich häufig kopfunterst an ihnen an, um in
dieser Stellung nach unten sich öffnende **Blüten** zu durchsuchen. Ihr Flug ist wellen- x
förmig, wird aber bei der Mehrzahl nicht weit ausgedehnt, während andere wiederum treffliche Flieger zu sein und sich zu ihrem Vergnügen in der Luft umherzutummeln scheinen. Ihre stimmliche Begabung ist gut: einige sind vorzügliche Sänger, andere wenigstens lebhafte Schwätzer. Wenige Arten lieben die Geselligkeit; die Mehrzahl lebt paarweise, wenn auch dicht nebeneinander. Einzelne werden als sehr kampflustige Vögel geschildert, die sich kühn auf Krähen, Falken oder überhaupt auf alle anderen großen Vögel stürzen, von denen sie nichts Gutes erwarten. Vor dem Menschen scheuen sich die wenigsten; viele kommen im Gegenteil bis dicht an die Wohnungen heran und nisten ungescheut selbst inmitten der Städte und auf den belebtesten öffentlichen Plätzen, falls hier ihre Lieblingsbäume wachsen. Das Nest ist verschieden gebaut, die Anzahl der Eier gering. (…)⌋ +++

059

## **Hopflappenvogel** *Heteralocha acutirostris* (Gould, 1837)

**Länge:** 48 – 53 cm **Gewicht:** keine Angaben **Lebenserwartung:** keine Angaben **Ehemaliges Verbreitungsgebiet:** Süden der Hauptinsel Neuseelands **Zeitpunkt des Aussterbens:** 1907 **Ursachen des Aussterbens:** Jagd; Zerstörung des Lebensraums; Beute eingeschleppter Wildtiere; Infektion mit Krankheiten eingeschleppter Tiere **Besonderes:** sehr lebhafter Vogel; außerordentlich gewandte Vorwärtsbewegung im Geäst; nahezu flugunfähig; deutlicher Unterschied zwischen den Schnäbeln von Männchen und Weibchen: beim Männchen deutlich kürzer, gerade und kräftig, beim Weibchen lang, stark gebogen und dünn; gegenseitige Hilfe bei der gemeinsamen Nahrungssuche druch die Verschiedenartigkeit der Schnäbel

Zur Familie der Raben rechnet man neuerdings auch den **Hopflappenvogel** ☞Fig. 21
*(Heteralocha acutirostris* und *Gouldii, Neamorpha acutirostris, crassirostris* und
*Gouldii)*, welcher mit verwandten Sippen eine besondere, auf Neuseeland beschränkte
1 Gruppe bildet und mit ihnen an der **Schnabelwurzel** entspringende, mehr oder min-
2 der entwickelte buntfarbige **Hautlappen** gemein hat. Der Hopflappenvogel unter-
scheidet sich von seinen nächsten Verwandten und allen bekannten Vögeln überhaupt
3 dadurch, daß der **Schnabel** des Weibchens von dem des Männchens wesentlich ab-
weicht. Bei letzterem ist er etwa kopflang, auf der Firste fast gerade, der Breite nach
flach gerundet, an der Wurzel hoch, seitlich stark zusammengedrückt, im ganzen
aber gleichmäßig nach der Spitze hin verschmächtigt; bei dem Weibchen dagegen
mindestens doppelt so lang als beim Männchen, verschmächtigt und verschmälert,
4 merklich gekrümmt und in eine feine Spitze ausgezogen, der **Oberschnabel** auch
5 über den **unteren** verlängert. Gegenüber diesen Merkmalen sind die übrigen Kenn-

Fig. 21 **Hopflappenvogel** *Heteralocha acutirostris* (⅓ der Originalgröße); Inv. Nr. ZMB 2000.8502, 2000.8503

6 zeichen untergeordneter Art. Der hochläufige und langzehige **Fuß** ist mit äußerst kräf-
7 8 tigen, starkgebogenen **Klauen** bewehrt, der **Flügel** lang, aber abgerundet, weil in ihm
9 die fünfte bis siebente Schwinge die Spitze bildet, der **Schwanz** mittellang, breit, sanft
abgerundet, das Kleingefieder reich, dicht und etwas glänzend. Die Länge des
männlichen Hopflappenvogels beträgt etwa achtundvierzig, die des Weibchens funf-
zig, bei beiden die Fittiglänge etwa zwanzig Centimeter, die Schnabellänge dagegen
beim Männchen vierzig, beim Weibchen sechsundneunzig Millimeter. Das Gefieder
10 ist bis auf einen breiten weißen Endrand der **Steuerfedern** einfarbig schwarz, schwach
11 grünlich scheinend, der **Augenring** tiefbraun, der Schnabel elfenbeinweiß, an der
Wurzel schwärzlichgrau, der große winkelige Mundwinkellappen orangefarbig, der
Fuß dunkel blaugrau. Junge Vögel unterscheiden sich nur durch die röthlich getrübte
12 Färbung des **Schwanzspitzenbandes** und die weiß gerandeten Unterschwanzdeck-
federn von den alten.

Die Berichte über das Freileben des Hopflappenvogels sind noch ungemein
dürftig, so sehr dieser, die «Huia» der Maoris, die Beachtung aller Vogelkundigen und
Ansiedler Neuseelands auf sich gezogen hat. Auf wenige Oertlichkeiten Neuseelands
beschränkt und auch hier von Jahr zu Jahre seltener werdend, bietet er wenig Gelegen-
heit zu eingehenden Beobachtungen. Er lebt mehr auf dem Boden als im Gezweige,
bewegt sich mit großen Sprüngen außerordentlich rasch, flieht bei dem geringsten
Geräusche oder beim Anblicke eines Menschen so eilig als möglich dichten Gebüschen
x oder **Waldstrecken** zu und entzieht sich hier in der Regel jeder Nachstellung. So
erklärt es sich, daß man eigentlich nur an gefangenen einige Beobachtungen sammeln
konnte. In der Neuzeit sind Huias lebend auch nach London gelangt, soweit mir bekannt, über ihr Betragen Mittheilungen aber nicht veröffentlicht worden; ich vermag deshalb nur mitzutheilen, was Buller von denen berichtet, welche er einige Tage lang pflegte. Bemerkenswerth war die Leichtigkeit, mit welcher die im Freien so scheuen Vögel an die Gefangenschaft sich gewöhnen. Wenige Tage nach ihrer Erbeutung waren sie ganz zahm geworden und schienen den Verlust ihrer Freiheit nicht im geringsten zu empfinden. Schon am nächsten Morgen, nachdem sie in Besitz Bullers gekommen waren, fraßen sie begierig, tranken Wasser und begannen nunmehr, sich lebhaft und flüchtig zu bewegen, bald auch miteinander zu spielen. Ihre Bewegungen auf dem Boden wie im Gezweige waren anmuthig und fesselnd; besonders hübsch sah es aus, wenn sie ihren Schwanz fächerartig breiteten und in verschiedenen Stellungen unter leisem und zärtlichem Gezwitscher einander mit ihren Elfenbeinschnäbeln liebkosten. Mit letzterem untersuchten, behackten und bemeiselten sie alles. Sobald sie entdeckt hatten, daß die Tapeten ihres Zimmers nicht undurchdringlich waren, lösten sie einen Streifen nach dem anderen ab und hatten in kürzester Frist die Mauer vollständig entblößt. Besonders anziehend aber war für Buller die Art und Weise, wie sie bei Erbeutung ihrer Nahrung gegenseitig sich unter-
x x stützten. Da man verschiedene **Erdmaden**, **Engerlinge** und ebenso **Samen** und **Beeren**

in dem Magen erlegter Stücke gefunden hatte, brachte Buller einen morschen Klotz mit großen, fetten Larven eines «Huhu» genannten Kerbthieres in ihren Raum. Dieser Klotz erregte sofort ihre Aufmerksamkeit; sie untersuchten die weicheren Theile mit dem Schnabel und gingen sodann kräftig aus Werk, um das morsche Holz zu behauen, bis die in ihm verborgenen Larven oder Puppen des besagten Kerbthieres sichtbar wurden und hervorgezogen werden konnten. Das Männchen war hierbei stets in hervorragender Weise thätig, indem es nach Art der Spechte meißelte, wogegen das Weibchen mit seinem langen, geschmeidigen Schnabel alle jene Gänge, welche wegen der Härte des umgebenden Holzes von dem Männchen nicht erbrochen werden konnten, untersuchte und ausnutzte. Mehrmals beobachtete Buller, daß das Männchen vergeblich sich bemühte, eine Larve aus einer bloßgelegten Stelle hervorzuziehen, dann stets durch das Weibchen abgelöst wurde und ihm den Bissen, welches letzteres leicht sich aneignete, auch gutwillig abtrat. Anfänglich verzehrten beide nur Huhularven, im Laufe der Zeit gewöhnten sie sich auch an anderes Futter, und zuletzt fraßen sie gekochte Kartoffeln, gesottenen Reis und rohes, in kleine Stücke zerschnittenes Fleisch ebenso gern wie ihre frühere Nahrung. Zu ihrem Badenapfe kamen sie oft, immer aber nur, um zu trinken, nicht aber, um sich zu baden. Ihr gewöhnlicher Lockton war ein sanftes und klares Pfeifen, welches zuerst langgezogen und dann kurz nach einander wiederholt, zuweilen in höheren Tönen ausgestoßen oder sanft vertönt oder in ein leises Krächzen umgewandelt wurde, zuweilen dem Weinen kleiner Kinder bis zum Täuschen ähnelte.

Ueber die Fortpflanzungsgeschichte der Huia vermag Buller nur die Berichte der Eingeborenen mitzutheilen, denen zufolge der Vogel in hohlen Bäumen nistet und wenige Eier legt. Die Hauptursache des vereinzelten Auftretens und der stets fortschreitenden Abnahme des Hopflappenvogels ist darin zu finden, daß die Eingeborenen dessen Federn als Kopfschmuck verwenden, lebhaft begehren und theuer bezahlen, der Huia dementsprechend nachstellen, wo und wann immer sie können. Wahrscheinlich haben die neuseeländischen Forscher nicht Unrecht, wenn sie fürchten, daß infolge dieser Liebhaberei der Maoris der so überaus merkwürdige Vogel früher oder später das Loos anderer gefiederten Heimatsgenossen theilen, nämlich ausgerottet werden möge. +++

075 073 072

**Bonin-Drossel** *Zoothera terrestris* (Kittlitz, 1831)*[1]
**Große Kauai-Drossel** *Myadestes myadestinus* (Stejneger, 1887)*[2]
**Rotaugendrossel** *Turdus ravidus* (Corey, 1886)*[3]

*im folgenden Text wird die Familie der Drosseln (TURDIDAE) allgemein beschrieben, zu der *Zoothera terrestris, Myadestes myadestinus* und *Turdus ravidus* gehören

[1]**Länge:** 14–20 cm **Gewicht:** 42–70[A] g **Lebenserwartung:** 5–10[A] Jahre **Ehemaliges Verbreitungsgebiet:** Ogasawara-Shoto-Insel, Japan **Zeitpunkt des Aussterbens:** Ende 19. Jahrhundert **Ursachen des Aussterbens:** Beute eingeschleppter Hauskatzen und Ratten

[2]**Länge:** 14–17 cm **Gewicht:** 40–50 g **Lebenserwartung:** 3–8 Jahre **Ehemaliges Verbreitungsgebiet:** Hawaii-Insel Kauai **Zeitpunkt des Aussterbens:** ca. 1990 **Ursachen des Aussterbens:** Verbreitung von Vogelmalaria durch eingeschleppte Moskitos; Zerstörung des Lebensraums durch Landwirtschaft; Beute eingeschleppter Haus- und Wildtiere **Besonderes:** ehemals meistverbreiteter Vogel der Insel

[3]**Länge:** ca. 26 cm **Gewicht:** 85–110[A] g **Lebenserwartung:** bis zu 17 Jahre **Ehemaliges Verbreitungsgebiet:** Kaimaninsel Grand Cayman **Zeitpunkt des Aussterbens:** zwischen 1938 und 1961 **Ursachen des Aussterbens:** Zerstörung des Lebensraums, unter anderem des hochgiftigen Machineel-Baums

⌜(…) Hier schließt sich zwanglos die umfangreiche, nach Sharpe fast 600 Arten und Unterarten enthaltende Gruppe schlankschnäbeliger Singvögel an, die in der Regel als eigene Familie, die der «**Drosseln** ☞ Fig. 22 bis 24 (TURDIDAE)», behandelt wird. Ihre Umgrenzung ist eine verhältnismäßig deutliche: alle Drosseln sind erstens da-
1 durch gekennzeichnet, daß die Vorderseite des **Laufes** gestiefelt, d.h. von einer zusam-

menhängenden, nur ganz unten in Schilde geteilten Platte bedeckt ist, und zweitens durch den Umstand, daß die Jungen im Nestkleid auf **Rücken**- und **Bauchseite** mehr 2 3
oder minder deutliche Flecke zeigen, gleichviel, ob dies auch für die Alten zutrifft oder nicht. Dazu kommt eine Besonderheit der Mauser, die Seebohm folgendermaßen schildert: «Statt zweier Mausern im Jahre findet sich nur eine, und zwar im Herbste, während das Sommerkleid durch Abreiben oder durch Abstoßung der Federspitzen gebildet wird. Sollte die eine oder andere Feder im Laufe des Frühlings gar zu arg mitgenommen sein, so wird sie wohl durch eine nachwachsende ersetzt, aber von einer völligen Mauserung zu dieser Zeit ist keine Rede. Unter diesen Umständen müßten die Jungen eigentlich ihr Nestkleid, oder doch den größten Teil davon, bis zum zweiten Herbste ihres Lebens tragen. Damit dies vermieden wird, erleiden sie schon in ihrem ersten Herbste, bevor sie wegziehen, eine komplette Mauser vom Jugendkleid in das der Erwachsenen. Demgemäß ist das Wintergefieder der Alten und der Jungen gleich, und sie können gewöhnlich nur daran unterschieden werden, daß bei den Jungen hier und da, besonders an den **Flügeldecken**, einzelne Federn mit 4
hellen Spitzen stehengeblieben sind.» Im übrigen zeigen die «Drosseln» weitgehende Verschiedenheiten. Es gibt darunter schlicht gefärbte und, wenn auch selten, lebhaft bunte, Frucht- und Insektenfresser, **Bewohner der Erde**, von **Bäumen**, von Felsen. x x
Viele sind gute, einige vorzügliche Sänger. Die Verbreitung der Drosseln ist nahezu

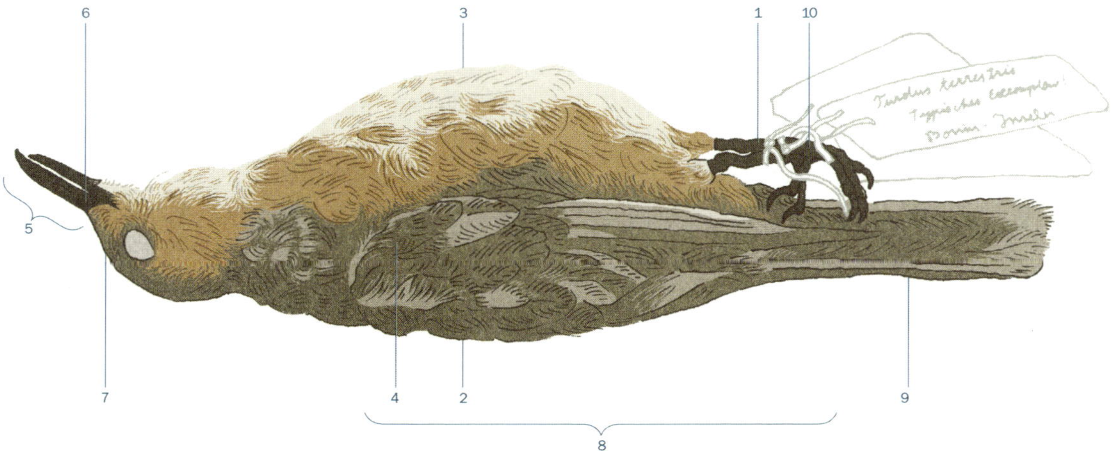


Fig. 22 **Bonin-Drossel** *Zoothera terrestris* (Originalgröße); Inv. Nr. NMW 15.742/VS/B

weltweit. Doch muß das Paläarktische Gebiet als ihre hauptsächliche Heimat angesehen werden. In einigen Teilen Polynesiens fehlen sie.

In der weiten Fassung, die Hartert ihr aus guten Gründen gegeben hat, umfaßt
die Hauptgattung der Eigentlichen Drosseln (*Turdus* L.) über 200 Arten und Unter-
arten. Deren Bau ist ziemlich übereinstimmend. Hartert nennt als Merkmale den kräf-
5 6 tigen, vor der Spitze mit einem kleinen «Zahn» versehenen **Schnabel**; **Nasenlöcher**,
7 die fast frei vor den vorgeschobenen Federschneppen der **Stirne** liegen; lange, spitze
8 **Flügel**, worin die erste Schwinge meist bedeutend kürzer, seltener ebenso lang,
ausnahmsweise länger als die Handdecken ist, und gewöhnlich die dritte und vierte
Schwinge die Spitze bilden; den schwach gerundeten aber fast geraden, aus 12, nur
9 bei einer Art *(Turdus varius)* aus 14 Federn gebildeten **Schwanz**. Die Geschlechter
sind bei machen Arten gleich oder doch sehr ähnlich gefärbt, bei anderen stark
verschieden. Alle bauen offene Nester und legen gefleckte Eier.

(...) Die Drosseln leben in den verschiedenen von ihren bewohnten Ländern auch unter verschiedenen Verhältnissen, vorzugsweise jedoch immer und überall im Walde, und zwar in jedem Bestande; denn nicht bloß der reiche Wald der Auen oder der Urwald unter den Wendekreisen, sondern auch der Nadelwald oder der dünn bestandene Buschwald der Steppe weiß sie zu fesseln; ja noch über die Grenze des Holzwuchses, unmittelbar unter und zwischen den Gletschern finden sie Wohnplätze, die ihren Ansprüchen genügen. Allerdings verweilen nur die wenigsten Arten jahraus jahrein an derselben Stelle; die Mehrzahl zeigt eine Wanderlust wie wenige andere Vögel. Eine Reihe von Drosselarten, die als seltene Gäste bei uns erscheinen, (...) durchzogen vorher fast die Hälfte des Umfanges unserer Erdoberfläche. Sie kamen vom fernsten Osten Sibiriens, aus Kamtschatka, zu uns, überflogen sogar das Beringmeer, durchpilgerten ganz Asien und gelangten so nach Europa. Was eigentlich jene Fremdlinge zu derartigen Reisen veranlaßt, ist mit Sicherheit nicht zu sagen; doch hat Naumann gewiß nicht unrecht, wenn er annimmt, daß die Geselligkeit, die fast allen Drosseln eigen ist, und die Nahrungssuche sie oft verleiten mögen, von dem gewöhnlichen Wege abzuweichen, ganz abgesehen von schlimmem Reisewetter, ungünstigen Winden, Stürmen und ähnlichen Widerwärtigkeiten, welche die Zuggesellschaften trennen und einzelne in unbekannte Fernen verschlagen.

Alle Drosselarten sind begabt, feinsinnig, bewegungsfähig, gewandt, sangeskundig, munter und unruhig, gesellig, aber keineswegs auch friedfertig. Sie haben viele gute Eigenschaften, aber auch manche, die wir als schlechte bezeichnen müssen. Vom frühen Morgen an bis zum späten Abend sieht man sie fast ununterbrochen beschäftigt; nur die Glut des Mittags lähmt einigermaßen ihre Tätigkeit. In ihren Bewegungen erinnern sie vielfach an andere Sänger. Auf dem Boden hüpfen sie absatzweise mit großen Sprüngen gewandt umher; bemerken sie etwas Auffälliges, so schnellen sie den Schwanz nach oben und zucken gleichzeitig mit den Flügeln nach unten. Im Gezweige hüpfen sie rasch und geschickt; größere Entfernungen überspringen sie, indem sie die Flügel zu Hilfe nehmen. Der Flug ist vortrefflich. Die meisten Arten flattern, wenn sie aufgescheucht werden, in anscheinend täppischer Weise über den Boden dahin, womöglich von einem Busche zum andern; aber dieselben Vögel streichen, sobald sie sich einmal in eine gewisse Höhe erhoben haben, mit außerordentlicher Schnelligkeit durch die Luft. Unter unseren deutschen Drosseln fliegen die Sing-, die Rot- und die Ringdrossel am besten, die Misteldrossel und die Amsel, ihren kurzen Flügeln entsprechend, am schlechtesten. Bei der Misteldrossel ist der

Fig. 23 **Große Kauai-Drossel** *Myadestes myadestinus* (Originalgröße)

Flug scheinbar schwerfällig und ungleichförmig; aber auch diese Art durchmißt rasch weitere Entfernungen, wogegen die Amsel in langen Absätzen gleichsam über den Boden dahinschießt, die Flügel dabei weniger bewegt, aber jähe Wendungen äußerst gewandt ausführt. Gaetke beobachtete, daß sich eine Singdrossel, vom langen Fluge ermattet, auf das Meer niederließ, um auszuruhen und dann gekräftigt weiterflog.

Die Sinne sind gleichmäßig entwickelt. Drosseln nehmen selbst das kleinste Insekt auf weite Entfernungen wahr und erkennen, wenn sie in hoher Luft dahinziehen, die Gegenstände tief unter sich auf das genaueste; sie vernehmen Töne nicht nur sehr scharf, sondern unterscheiden sie auch genau, wie schon aus ihrem Gesange hervorgeht. Bezüglich ihrer übrigen Sinne haben wir kein Urteil. Im Walde und im Garten werden sie zu Warnern, auf die nicht bloß andere Arten Gattung, sondern auch fremdartige Vögel, ja sogar Säugetiere, achten. Alles Auffallende, Ungewohnte, Neue erregt ihre Aufmerksamkeit. Sie kommen mit ausgesprochender Neugier herbei, um einen Gegenstand, der sie reizt, besser ins Auge zu fassen, halten sich dabei aber stets in wohlgemessener Entfernung. Geselligkeit scheint den meisten Arten Bedürfnis zu sein. Sie sind, wie schon bemerkt, keineswegs friedfertig, geraten vielmehr recht häufig in Streit; aber sie können, wie man zu sagen pflegt, nicht voneinander lassen, und der Lockruf, den eine von ihnen ausstößt, wird von anderen selten gehört, ohne befolgt zu werden. Sie vereinigen sich nicht bloß mit anderen derselben Art, sondern mit allen Drosseln überhaupt, und es kann geschehen, daß Individuen verschiedener Arten lange Zeit zusammenbleiben, gemeinschaftlich reisen und gemeinschaftlich den Winter in der Fremde verleben. Im Notfalle mischen sie sich auch unter andere Vögel, ohne sich jedoch auf besonders freundschaftlichen Fuß mit ihnen zu stellen, und deshalb darf man die Warnungen, die sie ausstoßen, nicht als für solche Genossen berechnete oder gar freundschaftlich gemeinte ansehen. Dem Menschen trauen sie nie völlig; aber sie unterscheiden recht wohl zwischen gefährlichen und ungefährlichen Leuten. In Gefangenschaft gebracht, gebärden sie sich anfänglich äußerst ungestüm; bald aber schließen sie sich an den, der sie gut behandelt, innig an.

Stimme und Gesang der verschiedenen Drosselarten ähneln sich und sind doch auch wieder sehr verschieden. Die Lockstimme der Misteldrossel klingt wie «schnerr», dem Laute ähnlich, den man hervorbringen kann, wenn man mit einem Stäbchen über die Zähne eines Kammes streicht. Im Eifer wird das «Schnerr» durch ein dazwischengeschobenes «Ra ta ta» verstärkt. Der Angstruf ist ein unbeschreibliches Geschrill, das die meisten Drosseln unter denselben Umständen hören lassen. Die Lockstimme der Singdrossel ist ein heiser pfeifendes, nicht weit hörbares «Zip» – daher ihr Name «Zippe» –, an das häufig die Silbe «tack» oder «töck» angehängt wird. Bei besonderer Erregung klingt der verlängerte Lockruf wie «Styx styx styx». Die Lockstimme der Wacholderdrossel ist ein schnell und scharf hervorgestoßenes «Tschack tschack tschack», dem ein helles «Gri gri» oder «Ziek ziek» angehängt wird, wenn der Vogel andere einladen will. Der Lockruf der Rotdrossel ist ein hohes «Zi»

Fig. 24 **Rotaugendrossel** *Turdus ravidus* (3/5 der Originalgröße); Inv. Nr. ZMB 38.1286

und darauf folgendes tiefes «Gack», der Angstruf ein schnarrendes «Scherr» oder «Tscherr». Die Ringdrossel lockt: «töck töck töck» und dazwischen tief und betont «tack», oder durch einen kurzen Pfiff, schnarrt aber auch wie verwandte Arten. Die Amsel endlich ruft trillernd «sri» und «tränk», beim Anblick von etwas Verdächtigem aber schallend und gellend «dix, dix», worauf, falls Flucht nötig wird, ein hastiges «Gri gich gich» folgt. Alle diese Laute, die selbstverständlich mit Buchstaben nur höchst unvollkommen ausgedrückt werden können, ändern, je nach den Umständen, vielfach ab. Sie sind übrigens allen Drosselarten verständlich; denn die eine hört auf den Lockruf der andern, und namentlich der Warnungsruf wird von allen wohl beachtet.

Die Gesänge der Drosseln gehören zu den besten aller Singvögel überhaupt. Unserer Singdrossel gebührt die Krone; ihr fast ebenbürtig ist die Amsel; auf sie folgen die Mistel- und die Wacholderdrossel. Mit Stolz nennt der Norweger die Singdrossel «Nachtigall des Nordens». Deren Lied ist inhaltreich, wohl- und weittönend. Mit den flötenden Lauten wechseln allerdings auch schrillende, minder laute und nicht sehr angenehme Töne ab; aber die Anmut des Ganzen wird trotzdem wenig beeinträchtigt. Der Amselgesang steht dem der Singdrossel kaum nach, hat mehrere Strophen von ausgezeichneter Schönheit, klingt aber nicht so fröhlich, sondern feierlicher oder trauriger als der ihrer begabten Verwandten. Das Lied der Misteldrossel besteht aus wenigen, höchstens 5 – 6 Strophen, die unter sich nicht sehr verschieden, aber fast ausnahmslos aus aus vollen flötenden Tönen zusammengesetzt sind, weshalb auch dieser Gesang als vorzüglich gelten darf. Dasselbe gilt von der

Rotdrossel und von der Ringdrossel. «Ihr Gesang, welchem freilich der reiche Schmelz des Nachtigallenschlages fehlt», sagt Tschudi von der Alpenamsel, «schallt in jubelnden Chören hundertstimmig von allen Hochwäldern her und bringt unaussprechlich fröhliches Leben in den stillen Ernst der großen Gebirgslandschaften.» Bezeichnend für die Drosseln ist die Art und Weise ihres Vortrages. Es verdient hervorgehoben zu werden, daß der Gesang im Widerspruche mit dem Betragen zu stehen scheint. Viele Vögel begleiten ihre Lieder mit lebhaften Bewegungen: die Drosseln sitzen still, während sie singen, und ihre Lieder selbst fließen ruhig, feierlich dahin wie Kirchengesang. Jede einzelne Strophe ist klar abgerundet, jeder Ton in sich abgeschlossen, der Drosselschlag daher mehr für den Wald als für das Zimmer geeignet. Die Amsel, die bei uns das ganze Jahr hindurch verweilt, beginnt bereits im Februar, oft wenn Schnee und Eis noch die Herrschaft führen, mit ihrem Liede; die zu dieser Zeit noch in der Fremde weilende Singdrossel scheint bei der Rückkehr im März ihre Heimat singend zu begrüßen. Wie bei den meisten guten Sängern, feuern sich die Männchen gegenseitig an. Es scheint, als ob jede Drossel im Singen eine gewisse Eitelkeit bekunden wolle; denn so versteckt sie sich für gewöhnlich zu halten pflegt, so frei zeigt sie sich, wenn sie ihr Lied beginnt. Sie wählt dann immer eine hohe Baumspitze, die Stadtamsel wohl auch einen Essenkopf oder eine Giebelspitze zu ihrem Sitz und läßt von da oben herab ihre herrlichen Klänge erschallen.

Die Nahrung besteht aus **Insekten**, **Schnecken** und **Würmern**, im Herbste und Winter auch aus **Beeren**. Alle Drosselarten nehmen erstere größtenteils vom Boden auf und verweilen deshalb hier täglich mehrere Stunden. Vom Walde aus fliegen sie auf Wiesen und Felder, an die Ufer der Flüsse und Bäche und nach anderen Nahrung versprechenden Plätzen. Hier lesen sie auf oder wühlen mit dem Schnabel, Blatt um Blatt umwendend, im abgefallenen Laube herum, um sich neue Vorräte zu erschließen. Fliegende Insekten beachten sie wenig oder nicht, doch sieht man manche Amseln gelegentlich auch nicht ungeschickt die Jagd in der Luft betreiben. Snell beobachtete, daß Amseln wie Grünspechte Löcher in die Ameisenhügel gruben, um zu den Puppen und ausgebildeten Insekten zu gelangen, aber nicht bloß mit dem Schnabel wie die Spechte, sondern danach auch mit den **Füßen**, indem sie wie Hennen scharrten.

(...) Mit Ausnahme zahlreicher Amseln verlassen alle unsere Drosseln im Herbste die Heimat und wandern in südlichere Gegenden. Für die hochnordischen Arten kann schon Deutschland zur Winterherberge werden; das eigentliche Heer zieht bis Südeuropa. Hier wimmelt es während der Wintermonate allerorten von Drosseln. Auf den sonnigen Gehängen der Hochgebirge Südspaniens siedeln sich, jetzt zu mehr oder minder zahlreichen Flügen vereinigt, Ringamseln an; in Wäldern, Gebüschen und Weingärten treiben sich Sing- und Rotdrosseln zu Tausenden umher. Die Misteldrossel sieht man seltener, falls überhaupt die in Spanien auftretenden als Zugvögel zu betrachten sind; die Wacholderdrossel gehört unter die seltensten Singvögeln der Iberischen Halbinsel. Das gleiche gilt für Süditalien und Griechenland;

doch muß ich ausdrücklich hervorheben, daß hier die Ringamsel nur äußerst selten gefunden wird. Alle Drosseln wandern in zahlreichen Gesellschaften, zuweilen in ungeheueren Flügen, die sich bereits im Norden sammeln, und ziehen in außerordentlicher Höhe dahin. Im Verlaufe der Reise zerteilen sich derartige Schwärme in kleinere Gesellschaften, aber diese stehen unter sich gewissermaßen im Verbande, so daß bei Rasten unter Umständen mehrere Geviertkilometer von ihnen besetzt sind und jeder größere Busch seinen Bewohner gefunden hat. Das Wildbret aller unserer Drosseln ist im allgemeinen dem des Krammetsvogels ähnlich, wie denn überhaupt die Jäger unter diesem Namen die bei uns in Deutschland gefangenen Drosselarten zusammenzufassen pflegen; das sind nämlich außer der Wacholderdrossel selbst noch die Singdrossel, die Ringdrossel, die Rotdrossel und die Misteldrossel. Wir dürfen annehmen, daß unsere Drosselarten bereits vorzeiten in derselben Weise gefangen wurden wie jetzt, wenn man auch damals vielleicht noch keine Vogelherde oder Dohnenstiege wie heutzutage anwendete. Gegenwärtig kommt bei uns zulande der Fang mehr und mehr in Abnahme, glücklicherweise, denn wohl mehr als die Hälfte aller gefangenen Drosseln waren Singdrosseln; in Italien, Spanien und Griechenland dagegen stellt den Drosseln jedermann nach. Für die Gefangenschaft eignen sich alle Drosseln; ihr volltönender und kräftiger Gesang ist jedoch für das Zimmer fast zu stark, und ihre rege Freßlust hat Übelstände zur Folge, die auch durch die sorgfältigste Reinlichkeit nicht gänzlich beseitigt werden können. Einen großen, im Freien errichteten Gesellschaftsbauer beleben sie in höchst ansprechender Weise. Ihre Munterkeit und Regsamkeit wirbt ihnen warme Freunde, und ihr köstlicher Gesang entzückt neben dem der Lerche die Menschen schon in den ersten Monaten des Jahres, wenn andere Vögel noch schweigen.⌋ +++

## Oahu-Akialoa *Hemignathus ellisianus ellisianus* (G.R. Gray, 1860)* [1]
## Hawaii-Akialoa *Hemignathus obscurus* (J.F. Gmelin, 1788) [2]

*im folgenden Text wird die Gattung der Akialoas (*Hemignathus* Lcht.) allgemein beschrieben

[1] **Länge:** 14–19 cm **Gewicht:** keine Angaben **Lebenserwartung:** keine Angaben **Ehemaliges Verbreitungsgebiet:** Hawaii-Insel Oahu, USA **Zeitpunkt des Aussterbens:** 1940 **Ursachen des Aussterbens:** Beute eingeschleppter Ratten, Katzen; Zerstörung des Lebensraumes durch eingeschleppte Pferde, Rinder und Pflanzen; Infektion mit Krankheiten durch eingeschleppte Vögel

[2] **Länge:** 10–12 cm **Gewicht:** keine Angaben **Lebenserwartung:** keine Angaben **Ehemaliges Verbreitungsgebiet:** Hawaii, USA **Zeitpunkt des Aussterbens:** 1940 **Ursachen des Aussterbens:** Beute eingeschleppter Ratten und Katzen; Zerstörung des Lebensraumes durch Rinder und Ziegen; Infektion mit Krankheiten durch eingeschleppte Vögel und eingeschleppte Moskitos; Abholzung von Wäldern

⌈Die Gattung der **Akihiloas** ☞Fig. 25 (*Hemignathus* Lcht.) umfaßt, nach Scott Wilson, sechs Arten, von denen auf den Sandwich-Inseln Hawaii, Oahu und Kauai je zwei, und zwar je eine größere und eine kleinere vorkommen. Bei ihnen ist, wie erwähnt, der
1 2 **Unterschnabel** kürzer, mitunter nur halb so lang wie der **Oberschnabel** und dabei stark gekrümmt. Die größere Art von Hawaii ist der dunkle Akihiloa ***Hemignathus obscurus***
3 ***Gm.***☞Fig. 26, der eine Gesamtlänge von 17,5 cm erreicht. Der **Schnabel** ist hier braunschwarz, fast halbkreisförmig abwärts gebogen, der obere 5,3 cm lang, der untere
4 aber um etwa 1 cm, nach Perkins um 2,6 cm kürzer; die **Nasenlöcher** haben häutige
5 Deckelchen; die **Füße** sind schmutzig braun, die Hinterzehe ist lang. Die allgemeine Farbe des Gefieders ist olivengrün, auf der Unterseite am hellsten, mit einem Stich ins

Gelbe. Die **Schwung**- und **Steuerfedern** sind dunkelgräulich, die letzteren ringsum schmal gelbgrün gesäumt; das **Beingefieder** ist gerade über der **Ferse** weiß.

6 7

8 9

Der Vogel bewohnt, wie Scott Wilson berichtet, die dichteren **Wälder** in Höhenlagen x
zwischen 350 und 800 m, wo er sich faule oder halbtote Ohiabäume zu Jagdgründen oder etwa 6 m hohe und 1,5 m dicke Baumfarne, kurz weichholzige Gewächse aussucht, die zahlreiche **Insekten** beherbergen, und die er leicht mit seinem Schnabel x
bearbeiten kann. Er ist ruhiger in seinen Bewegungen und fällt weniger auf als irgendein anderes Mitglied seiner Familie. Sein unscheinbares Gefieder ähnelt in der Farbe den Stämmen der von ihm bewohnten Bäume so sehr, daß man ohne seinen hellen, sehr charakteristischen Lockruf kaum ein Stück würde bekommen können.

Schon der sonderbare Schnabelbau läßt vermuten, daß der Akihiloa weniger als die meisten anderen Kleidervögel auf Honignahrung angewiesen ist. Nach den Beobachtungen von Perkins frißt er fast nur Insekten. Wenn er Nahrung sucht, so steckt er seinen langen, krummen Oberschnabel in kleine Löcher und Ritze der Baumstämme, den kurzen Unterschnabel aber stemmt er dabei an ihre Oberfläche, wodurch er einen wirkungsvollen Hebel zum Absprengen der Rinde erhält. Der Oberschnabel ist zwar nur sehr dünn, doch dabei sehr fest, zugleich aber biegsam. Seine Krümmung entspricht in der Regel derjenigen der Bohrgänge der Holzinsekten.

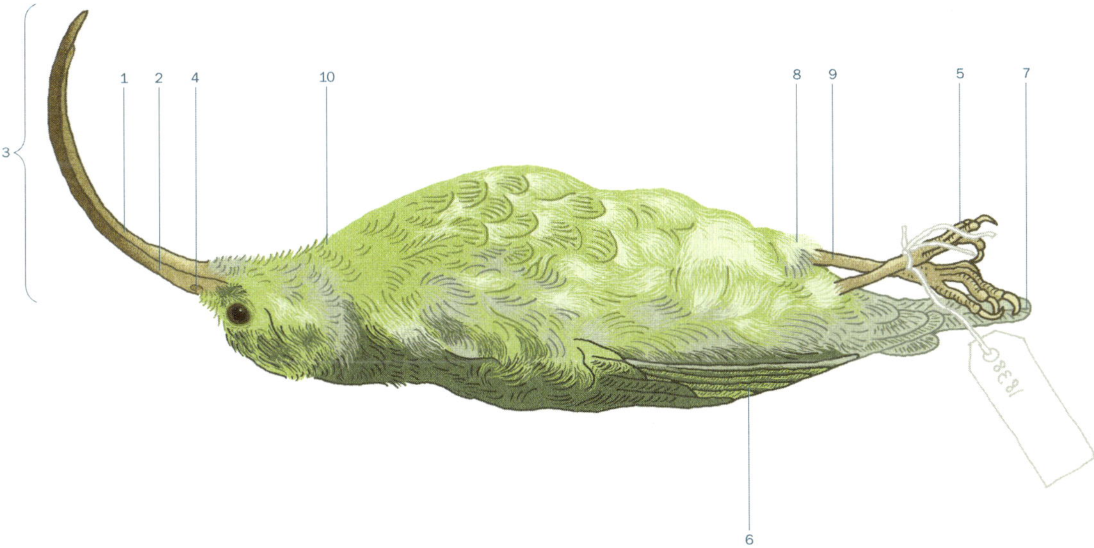


Fig. 25 **Oahu-Akiloa** *Hemignathus ellisianus ellisianus* (Originalgröße); Inv. Nr. ZMB 7918

Fig. 26 **Hawaii-Akiloa** *Hemignathus obscurus* (Originalgröße); Inv. Nr. ZMB 53.50

Wo das nicht der Fall ist, wird die Schwierigkeit durch die Biegsamkeit des Schnabels und durch eine wunderbare Gelenkigkeit und Beweglichkeit des **Halses** gehoben, durch die sich der Schnabel der Richtung der Bohrgänge leicht anschmiegt. Bei dem Herausziehen der Insekten hilft auch die dem Oberschnabel an Länge fast gleichkommende Zunge mit. Ab und zu versetzt der Vogel dem Stamm einige Schläge, die man ziemlich weit hört. Diese Schläge, deren Zweck ist, das Holz zu zerkleinern und die Insekten aufzustören, führt er mit großer Kraft und weit offenstehendem Schnabel, wobei er sich stark nach hinten zurückbiegt, um den nötigen Schwung beim Klopfen herauszubekommen. Nachdem der Akihiloa eine Reihe von Schlägen getan hat, unternimmt er zwischendurch einen kurzen Flug vom Stamme ab, währenddessen er wohl auch ein Insekt aus der Luft fängt. Hat er es verzehrt, so kehrt er befriedigt zu seiner Klopf- und Hackarbeit zurück. Der Gesang dieses Vogels ist kurz, aber ziemlich angenehm und, wie nach dem ganzen Wesen des Akihiloa zu erwarten, voll Lebenskraft und Liebeslust.⌋ +++

## **Mamo** *Drepanis pacifica* (J.F. Gmelin, 1788)

**Länge:** 23 cm **Gewicht:** keine Angaben **Lebenserwartung:** keine Angaben **Ehemaliges Verbreitungsgebiet:** Hawaii, USA **Zeitpunkt des Aussterbens:** 1899 **Ursachen des Aussterbens:** Jagd; Zerstörung des Lebensraums durch Rodung, Landwirtschaft, eingeschleppte Pferde, Hirsche und Pflanzen; Beute eingeschleppter Ratten und Katzen; Infektion mit Krankheiten durch eingeschleppte Vögel **Besonderes:** zutrauliches und neugieriges Tier

Die Sandwich-Inseln einschließlich des benachbarten Einlandes Laysan haben eine eigene und gar nicht kleine Familie für sich: Die etwa 40 Arten zählende Familie der Kleidervögel (Drepanididae). Diese erinnern in Bau, besonders auch in dem der Zunge, an die Honigfresser, sind aber auch schon mit den Coerebidae und mit den noch zu schildernden Blumenpickern zusammengestellt worden. Sehr merkwürdig ist die enorme Verschiedenartigkeit ihrer Schnabelbildung. Bei den typischen Formen, z.B. dem Scharlachroten Kleidervögelchen oder «Jiwi», *Vestiaria coccinea* Forst., ist
der **Schnabel** ziemlich lang, stark gebogen und sehr spitz; bei den Arten der Gattung 1
*Hemignathus* ist der **Oberschnabel** dünn und bedeutend verlängert, dabei fast in 2
einem Halbkreis abwärts gekrümmt, der **Unterschnabel** aber viel kürzer, zuweilen 3
nur halb so lang wie der obere; der Schnabel des Kernbeißer-Kleidervogels, *Loxioides bailleui* Oust., ist sehr stark und dick, dabei kurz, aber hoch, dem eines Kernbeißers
oder Papageien ähnlich. Im Gegensatz zu den Honigfressern trägt der **Flügel** nur zehn 4
**Handschwingen**, von denen aber die äußerste so sehr verkümmert ist und sich ver- 5
steckt, daß scheinbar nur neun vorhanden sind. Die Farbe des Gefieders ist meist mattgrün, oben dunkler als unten; die Männchen sind öfters lebhaft, besonders rot gezeich-

net; das des blutroten Kleidervögelchens oder «Agapane», *Himatione sanguinea* Gm.,
6 7 8 9 ist an **Rumpf, Hals** und **Kopf** blutrot und hat gräulichschwarze Flügel und **Schwanz**,
sein Weibchen ist statt rot matt gelblichbraun. Das Scharlachrote Kleidervögelchen, *Vestiaria coccinea*, ist ähnlich gefärbt und gezeichnet, nur fällt das Rot etwas mehr ins Gelbliche, aber nach Finsch sind beide Geschlechter gleich bunt.

Die Nahrung der meisten Kleidervögel ist die gleiche wie bei den vorigen Familien. Scott Wilson erzählt, die Ohiabäume *(Metrosideros)* auf den Sandwich-
x Inseln seien mit karminroten Blüten bedeckt, aus denen die Jiwis den **Honig**, der ihre
Hauptnahrung ausmache, naschten, daneben holten sie sich aus denselben Blüten
x auch noch kleine **Insekten**, und den frisch getöteten flösse der Nektar zum Schnabel
heraus. Nach demselben Gewährsmann folgt der Vogel den Blüten der Ohia, die,
x wenn sie im **Gebirge** bei 600 m abgeblüht hat, bei 1500 m in vollem Flor steht. Von
der Agapane sagt Perkins, sie suche sich Insekten zwischen den Blättern und Blüten der Waldbäume, picke aber auch nicht selten an deren Rinde nach Art der Spechte. *Himatione fraithi* Rothsch., von Laysan, saugt, von Blume zu Blume fliegend, Honig und fängt, nach Fisher, kleine Nachtschmetterlinge, die sie, wie ein Raubvogel seine Beute, mit den Füßen ergreift und beim Fressen hält. Sie verzehrt aber nur die weichen Teile von ihnen.

Eine merkwürdige Mitteilung macht Perkins. Danach entwickelt eine ganze Anzahl Vogelarten von Hawaii einen ganz besonderen Geruch, der sich mit keinem Geruche sonst vergleichen läßt, aber unter allen Umständen schlecht ist. Am stärksten ist er bei den Angehörigen der Gattung *Himatione*, und zwar so stark, daß, wenn sich eine Gesellschaft dieser Vögel in den Zweigen über einem Beobachter herumtreibt, die ganze ihn umgebende Luft davon erfüllt ist. Die leeren Nester dieser Gattung waren, auch wenn sie keine Jungen mehr enthielten, sofort an dem ihnen anhaftenden überwältigenden Geruch zu erkennen. Übrigens gilt dies auch für andere Kleidervögel; ja selbst ganz andere Familien entwickeln auf den Sandwich-Inseln üble Gerüche, und zwar, wie es scheint, unabhängig von der Nahrung.

Die Stimme der Kleidervögel ist in der Regel nicht unangenehm. Vom Jiwi sagt Scott Wilson, er habe einen eigentümlichen, hellen und kräftigen, wie von einer Flöte herrührenden Lockruf, daneben aber noch einen lieblichen, klagenden Gesang, den man bald nach Sonnenaufgang vernähme.

Die bunten Federn mancher Kleidervogelarten – daher ihr Name – dienen in ihrer Heimat seit allen Zeiten zum Verfertigen von Schmuck und Kleidungsstücken. Schon der jüngere Forstherr, der die Sandwich-Inseln 1773 mit Cook besuchte, erzählt, die Einwohner verfertigten sich Putz und verschiedene Kleidungsstücke aus den Federn eines karmesinroten Vogels – offenbar des Jiwis. «Hauptsächlich werden die Mäntel damit besetzt; das Frauenzimmer aber trägt auch Halsschnuren von eines Daumens Dicke, die gänzlich aus solchen Federn bestehen. Ebensolche Schnuren werden bei ihren feierlichen Tänzen bis auf sieben um den Kopf gewunden.» Beson-

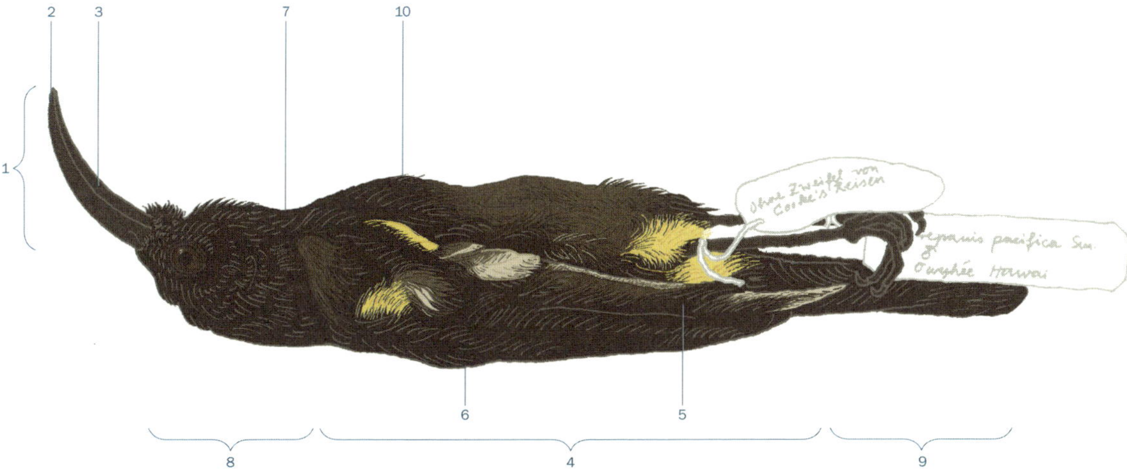


Fig. 27 **Mamo** *Drepanis pacifica* (4/7 der Originalgröße); Inv. Nr. NMW 50.735/VS/B

ders wurden, nach Scott Wilson, die **Brustfedern** zur Bereitung der Mützen oder Helme benutzt, die bloß die Häuptlinge tragen durften. Auch das Tragen von Staatskleidern, die aus den gelben Federn des jetzt fast ausgerotteten **«Mamo»** ☞ Fig. 27, *Drepanis pacifica* Gm., hergestellt wurden, war ein Vorrecht des Königs und der vornehmsten Häuptlinge. In der Herstellung des Staatskleides, das schließlich unter der Regierung Kamehamehas I. (1784–1810) fertig wurde, hatte man schon während der seiner acht Vorgänger gearbeitet. Es war über 3 m lang und über 1 m breit und sah aus wie ein Mantel von Gold. Die alten Könige hatten, laut Scott Wilson, einen besonderen Stab erfahrener Vogelfänger, die ihre Beute mit Vogelleim fingen.

Seit der Mamo ausgerottet ist, werden die verlängerten seitlichen goldgelben Brustfedern eines echten Honigfressers, des Moho oder D-o, *Acrulocercus nobilis* Merr., zum Schmuck verarbeitet.⌋ +++

# SÄUGETIERE MAMMALIA

# Ausgestorbene Säugetierarten und -unterarten; Verbreitung

**Arten insgesamt: 5416**
Ausgestorbene Arten und Unterarten: 103
In Wildnis ausgestorbene Arten und Unterarten: 5

047
037
048
040
056
060
027
065
050
057
033
030
058
053
024
028
023
059
087
086
093
036
092
025
064
035
091
089
015
026
052
085
084
081
088
046
090
012
003
005
080
006
083
008
062
049
029
002
082
011
014
004
007
051
010
013
009
031
001

## Ausgestorbene Säugetierarten und -unterarten; Ursachen*

|  |  |  |  |  |  |  | |
|---|---|---|---|---|---|---|---|
| X | X | | | | | | 001 **Beutelwolf** *Thylacinus cynocephalus* ☞ 103 |
| | | X | X | | | | 002 **Kleiner Kaninchennasenbeutler** *Macrotis leucura* |
| | | X | X | | | | 003 **Schweinsfußnasenbeutler** *Chaeropus ecaudatus* |
| X | | X | X | | | | 004 **Östlicher Bougainville-Langnasenbeutler** *Perameles bougainville fasciata* ☞ 107 |
| X | X | X | X | | | | 005 **Wüstenlangnasenbeutler** *Perameles eremiana* |
| X | | X | X | | | | 006 **Gaimard-Bürstenrattenkänguru** *Bettongia gaimardi gaimardi* ☞ 109 |
| X | | X | X | | | | 007 **Südöstliches Bürstenrattenkänguru** *Bettongia penicillata penicillata* ☞ 109 |
| | X | X | X | | | | 008 **Westliches Lesueur-Bürstenrattenkänguru** *Bettongia lesueur graii* ☞ 109 |
| X | X | X | X | | | | 009 **Nacktbrustkänguru** *Caloprymnus campestris* ☞ 116 |
| X | | X | X | | | | 010 **Eigentl. Breitkopfkänguru** *Potorous platyops* ☞ 117 |
| X | | | | | | | 011 **Weißhaarbänderhasenkänguru** *Lagostrophus fasciatus albipilis* ☞ 119 |
| X | | X | X | | | | 012 **Zentralaustral. Hasenkänguru** *Lagorchestes asomatus* |
| X | | | X | | | | 013 **Östl. Hasenkänguru** *Lagorchestes leporides* ☞ 121 |
| X | X | X | | | | | 014 **Toolache-Känguru** *Macropus greyi* ☞ 123 |
| X | | X | X | | | | 015 **Mondnagelkänguru** *Onychogalea lunata* ☞ 126 |
| X | | | | | | | 016 **Steller-Seekuh** *Hydrodamalis gigas* |
| ? | ? | ? | ? | ? | ? | ? | 017 **Sardischer Pfeifhase** *Prolagus sardus* |
| X | | | | | | | 018 **Miller-Spitzmaus** *Nesophontes hypomicrus* |
| X | | | | | | | 019 **Kleinnesophont** *Nesophontes micrus* |
| X | | | | | | | 020 **Große Hispaniola-Spitzmaus** *Nesophontes paramicrus* |
| X | | | | | | | 021 **Haiti-Spitzmaus** *Nesophontes zamicrus* |
| X | | | X | | | | 022 **Hispaniola-Schlitzrüssler** *Solenodon marcanoi* |
| X | | X | | | | | 023 **Panay-Riesenflughund** *Acerodon jubatus lucifer* ☞ 129 |
| X | | X | | | | | 024 **Chapman-Flughund** *Dobsonia chapmani* ☞ 129 |
| X | X | | X | | | | 025 **Nendo-Röhrennasenflughund** *Nyctimene sanctacrucis* ☞ 129 |
| X | X | | | | | | 026 **Percy-Island-Flughund** *Pteropus brunneus* ☞ 129 |
| X | X | | | | | | 027 **Okinawa-Flughund** *Pteropus loochoensis* ☞ 129 |
| X | | | | | | | 028 **Weichhaarflughund** *Pteropus pilosus* |
| X | X | | | | | | 029 **Rauchgrauer Flughund** *Pteropus subniger* |
| X | X | | | | | | 030 **Guam-Flughund** *Pteropus tokudae* ☞ 129 |
| ? | ? | ? | ? | ? | ? | ? | 031 **Große Neuseeland-Fledermaus** *Mystacina robusta* |
| X | | | | | | | 032 **Puerto-Rico-Blütenvampir** *Phyllonycteris major* |
| X | | | | | | | 033 **Sturdees Zwergfledermaus** *Pipistrellus sturdeei* ☞ 136 |
| X | X | | | X | | | 034 **Berber-Löwe** *Panthera leo* |
| X | X | | | | | | 035 **Bali-Tiger** *Panthera tigris balica* ☞ 137 |
| X | X | | | | | | 036 **Java-Tiger** *Panthera tigris sondaica* ☞ 137 |
| X | X | | | | | | 037 **Kaspischer Tiger** *Panthera tigris virgata* ☞ 137 |
| X | X | | | | | | 038 **Falkland-Inselwolf** *Dusicyon australis* |
| X | X | | | | | | 039 **Mexikanischer Braunbär** *Ursus arctos nelsoni* ☞ 153 |
| X | X | | | | | | 040 **Japan. Seelöwe** *Zalophus japonicus* ☞ 158 |
| X | X | | | | | | 041 **Karibische Mönchsrobbe** *Monachus tropicalis* ☞ 162 |
| X | X | | | | | | 042 **Schwarzfußiltis** *Mustela nigripes* ☞ 172 |

*v. l. n. r. nach Häufigkeit geordnet

| | | | | | | | |
|---|---|---|---|---|---|---|---|
| 043 **Seewiesel** *Mustela vison macrodon* | | x | | | | | |
| 044 **Big Thicket-Schweinenasenskunk** *Conepatus leuconotus telmalestes* ☞ 176 | x | x | | | | | |
| 045 **Barbados-Waschbär** *Procyon lotor gloveralleni* ☞ 179 | x | x | | | | | |
| 046 **Burchell-Steppenzebra** *Equus burchellii* | | x | | | x | | |
| 047 **Steppentarpan** *Equus caballus przewalskii* ☞ 185 | x | x | | x | x | | |
| 048 **Syrischer Wildesel** *Equus hemionus hemippus* ☞ 189 | x | x | | | | | |
| 049 **Quagga** *Equus quagga* ☞ 192 | x | x | | | | | |
| 050 **Unterart des Sumatra-Nashorns** *Dicerorhinus sumatrensis lasiotis* | x | x | | | | | |
| 051 **Kapwarzenschwein** *Phacochoerus aethiopicus aethiopicus* ☞ 196 | x | x | | x | | | |
| 052 **Madagassisches Flusspferd** *Hippopotamus lemerlei* | ? | ? | ? | ? | ? | ? | ? |
| 053 **Schomburgk-Hirsch** *Rucervus schomburgki* ☞ 200 | x | x | | | | | |
| 054 **Nordafrikanische Kuhantilope** *Alcelaphus buselaphus buselaphus* ☞ 209 | x | x | | | | | |
| 055 **Rotgazelle** *Eudorcas rufina* | | x | | | | | |
| 056 **Saudische Gazelle** *Gazella saudiya* | | x | | | | | |
| 057 **Arabische Gazelle** *Gazella arabica* ☞ 211 | x | x | | | | | |
| 058 **Jemen-Gazelle** *Gazella bilkis* | x | | | | | | |
| 059 **Kenianischer Bleichbock** *Ourebia ourebi kenyae* ☞ 215 | x | x | | | | | |
| 060 **Ägyptischer Mähnenspringer** *Ammotragus lervia ornatus* ☞ 218 | x | x | | | x | | |
| 061 **Eigentlicher Spanischer Steinbock** *Capra pyrenaica pyrenaica* ☞ 226 | | x | | x | x | x | |
| 062 **Blaubock** *Hippotragus leucophaeus* | x | | | | | | |
| 063 **Säbelantilope** *Oryx dammah* ☞ 233 | x | x | | | | | |
| 064 **Roberts-Litschi-Wasserbock** *Kobus leche robertsi* ☞ 238 | x | x | x | | | | |
| 065 **Dangs-Königsriesenhörnchen** *Ratufa indica dealbata* | ? | ? | ? | ? | ? | ? | ? |
| 066 **Goff-Pinientaschenratte** *Geomys pinetis goffi* | x | x | | x | | | |
| 067 **Nördliche Mazama-Gebirgstaschenratte** *Thomomys mazama tacomensis* | x | | | | | | |
| 068 **Kansas-Lemmingmaus** *Synaptomys cooperi paludis* | | | x | | | | |
| 069 **Nebraska-Lemmingmaus** *Synaptomys cooperi relictus* | | | x | | | | |
| 070 **Chadwick-Beach-Baumwollmaus** *Peromyscus gossypinus restrictus* | x | | | | | | |
| 071 **Pemberton-Hirschmaus** *Peromyscus pembertoni* | ? | ? | ? | ? | ? | ? | ? |
| 072 **Helle Strandmaus** *Peromyscus polionotus decoloratus* | x | | x | x | | | |
| 073 **Martinique-Riesenreisratte** *Megalomys desmarestii* | x | x | | | | | |
| 074 **Saint-Lucia-Riesenreisratte** *Megalomys luciae indefessus* | | | x | x | | | |
| 075 **Darwin-Reisratte** *Nesoryzomys darwini* | | | x | | | | |
| 076 **Eigentl. Santa-Cruz-Reisratte** *Nesoryzomys indefessus* | | | x | | | | |
| 077 **Maria-Madre-Reisratte** *Oryzomys nelsoni* | ? | ? | ? | ? | ? | ? | ? |
| 078 **Arizona-Baumwollratte** *Sigmodon arizonae* | | | | x | | | |
| 079 **Hot Springs-Baumwollratte** *Sigmodon fulviventer goldmani* | ? | ? | ? | ? | ? | ? | ? |
| 080 **Weißfußkaninchenratte** *Conilurus albipes* | | | x | x | | | |
| 081 **Kleine Häschenratte** *Leporillus apicalis* | ? | ? | ? | ? | ? | ? | ? |

| | | | | | | | |
|---|---|---|---|---|---|---|---|
| | | x | x | | | | 082 **Große Australische Hüpfmaus** *Notomys amplus* |
| | | x | x | x | x | x | 083 **Langschwänzige Australische Hüpfmaus** *Notomys longicaudatus* |
| | | x | x | | | | 084 **Großohrige Australische Hüpfmaus** *Notomys macrotis* |
| | | x | x | | | | 085 **Darling-Downs Hüpfmaus** *Notomys mordax* |
| ? | ? | ? | ? | ? | ? | ? | 086 **Verhoevens Baumratte** *Papagomys theodorverhoeveni* |
| ? | ? | ? | ? | ? | ? | ? | 087 **Flores-Langnasenratte** *Paulamys naso* |
| x | | | | | | | 088 **Goulds Australische Kleinmaus** *Pseudomys gouldii* |
| | | x | x | | x | | 089 **Maclear-Ratte** *Rattus macleari* |
| | | x | x | | x | | 090 **Weihnachtsinsel-Ratte** *Rattus nativitatis* |
| ? | ? | ? | ? | ? | ? | ? | 091 **Flores-Höhlenratte** *Spelaeomys florensis* |
| ? | ? | ? | ? | ? | ? | ? | 092 **Riesenratte** *Uromys imperator* |
| ? | ? | ? | ? | ? | ? | ? | 093 **Guadalcanal-Riesenratte** *Uromys porculus* |
| ? | ? | ? | ? | ? | ? | ? | 094 **Antillen-Stachelschwein** *Sphiggurus pallidus* |
| | x | | | | | | 095 **Große Kuba-Stachelratte** *Boromys offella* |
| | x | | | | | | 096 **Torres Kuba-Stachelratte** *Boromys torrei* |
| | x | x | | | | | 097 **Gefräßige Hispaniola-Stachelratte** *Brotomys voratus* |
| | | x | | | | | 098 **Little-Swan-Island-Ferkelratte** *Geocapromys thoracatus* |
| ? | ? | ? | ? | ? | ? | ? | 099 **Haiti-Ferkelratte** *Hexolobodon phenax* |
| | x | | | | | | 100 **Bergferkelratte** *Isolobodon montanus* |
| | x | | | | | | 101 **Veloz-Ferkelratte** *Plagiodontia ipnaeum* |
| ? | ? | ? | ? | ? | ? | ? | 102 **Lemke-Wurzelferkelratte** *Rhizoplagiodontia lemkei* |
| ? | ? | ? | ? | ? | ? | ? | 103 **Schwere Ferkelratte** *Quemisia gravis* |

**Beutelwolf** *Thylacinus cynocephalus* (Harris, 1808)

**Länge:** 150 cm **Gewicht:** 15–30 kg **Lebenserwartung:** bis 14 Jahre **Ehemaliges Verbreitungsgebiet:** Tasmanien, Australien **Zeitpunkt des Aussterbens:** 1936 **Ursachen des Aussterbens:** Zerstörung des Lebensraums durch Abholzung von Wäldern für Weideflächen; massive und organisierte Jagd auf das durch die Dezimierung seines Lebensraums und den damit einhergehenden Verlust seiner Nahrungsgrundlagen zum Reißen von Schafen gezwungene Tier **Besonderes:** Größtes raubendes Beuteltier; Aufklappen des Unterkiefers bis zu 90° beim Verzehr der Beute

Der **Beutelwolf** ☞Fig. 28, Zebra- oder Beutelhund *(Thylacinus cynocephalus, Didelphys, Dasyurus* und *Peracyon cynocephalus)*, der einzige jetzt lebende Vertreter einer besondern Sippe, trägt seinen Namen nicht mit Unrecht; denn er scheint in der That
ein wilder Hund zu sein. Sein gestreckter **Leib**, die Gestalt des **Kopfes**, die stark 1 2
abgesetzte **Schnauze**, die aufrechtstehenden **Ohren** und die **Augen** sowie der auf- 3 4 5
rechtgetragene **Schwanz** erinnern an letztern; nur sind die Glieder verhältnismäßig 6
kurz, und das **Gebiß** ☞Fig. 29 weicht wesentlich von dem der Hunde ab. In jedem
obern **Kiefer** finden sich vier, im untern drei **Schneidezähne**, außerdem oben wie 7 8
unten je ein **Eckzahn**, drei **Lück-** und vier **Backen-**, zusammen also sechsundvierzig 9 10 11
Zähne. Die Beutelknochen werden nur durch sehnige Knorpel vertreten.

Der Beutelwolf ist das größte aller fleischfressenden Beutelthiere. Seine Leibeslänge beträgt über 1 Meter, die Länge des Schwanzes 50 Centim., alte Männchen sollen, wie man behauptet, noch merklich größer werden und im ganzen etwa 1,9 Meter in der Länge messen. Der kurze, locker anliegende Pelz ist graubraun, auf dem Rücken
zwölf- bis vierzehnmal quergestreift. Die **Rückenhaare** sind am Grunde dunkelbraun 12

Fig. 28 **Beutelwolf** *Thylacinus cynocephalus* (1/9 der Originalgröße); Inv. Nr. NMW ST 132

13 und vor der dunklen Spitze auch gelblichbraun, die **Bauchhaare** blaßbraun an der
Wurzel und bräunlichweiß an der Spitze. Der Kopf ist hellfarbig, die Augengegend
14 weißlich; am vordern **Augenwinkel** findet sich ein dunkler Flecken und über dem
15 Auge eine Binde. Die **Krallen** sind braun. Nach dem Hintertheile zu verlängern sich
16 die Rückenhaare und erreichen auf dem **Schenkel** ihre größte Entwickelung. Das Fell
ist nicht eben fein, sondern kurz und etwas wollig. Der Schwanz ist bloß an der
Wurzel mit weichen, sonst aber mit steifen Haaren bedeckt. Der Gesichtsausdruck
des Thieres ist ein ganz anderer als beim Hunde, und namentlich das weiter gespaltene
17 **Maul** sowie das größere Auge fallen auf.

Der Beutelwolf bewohnt Tasmanien oder Vandiemensland. In den ersten Tagen der europäischen Ansiedelung fand er sich sehr häufig, zum größten Nachtheile und

Aerger der Viehzüchter, deren Schafherden und Geflügelbeständen er fleißig Besuche abstattete. In der Folge vertrieb ihn das Feuergewehr mehr und mehr, und gegenwärtig ist er in das Innere zurückgedrängt worden. In den Hampshire- und Woolnorshbergen findet man ihn noch immer in hinreichender Anzahl, am häufigsten in einer Höhe von etwa tausend Meter über dem Meere. Felsspalten in dunklen, dem Menschen fast unzugänglichen Schluchten, natürliche oder selbstgegrabene tiefe Höhlen bilden seine Zufluchtsorte während des Tages, und von hier aus unternimmt er seine Raubzüge. Er ist ein nächtliches Thier und scheut das helle Licht im hohen Grade. Die außerordentliche Empfindlichkeit seiner Augen gegen die Tageshelle verräth das unaufhörliche Zucken der Nickhaut: keine Eule kann das Auge sorgsamer vor dem widerwärtigen Glanze des Lichtes zu schützen suchen als er. Wahrscheinlich wegen dieser Empfindlichkeit ist er bei Tage langsam und ungeschickt, bei Nacht dagegen munter, rege und sogar wild und gefährlich; denn er scheut den Kampf nicht und geht meistens als Sieger hervor, weil seine einzigen Feinde eben bloß Hunde sein können. Wenn er auch nicht der wildeste aller Raubbeutler ist, übertrifft er doch seine sämmtlichen Familienverwandten an Stärke und Kühnheit und verdient schon aus diesem Grunde seinen Namen. Er ist wirklich ein echter Wolf und richtet im Verhältnisse zu seiner Größe ebensoviel Schaden an wie sein nördlicher Namensvetter.

Die Nahrung des Zebrahundes besteht aus allen kleineren Thieren, welche er erlangen und überwältigen kann, und zwar aus **Wirbelthieren** ebensowohl wie aus wirbellosen, von den **Kerbthieren** und **Weichthieren** an bis zu den Strahlenthieren herab. Wo die **Gebirge** bis an die **Seeküsten** reichen und die Ansiedler noch nicht

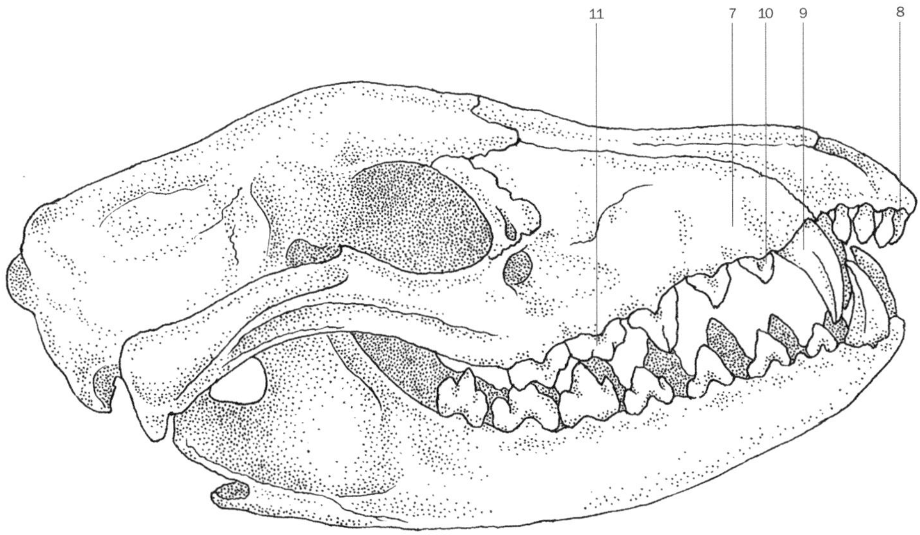


Fig. 29 Gebiß eines Beutelwolfs

festen Fuß gefaßt haben, streift er zur Nachtzeit am Strande umher, schnüffelt und sucht die verschiedenartigsten Thiere zusammen, welche die Wellen ausgeworfen haben. **Muschel**- und andere **Weichthiere,** welche so häufig gefunden werden, scheinen die Hauptmasse seiner Mahlzeiten zu bilden, falls ihm das Glück nicht wohl will und ihm die See ein Leckergericht bereitet, indem sie ihm einen halbverfaulten **Fisch** oder Seehund an den Strand wirft. Aber der Beutelwolf unternimmt auch schwierigere Jagden. Auf den **grasreichen Ebenen** und in den niedrigen, parkähnlichen **Waldungen** verfolgt er das schnelle Buschkänguru und in den Flüssen und Tümpeln das Schnabelthier, trotz dessen Schwimm- und Tauchfertigkeit. Wenn er besonders hungrig ist, verschmäht er keine Speise und läßt sich nicht einmal von dem spitzigen Kleide des Ameisenigels zurückschrecken. So unglaublich es auch scheint, daß ein Raubthier eine Beute verzehren kann, deren Haut mit nadelscharfen Stacheln besetzt ist, so gewiß weiß man dies von dem Beutelwolfe; denn man hat Ueberreste des Stachelfelles der Ameisenigel in seinem Magen gefunden.

Man fängt das Thier, wenn es seine Raubzüge bis zu den Ansiedelungen ausdehnt, in Fallen oder jagt es mit Hunden. Letzteren gegenüber versteht es sich gut zu vertheidigen und zeigt dabei eine Wildheit und Bösartigkeit, welche mit seiner geringen Größe in keinem Verhältnisse steht. Im Nothfalle kämpft es wahrhaft verzweifelt und macht einer ganzen Hundemeute zu schaffen.

Ueber das Gefangenleben des Beutelwolfes ist wenig zu berichten. Wie seine ganze Verwandtschaft dumm und geistlos, vermag er kaum mehr als flüchtige Theilnahme zu erregen.

Frisch gefangene sollen sich im Anfange sehr trotzig und widerspenstig geberden, mit Katzenbehendigkeit in ihrem Käfige oder im Gebälke eines Hauses umherklettern und Sätze von zwei bis drei Meter Höhe ausführen. Bei langer Gefangenschaft legt sich wie die Beweglichkeit so auch das wilde Wesen angesichts eines Menschen; doch befreunden sich Beutelwölfe niemals wirklich mit ihrem Wärter, lernen denselben nur mangelhaft kennen und kaum von anderen Leuten unterscheiden, verhalten sich ihm gegenüber auch vollkommen gleichgültig und gerathen höchstens angesichts des ihnen dargereichten Fleisches einigermaßen in Aufregung. Im übrigen laufen sie stundenlang in ihrem Käfige umher, ohne um die Außenwelt sich viel zu kümmern, oder liegen ruhend und schlafend ebenso theilnahmlos auf einer und derselben Stelle. Ihr klares, dunkelbraunes Auge starrt dem Beobachter leer entgegen und entbehrt vollständig des Ausdrucks eines wirklichen Raubthierauges. Jedem Wildhunde und jeder Katze leuchtet das Wesen aus dem Auge hervor, in dem des Beutelwolfes dagegen vermag man nichts zu lesen als Geistlosigkeit und Beschränktheit. In dieser Hinsicht wird das Auge allerdings auch bei ihm zum Dolmetscher des Geistes. +++

004

## Östlicher Bougainville-Langnasenbeutler *Perameles bougainville fasciata* Gray, 1841* •

*Unterart von *P. bougainville,* im folgenden Text als «Eigentlicher Streifenbeuteldachs» benannt

**Länge:** 24–28 cm **Gewicht:** bis 250 g **Lebenserwartung:** 2–3 Jahre **Ehemaliges Verbreitungsgebiet:** Südosten Australiens **Zeitpunkt des Aussterbens:** um 1930 **Ursachen des Aussterbens:** Beute eingeschleppter Füchse, Marder, Katzen und Hunde; Zerstörung des Lebensraums **Besonderes:** Beutelöffnung nach hinten, dadurch guter Schutz vor Schmutz beim Graben des Nestes

⌈Die eigentlichen Beuteldachse oder Nasenbeutler (Gattung *Peramles* Geoffr.) enthalten die Hauptmasse der Familie, auf die gewöhnlich in Australien der Name Bandikut angewendet wird. Sie unterscheiden sich, abgesehen von Schädel- und Zahnmerkmalen, durch die mittellangen oder kurzen **Ohren,** welche die lange, spitze **Nase** 1 2
auffallender hervortreten lassen, und durch den Mangel der Bürste am Schwanzende.

(…) Der **eigentliche Streifenbeuteldachs** ☞Fig. 30, *P. bougainvillei fasciata* Gray, muß mit der scharf ausgeprägten, abwechselnd dunklen und hellen Querstreifenzeichnung des **Rumpfes** ein sehr hübsches Tierchen sein. Schade, daß es so wenig 3
lebend eingeführt wird! Hier hat man es noch nie gesehen; wir müssen daher wiederum auf den Altmeister Gould zurückgreifen.

«Diese elegante Art erfreut sich einer weiten Verbreitung über den Osten und Süden Australiens, wird aber mehr in den Teilen getroffen, die man in der Kolonie ‹das Innere› nennt, als zwischen dem Gebirge und dem Meere. In Neusüdwales sind es die **felsigen Bergrücken,** die aus den Gebieten nach dem Darling- und Namoiflusse zu abzweigen, wo man sie stets findet. In Südaustralien jagte ich den Streifenbeuteldachs selbst auf den Steinfeldern und Berghalden, welche sich nach der großen Krümmung des Murrayflusses hinabziehen. In meinen Aufzeichnungen finde ich

Fig. 30 **Östlicher Bougainville-Langnasenbeutler** *Perameles bougainville fasciata* (4/7 der Originalgröße)

folgende Angaben: 1. Juli 1839. Zum erstenmal den Streifenbeuteldachs erlegt in dem Revier, das den großen Busch an der Straße zum Murray begrenzt. Ich störte das Tier von dem Kamme eines der felsigen Bergrücken auf; nach einer scharfen Jagd von ungefähr 100 Yards suchte es Schutz unter einem Stein und wurde leicht erbeutet. Es eilte über den Erdboden dahin mit ganz bedeutender Schnelligkeit und mit einer Bewegung ganz ähnlich dem Galopp eines Schweines. Diesem ist es auch ähnlich in der Zähigkeit, mit der sein Fell am Fleisch hängt. Bei Öffnung des Magens fand sich, daß er die Reste von Raupen und anderen **Insekten** enthielt, einige **Samen** und faserige **Wurzeln**. Das Fleisch erweist sich, gebraten, als ein delikates, vortreffliches Essen, wie das der meisten, wenn nicht aller Mitglieder der Gattung.»⌋ +++

008 007 006

**Gaimard-Bürstenrattenkänguru** *Bettongia gaimardi gaimardi* (Desmarest, 1822)* • [1]

**Südöstliches Bürstenrattenkänguru** *Bettongia penicillata penicillata* Gray, 1837** • [2]

**Westliches Lesueur-Bürstenrattenkänguru** *Bettongia lesueur graii* (Gould, 1841)*** • [3]

*Unterart von *Bettongia gaimardi*, die der Familie der Rattenkängurus (Potoroidae) angehört und im folgenden Text allgemein beschrieben wird

**Unterart von *Bettongia penicillata*, im folgenden Text allgemein beschrieben

***Unterart von *Bettongia lesueur*, im folgenden Text allgemein beschrieben

[1] **Länge:** 65 cm **Gewicht:** 1,2 – 2,3 kg **Lebenserwartung:** 3 – 6 Jahre **Ehemaliges Verbreitungsgebiet:** Osten Australiens **Zeitpunkt des Aussterbens:** 1910 **Ursachen des Aussterbens:** Zerstörung des Lebensraums; Beute eingeschleppter Füchse und Hauskatzen **Besonderes:** Benutzung von 5 – 6 Nestern zur selben Zeit; zum Greifen geeigneter Schwanz, dadurch zusätzliches Werkzeug beim Transport von Nahrung und Nestmaterial

[2] **Länge:** 64 cm **Gewicht:** 1,1 – 1,6 kg **Lebenserwartung:** 4 – 6 Jahre **Ehemaliges Verbreitungsgebiet:** Südostaustralien **Zeitpunkt des Aussterbens:** 1923 **Ursachen des Aussterbens:** Beute eingeschleppter Füchse und Katzen; Zerstörung des Lebensraums **Besonderes:** Einzelgänger außer während Balz, Paarung und Aufzucht der Jungen; nachtaktiv; zum Greifen geeigneter Schwanz, dadurch zusätzliches Werkzeug beim Transport von Nahrung und Nestmaterial

[3] **Länge:** 67 cm **Gewicht:** 1 – 1,5 kg **Lebenserwartung:** 2 – 4 Jahre **Ehemaliges Verbreitungsgebiet:** Westaustralien **Zeitpunkt des Aussterbens:** 1960er Jahre **Ursachen des Aussterbens:** Beute eingeschleppter Wildkaninchen, Hausrinder, Schafe, Katzen und Füchse; Jagd **Besonderes:** ein Männchen und mehrere Weibchen pro sozialer Gruppe; Höhle mit kurzem Tunnel und ein bis zwei Eingängen oder große Höhle mit bis zu 100 Eingängen und mehr als 50 Individuen verschiedener Gruppen

Fig. 31 **Gaimard-Bürstenrattenkänguru** *Bettongia gaimardi gaimardi* (⅖ der Originalgröße)

⌈Die kleinen Springbeutler der zweiten Unterfamilie, die vier Gattungen und neun
Arten umfaßt, nennt man Känguruhratten (POTOROINAE). Sie ähneln den größeren
Verwandten sehr, unterscheiden sich aber außer der geringen Größe durch die langen
12 **Nägel** an den Mittelzehen der **Vorderglieder** und hauptsächlich durch das Gebiß, das
im Oberkiefer immer Eckzähne, meistens in guter Ausbildung, besitzt. Die Unter-
familie ist auf das Festland Australien und Tasmanien beschränkt. Die Gattungen

und Arten unterscheiden sich bei genauer wissenschaftlicher Untersuchung durch
Schädel- und Zahnmerkmale leicht, äußerlich am lebenden Tiere aber schwer. Da
müssen die genaueren Längen-, Form- und Behaarungsverhältnisse des **Schwanzes** 3
helfen, und außerdem verwendet Thomas vielfach bei allen Känguruhartigen das
«Rhinarium», die **Muffel**, d.h. den mehr oder weniger unbehaarten und mit gekör- 4
nelter Haut überzogenen Zwischenraum zwischen den **Nasenlöchern** in seiner ver- 5
schiedenen Form und Ausdehnung. Zwei Gattungen schließen sich insofern den
übrigen Beuteltierfamilien noch mehr an, als bei der einen (*Bettongia* Gray) der
Schwanz angeblich greiffähig, bei der andern (*Potorous* Desm.) die Ortsbewegung
weniger ausgeprägt springend ist. Das stützt natürlich die allgemeine Ansicht, daß
die springenden und erdbewohnenden Beuteltiere von kletternden Baumbewohnern
abzuleiten sind. Die dritte und vierte Känguruhrattengattung (*Aepyprymnus* Garrod
und *Caloprymnus* Thos.) haben nur je eine Art; die letztere vereinigt Merkmale der
drei anderen in sich, ist aber gerade deshalb von Thomas in seinem Katalog abge-
trennt worden.

Die mehr oder weniger greifschwänzigen Arten hat man eben deswegen Opos-
sumratten (*Bettongia* Gray) genannt. Ihr Schwanz ist dicht behaart, und die Haare
sind oben länger als unten; dadurch entsteht eine Art «**Bürste**». Die Nasenkuppe ist 6
ganz nackt und hat einen mittleren Ausläufer nach unten, der in einer Spitze endigt.
Die **Ohren** sind sehr kurz und rundlich; dadurch erscheint der **Kopf** im **Stirnteil** breit, 7 8 9
und das gibt dem Känguruhrattenkopf ein vom Känguruhkopf verschiedenes Aus-
sehen. Thomas hebt noch besonders hervor, daß die Opossumratten die einzigen am
Boden lebenden Tiere sind, die doch einen Greifschwanz haben, und nimmt auf die
Gouldsche Erzählung und Abbildung Bezug, wonach die Tiere tatsächlich Gras und
Reiser mit dem Schwanze tragen. Die vier Arten *B. cuniculus* Og., ***B. gaimardi*** **Desm.**
☞Fig. 31, *B. penicillata* Gray und *B. lesueuri* Quoy et Gaim. erklärt er für sehr ver-
schieden und leicht bestimmbar durch Schädel- und Zahnmerkmale, aber äußerlich
ausnehmend ähnlich.

Eine der größten Arten der Känguruhratten ist die durch ganz Australien, mit Ausnahme des äußersten Nordens, verbreitete **Opossumratte** Gray ☞Fig. 32, *Bettongia penicillata* ein Tier von Kaninchengröße mit sehr kurzen, runden Ohren und ziemlich langen Haaren. Die Farbe der Oberseite ist graubraun mit schwarzer und weißer Sprenkelung, die der Unterseite schmutzig weiß oder gelblich. Die Opossumratte ist durch einen Kamm langer, schwarzer, buschiger Haare im Enddrittel des Schwanzes besonders ausgezeichnet und im ganzen 67 cm lang, wovon auf den Schwanz 31 cm gerechnet werden müssen. Über Lebensweise und Betragen teilt Gould, der das Tier Jerboa-Känguruh (Springmaus-Känguruh) nennt, etwa das Nachstehende mit: «Gleich den übrigen Arten der Sippe gräbt sich die Opossumratte eine Höhlung im Boden zur Aufnahme ihres dickwandigen Grasnestes aus, dessen Aussehen mit der Umgebung so vollkommen im Einklange steht, daß man es ohne die sorgfältigste

Fig. 32 **Südöstliches Bürstenrattenkänguru** *Bettongia penicillata penicillata* (¼ der Originalgröße); Inv. Nr. ZMB 2419

Prüfung sicher übersieht. Der Platz wird regelmäßig zwischen Grasbüscheln oder in der Nähe eines Busches gewählt. Bei Tage liegt eins oder ein Paar der Tiere in solchem Neste, den Blicken gänzlich entzogen, weil es die durch das Einkriechen entstehende Öffnung immer sorgfältig bedeckt oder schließt. Die Eingebornen freilich lassen sich nicht täuschen. Sie entdecken fast jedes Nest und töten dann beinahe immer die Schläfer innerhalb desselben durch einen Schlag mit ihrer Keule. Sehr merkwürdig ist es, wie diese Zwergkänguruhs das dürre Gras zu ihrem Neste herbeischaffen. Es geschieht dies nämlich mit Hilfe des Schwanzes, der sehr greiffähig ist. Das Tier faßt mit ihm einen Büschel und schleppt denselben zum bestimmten Orte: wie sonderbar und belustigend dies aussieht, kann man sich denken. Auch im Gefangenleben schleppen sie sich in gleicher Weise die Stoffe zu ihrem Lager herbei; wenigstens taten es einige, welche der Earl von Derby unter möglichster Berücksichtigung ihrer Lebenserfordernisse in seinem Tierparke zu Knowsely hielt. In Australien beherbergen die
x **trockenen Ebenen** und Hügel, welche **spärlich mit Bäumen und Büschen bestanden**
x **sind,** unsere Tiere. Sie leben zwar nicht in Herden, aber doch in ziemlicher Anzahl zusammen. Erst nach Einbruch der Nacht gehen sie nach Futter aus. Sie äsen sich
x von **Gras** und **Wurzeln**, welch letztere sie durch Ausgraben gewinnen, und zwar, dank ihrer Geschicklichkeit, ohne Beschwerde. Dem Jäger verraten die ausgescharrten Löcher unter den Büschen ihr Vorhandensein. Wenn sie bei Tage gestört werden,

eilen sie mit überraschender Schnelligkeit irgend einer schützenden Erd-, Fels- oder Baumhöhle zu und bergen sich hier gewöhnlich in erwünschter Weise.» Der zweite schon oft hier angezogene Beuteltierkenner, Krefft, dagegen schreibt: «Sie ist nicht sehr schnell und leicht zu fangen, sogar von gewöhnlichen Hunden. Ich habe zeitweise einige gefangen gehalten in einer Umzäunung von 7 Fuß hohen Fichtenstangen, die sie mit einer erstaunlichen Gewandtheit erkletterten; so entwichen sie mir oft. Am Tage fand ich sie stets in eine Ecke geduckt, fest schlafend ☞Fig. 33, den Schwanz zwischen den Hinterbeinen nach vorne gelegt, den Kopf zwischen den **Pfoten.**» Shortridge bestreitet neuerdings (1906) die Greiffähigkeit des Schwanzes trotz der Abwärtskrümmung. Er fand diese Känguruhratten massenhaft auf seiner Sammelreise durch Westaustralien und nennt sie «große Kehrichtfeger», die nachts alle im Lager herumliegenden Brocken aufsammeln. Dabei sind sie wunderbar vertraut, kommen auf zwei Schritt heran, wenn man ruhig sitzt, so daß man ihnen einen Stockschlag versetzen kann. Scheu gemacht, sind sie aber ebenso erstaunlich rasch, wissen Haken zu schlagen und den Hund deart zu äffen, daß ein solcher sie nachts nicht fangen kann. Am Tage ist dies eher möglich, weil der Flüchtling dann geradewegs dem nächsten Schlupfwinkel zustrebt. (…)

Fig. 33 Schlafendes Südöstliches Bürstenrattenkänguru (¼ der Originalgröße)

Über das Leben der **südwestaustralischen** ☞Fig. 34 *Bettongia lesueuri* Quoy et Gaim. Berichtet Gilbert: «Sie ist ein echtes Herdentier, vor denen die ausgewühlte Erde große Hügel bildet. Die Öffnungen sind nicht, wie gewöhnlich, einfach runde Löcher, sondern in Form von Tunnels mit senkrechten Seiten ausgegraben, so korrekt wie mit dem Spaten. Diese Bauten werden gewöhnlich an der **Uferbank** angelegt, die sich am Bach oder Fluß hinzieht, und sind sehr zahlreich längs beider Ufer des Avonflusses. Ich machte mehrere versuche, sie auszugraben; es mißlang ihr aber jedesmal, weil die Bauten bis zu einer Tiefe von 6 bis 7 Fuß, manchmal noch tiefer angelegt sind und einer in den andern übergeht in endloser Verwirrung. Die Boordee (Eingeborenenname für das Tier) geht ausschließlich zur Nacht auf Nahrung aus, und wenn man sich zu Sonnenuntergang nahe bei den Eingängen zu den Bauten ruhig ansetzt, so kann man viele schießen, entweder beim Ausfahren aus der Röhre oder beim Äsen in der unmittelbaren Nachbarschaft. Sie ist eines der schädlichsten Tiere für den Garten des Ansiedlers, das in Westaustralien vorkommt, weil sie jede Pflanzenart annimmt, besonders Erbsen und Bohnen, und ich kenne keine Art von dieser Größe, die ein so lautes stampfendes Geräusch hervorbringt, wenn sie aufgestört über die Erde dahinhüpft. Außer diesem Geräusch mit den Füßen stößt sie auch, im ersten Augenblick, wenn sie abspringt, eine ganz einzigartige Reihenfolge von Tönen aus, die ich nicht

Fig. 34 **Westliches Lesueur-Bürstenrattenkänguru** *Bettongia lesueur graii* (¼ der Originalgröße); Inv. Nr. ZMB 80010

glaube beschreiben zu können. Viele Exemplare, die mir die Eingeborenen brachten, waren ganz mißfarbig entweder durch ihre schmutzigen Röhren oder durch den lehmigen Boden, in dem sie gefangen waren. Ein bemerkenswerter Umstand bei diesem Tier ist noch, daß äußerst schwer Exemplare zu treffen sind, deren Fell auf dem
**Rücken** nicht mehr oder weniger abgeschabt wäre, und ich habe oft Stücke geschossen, 11
die auf einem Teile des Rückens ganz haarlos waren. Ob dies die Folge einer Krankheit oder äußerer Umstände ist, kann ich nicht sagen; aber die Felle mehrerer, die ich untersuchte, hatten ein sehr ähnliches Aussehen wie die von räudigen Hunden.» Hier scheint die nächstliegende Erklärung, daß die Tiere sich einfach den Rückenpelz abschaben, wenn sie in ihren weitverzweigten Erdhöhlen hoppelnd umherkriechen, daß dort häufige Beißereien stattfinden, die Männchen die Weibchen und sich untereinander verfolgen usw. «Die Boordee ist auf das Innere beschränkt, und abgesehen von den oben beschriebenen Höhlenbauten haust sie manchmal auch zwischen den Felsen.» Shortridge bestätigt 1906 die Schilderungen der geselligen Lebensweise, hebt gebührend hervor, daß Lesueurs Opossumratte neben Ohrenbeuteldachs (und Wombat) das einzige wirklich höhlengrabende Beuteltier ist, und vergleicht ihr Leben und Treiben treffend mit dem in einer Kaninchenansiedlung.

In dem zoologischen Teil des Berichts über die «Horn Scientific Expedition to Central Australia» wird *B. lesueuri* von Spencer 1896 das «gemeine Sandhügel-Rattenkänguruh» genannt, «nach der Zahl und der Größe seiner Höhlen zu urteilen, vielleicht die gemeinste Beuteltierform auf den Sandflächen und Sandhügeln (…) Dort sahen wir sie oft auch bei Tage, und sie hatte uns gar manchmal zum Narren, mit wunderbarer Hurtigkeit und Gewandtheit zwischen dem Buchwerk und den Stachelschweingrasbüscheln auftauchend und wieder verschwindend.»⌋ +++

009

## Nacktbrustkänguru *Caloprymnus campestris* (Gould, 1843) *

*im folgenden Text als «Steppenkänguruhratte» bezeichnet

**Länge:** 63 cm **Gewicht:** 0,6 – 1 kg **Lebenserwartung:** 10 – 13 Jahre **Ehemaliges Verbreitungsgebiet:** Zentralaustralien **Zeitpunkt des Aussterbens:** 1932 **Ursachen des Aussterbens:** Jagd; Zerstörung des Lebensraums; Beute eingeschleppter Füchse und Katzen

⌈Die **Steppenkänguruhratte** ☞ Fig. 35, der ebenfalls zu besonderer Gattung erhobene
1 *Caloprymnus campestris* Gould, ist, nach Gould, an dem plumpen **Kopf**, der gelben Farbe an den Seiten und dem eigentümlichen straffen Haarkleid leicht zu erkennen
x und von anderen Arten zu unterscheiden. Nach Waterhouse sind die **steinigen** und
x x **sandigen Ebenen** im Innern Südaustraliens, die teilweise mit **Busch** bekleidet sind, ihre natürliche Heimat.⌋ +++

Fig. 35 **Nacktbrustkänguru** *Caloprymnus campestris* (¼ der Originalgröße)

## Eigentliches Breitkopfkänguru *Potorous platyops* (Gould, 1844)

**Länge:** 46 cm **Gewicht:** 0,5–0,8 kg **Lebenserwartung:** keine Angaben **Ehemaliges Verbreitungsgebiet:** Südwesten Australiens **Zeitpunkt des Aussterbens:** um 1885 **Ursachen des Aussterbens:** Zerstörung des Lebensraums durch eingeschleppte Wildkaninchen; Beute eingeschleppter Füchse und Katzen **Besonderes:** Einrichtung von Trampelpfaden für schnelles Vorankommen im Dickicht; vierbeiniges Krabbeln bei langsamer Fortbewegung; zweibeiniges Hüpfen bei sehr schneller Fortbewegung; territoriale, nachtaktive Einzelgänger

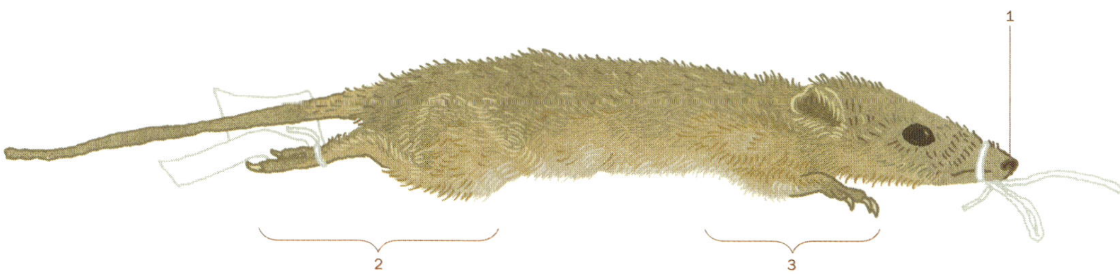


Fig. 36 **Eigentliches Breitkopfkänguru** *Potorous platyops* (⅓ der Originalgröße); Inv. Nr. ZMB 2392

⌜Bei der Gattung *Potorous* Desm. *(Hypsiprymnus)* hebt Thomas neben der nackten
1 2 **Nase** ganz besonders die kurzen **Hinterbeine** hervor, die durchaus nicht unverhältnismäßig länger sind als die vorderen und so tatsächlich eine tiefgehende Verschiedenheit ausmachen. Denn die Ortsbewegung kann davon nicht unbeeinflußt bleiben, und Thomas erklärt auch die Mitglieder dieser Gattung für «weit weniger springend als irgendwelche anderen Känguruhartigen». Er stützt sich dabei auf Gould oder vielmehr auf Beobachtungen, die dessen Zeichner Richter an Exemplaren des Londonder Gartens gemacht hat: «Obwohl diese Tiere ebensoviel auf den Hinterbeinen stehen wie die Bettongien, laufen sie doch auf ganz andere Weise, in einer Art Galopp, bei
3 dem sie die **Vorderbeine** ebensogut gebrauchen als die hinteren; sie versuchen auch niemals, mit den Hinterbeinen zu schlagen.»

Die Arten *P. tridactylus* Kerr, *P. gilberti* Gould, ***P. platyops* Gould** ☞Fig. 36 sind äußerlich höchst ähnlich und ändern auch in ihren Schädelmerkmalen so beträchtlich ab, daß eine sichere Bestimmung nichts weniger als leicht ist.⌟ +++

## **Weißhaarbänderhasenkänguru** *Lagostrophus fasciatus albipilis* (Gould, 1842)* •

*Unterart von *Lagostrophus fasciatus,* im folgenden Text allgemein beschrieben

**Länge:** 70–90 cm **Gewicht:** 2,1–3 kg **Lebenserwartung:** 4–6 Jahre **Ehemaliges Verbreitungsgebiet:** Südwesten Australiens **Zeitpunkt des Aussterbens:** 1906 **Ursachen des Aussterbens:** Beute eingeschleppter Füchse **Besonderes:** Deckung des Wasserbedarfs ausschließlich durch in Pflanzennahrung enthaltene Feuchtigkeit

Die einzige Art der Gattung *Lagostrophus*, das **Gebänderte Känguruh** ☞Fig. 38, *Lagostrophus fasciatus* Per. Et Les., bildet Gould in Lebensgröße ab: graugelblich, mit hellen Grannenhaaren und der eigentümlichen braunen Querbänderung, die bis auf den halben **Rücken** heraufreicht und durch einen Längsstrich über dem Rückgrat in 1
der Mitte verbunden ist. In die Wissenschaft führten es Péron und Lesueur ein, die ihm bei der Erforschung der Westküste Australiens auf der Dirk Hartogs- und benachbarten Inseln begegneten. Dort lebt es in niedrigen, undurchdringlichen Dickichten, die von einer Mimosenart gebildet werden. «Von diesen Büschen beißt es die niedrigeren Zweige und Dornen ab und bildet sich so miteinander verbundene Gänge, in die es sich bei Gefahr flüchtet.» Später zeigte sich, daß das Bänderkänguruh eine weite Verbreitung auch auf dem australischen Festland hat. Goulds Sammler Gilbert fand es weit im Innern der Schwanenflußkolonie und gibt an, daß es von den Eingeborenen «Marnine» genannt wird. «Es findet sich nur im allerdicksten Gestrüpp, in den Niederungen und an den Rändern von **Sümpfen**, wo der kleine Melaleuca-Busch so dick x
wächst, daß es für einen Menschen ganz unmöglich ist, sich einen Weg hineinzubahnen. Das Tier rennt darunter hin und entschwindet selbst dem raschen Auge der Eingeborenen. Während eines Ausfluges ins Innere war Gilbert so glücklich, einen seiner Schlupfwinkel zu kreuzen, aber so dicht war der Pflanzenwuchs, daß er nach drei

Tagen schwerer Arbeit nur imstande war, ein einziges Exemplar zu beschaffen. Er fügt hinzu, daß das Tier in Gesellschaft mit dem ‹Damas› *(M. eugenii)* zu laufen scheint. Dieser war aber häufiger, zeigte sich fortwährend und täuschte ihn dadurch; der Pflanzenwuchs war viel zu dick, um den einen vom andern unterscheiden zu können, ehe man sie geschossen hatte. Die Eingeborenen haben die Gewohnheit, diese Dickichte alle drei Jahre abzubrennen, und vernichten auf diese Weise große Mengen der Tiere.

(…) «Als Péron und Lesueur die Inseln besuchten, trugen alle Weibchen Junge im Beutel, und die Hingebung, mit der sie ihre Sprößlinge zu retten suchten, war wahrhaft bewundernswürdig. Obwohl verwundet, flüchteten sie mit dem Jungen im Beutel und ließen nicht davon ab, bis sie, überwältigt von Mattigkeit und Blutverlust, es nicht
2 länger schleppen konnten; dann hielten sie an und, sich auf die **Hinterbeine** kauernd,
3 halfen sie dem Jungen mit den **Vorderfüßen** aus dem Beutel und suchten es in Sicherheit zu bringen.» Ob hier nicht das einfache instinktive Herauswerfen aus dem Beutel mit einem vermenschlichenden Nimbus umgeben ist, scheint zweifelhaft.⌋ +++

Fig. 38 **Weißhaarbänderhasenkänguru** *Lagostrophus fasciatus albipilis* (¼ der Originalgröße)

## **Östliches Hasenkänguru** *Lagorchestes leporides* (Gould, 1841) *

*im folgenden Text auch als «Hasenspringer» bezeichnet

**Länge:** 60 cm **Gewicht:** 2–2,3 kg **Lebenserwartung:** 4–6 Jahre **Ehemaliges Verbreitungsgebiet:** Mitte und Südosten Australiens **Zeitpunkt des Aussterbens:** um 1890 **Ursachen des Aussterbens:** Zerstörung des Lebensraums für Weideflächen; Beute eingeschleppter Katzen und Füchse; Futterkonkurrenz durch eingeschleppte Hasen

Gould trennt von den Känguruhs auch eine andere kleinere Art, den **Hasenspringer**
☞Fig. 37 *(Macropus leporoides, Lagorchestes leporoides)*, so genannt, weil er in Wesen
und Färbung vielfach an einen Hasen erinnert. Seine Länge beträgt 60 Centim., wo-
von etwa 35 Centim. auf den **Schwanz** kommen. Der **Leib** ist gestreckt, die **Läufe** und 1 2 3
**Klauen** sind schlank, die kleinen **Vorderpfoten** mit scharfen, spitzigen **Nägeln** be- 4 5 6
wehrt. Die **Schnauze** ist sammetartig behaart, die **Ohren**, welche innen mit langen, 7 8
weißen Haaren, außen mit kurzen, schwarzen und weißen bekleidet sind, laufen spitz
zu. Der übrige Pelz zeigt das so schwer zu beschreibende Farbengemisch der Hasen;
die Haare der Oberseite sind am Grunde schwarz, sodann röthlichbraun, hieraus
rostweiß und endlich schwarz, an **Brust** und **Bauch** grau und rost-weiß gefärbt. Ein 9 10
dunkler Flecken steht auf dem **Unterschenkel**; die Läufe sind grau gesprenkelt, die 11
Schnauzenhaare schwarz und weiß. Der Hasenspringer bewohnt den größten Theil
des innern Australien und erinnert auch in seiner Lebensweise vielfach an unsern
Hasen. Wie dieser, ist er ein Nachtthier, welches sich bei Tage in ein tief ausgegrabenes
Lager drückt und Jäger und Hunde nahe auf den Leib kommen läßt, bevor er auf-
springt, in der Hoffnung, daß sein mit dem Boden gleichgefärbtes Kleid ihn verbergen
müsse. Wirklich täuscht er die Hunde oft, und auch, wenn er vor ihnen flüchtet, wen-
det er gewisse Listen an, indem er, wie Freund Lampe, plötzlich Haken schlägt und so

Fig. 37 **Östliches Hasenkänguru** *Lagorchestes leporides* (¼ der Originalgröße); Inv. Nr. NMW ST 1398

eilig als möglich rückwärts flüchtet. Eine Beobachtung, welche Gould machte, verdient erwähnt zu werden. «In einer der Ebenen Südaustraliens», erzählt er, «jagte ich ein Hasenkänguruh mit zwei flinken Hunden. Nachdem es ungefähr eine Viertelmeile laufend zurückgelegt hatte, wandte es sich plötzlich und kam gegen mich zurück. Die Hunde waren ihm dicht auf den Fersen. Ich stand vollkommen still, und so lief das Thier bis gegen sechs Meter an mich heran, bevor es mich bemerkte. Zu meinem großen Erstaunen bog es jedoch weder zur Rechten noch zur Linken aus, sondern setzte mit einem gewaltigen Sprunge über meinen Kopf weg. Ich war nicht im Stande, ihm einen Schuß nachzusenden.» +++

## Toolache-Känguru *Macropus greyi* Waterhouse, 1846*

*im folgenden Text als «Greys Känguruh» bezeichnet

**Länge:** 120 cm **Gewicht:** keine Angaben **Lebenserwartung:** keine Angaben **Ehemaliges Verbreitungsgebiet:** Süden Australiens und Victoria **Zeitpunkt des Aussterbens:** 1940 **Ursachen des Aussterbens:** Jagd; Zerstörung des Lebensraums für Weideflächen; Beute eingeschleppter Füchse **Besonderes:** Fähigkeit, während der Säugephase eines ersten Jungen die Entwicklung eines Embryos durch eine «embrionische Diapause» zeitlich aufzuschieben, da eine gleichzeitige Aufzucht mehrerer Jungen nicht möglich

⌈Zuletzt schildern wir eine Gruppe zart grau und weißlich gefärbter, zierlich dunkelgezeichneter Wallabies mittlerer Größe, die sowohl zu den kleinen wie zu den großen Känguruhs Beziehungen haben.

**Greys Känguruh** ☞Fig. 39, *Macropus greyi* Gray (Kopfrumpflänge 81 cm), schreibt Thomas nach Schädel und Gebiß eine nähere Verwandtschaft mit den kleinen Wallabies zu, obwohl es äußerlich dem Rothalskänguruh und anderen mittelgroßen Arten sehr ähnelt. Thomas erkennt die Stammverwandtschaft namentlich aus dem kleinen Hirnkasten, der Form und der schwachen Entwicklung der Schneidezähne und gewissen Eigentümlichkeiten der Nasenbeine, und da er in allen Gruppen eine Zunahme der Körpergröße von entsprechender Zunahme des Fazialinder begleitet sieht, dieser aber beim Greys Känguruh sehr hoch ist, so glaubt er, die Art als «ein verhältnismäßig spät, neuerdings (in der Erdgeschichte) erst großgewordenes Mitglied der Gruppe der kleinen Wallabies» betrachten zu müssen.

Greys Känguruh schließt sich in der Färbung noch einigermaßen an das Rothalskänguruh an durch rötlichen Ton auf **Nacken** und **Schultern** und gelbliche Seiten, 1 2
wird aber am **Bauch**, **Schwanz** und den Gliedmaßen ganz hell. Die schwarze Gesichts- 3 4

Fig. 39 **Toolache-Känguru** *Macropus greyi* (1/6 der Originalgröße); Inv. Nr. NMW ST 1363

5 6 Hand- und Fußzeichnung ist namentlich am **Kopf** unterhalb des **Auges** gegen die wei-
7 8 9 ßen **Backen** und am **Handgelenk** gegen die rahmfarbigen **Unterarme** scharf abgesetzt;
10 11 an den **Füßen** geht sie mehr allmählich in die helle Farbe der **Unterschenkel** über. Von den beiden folgenden, nach dem allgemeinen Färbungscharakter hier mit ihm zusammengestellten Arten unterscheidet sich Greys Känguruh durch die hinten röt-
12 lichen, im obersten Drittel schwarz gerandeten **Ohren**, deren Randzeichnung an der Spitze sich sehr verbreitert.

Seine starken und ebenmäßigen **Hintergliedmaßen**, die gegen die schwachen, ver- 13
kümmerten **Vorderglieder** einen großen Gegensatz bilden, deuten schon auf rasche 14
Bewegungen hin, und in der Tat ist Greys Känguruh eines der flüchtigsten und behen-
desten seiner Gattung. Seine Lieblingsplätze sind die Niederungen nahe der **Seeküste**, x
besonders niedere Sandhügel und offene Gründe, wo die Erdoberfläche kahl und
eben ist. Dazu steht auch zweifellos die Form seiner **Klauen** in Beziehung, die mehr 15
zugespitzt und dornartig sind als bei irgendeiner andern Art.

«Die Landschaft, in der es lebt», zitiert Gould einen Gewährsmann Strange, der
Greys Känguruh zwischen dem Albertsee und dem Glenelggebirge (bei Adelaide) be-
obachtet hat, «sind weite, offene Ebenen, die von ausgedehnten Salzlagunen durch-
zogen und von **Nadelwäldern** eingefaßt werden. An schönen, sonnigen Tagen ist es in x
dem Salzwasserbusch um die Lagunen und mitten in dem langen **Gras** auf den Ebenen x
zu finden. Ich sah niemals ein Tier, das so schnell auf den Füßen ist wie diese Art; es scheint sich nicht zu beeilen, bis ihm die Hunde hübsch nahegekommen sind; dann aber schießt es davon, immer ein kurzer und ein langer Sprung, die Hunde weit hinter sich lassend. Bei nassem Wetter bleibt es auf den Sandhügeln. Ich habe mit vier schnellen Hunden zwanzig Hetzen an einem Tage gemacht und nicht eins bekommen.»

Von lebender Einführung des Greys Känguruh hat man nie etwas gehört, obwohl man solche in Anbetracht der engeren Heimat des Tieres von vornherein für sehr wahrscheinlich halten sollte.⌋ +++

## Mondnagelkänguru *Onychogalea lunata* (Gould, 1841)*

*im folgenden Text als «Halbmondkänguruh» bezeichnet

**Länge:** 100 cm **Gewicht:** 2,8–3,5 kg **Lebenserwartung:** 8–11 Jahre **Ehemaliges Verbreitungsgebiet:** Süden und Westen Australiens **Zeitpunkt des Aussterbens:** 1956 **Ursachen des Aussterbens:** Zerstörung des Lebensraums durch eingeschleppte Schafe und Rinder; Beute eingeschleppter Füchse und Hunde

⌈Die Nagelschwanzkänguruhs (*Onychogalea* Gray), die ganz Australien, aber nicht in Tasmanien vorkommen, «bilden eine natürliche kleine Gruppe», sagt Thomas, «die durch die Form der Schneidezähne und den eigentümlichen hornigen Auswuchs an der Schwanzspitze ausgezeichnet ist. Dieses letztere Merkmal ist ganz einzig unter den Beuteltieren und findet sich unter den übrigen Säugetieren nur beim Löwen, der zuweilen einen ähnlichen Hornstachel am Schwanzende hat.» Wie beim Löwen ist dieser so genannte Schwanzstacheln einfach eine Anschuppung der Oberhaut, begünstigt durch die langen, steifen Haare der Schwanzquaste, welche die abgestorbenen Hautschuppen zwischen sich festhalten.

1 Weitere Gattungskennzeichen sind: die behaarte **Nasenmuffel** (bei einigen Arten einzig und allein die Nasenscheidewand am Grunde nackt); die lange, schmale, zu-
2 sammengedrückte und sehr scharfe mittlere **Hinterkralle**; der lange, sich verschmächtigende, kurzhaarige, nicht buschige, aber gegen die Spitze mehr oder weniger auf-
3 4 gebürstete **Schwanz** mit dem eigentümlichen Hornstachel oder **Nagel**.

Die Arten – es sind ihrer drei – unterscheiden sich äußerlich folgendermaßen: gelbrote Grundfarbe und sehr langen Schwanz mit großem, platten Nagel hat *O. unguifera* Gould aus Nordwest- und dem nördlichen Inneraustralien. Graue Grundfarbe und mittellangen Schwanz mit kleinen, rundem Nagel haben die beiden an-

Fig. 40 **Mondnagelkänguru** *Onychogalea lunata* (⅕ der Originalgröße); Inv. Nr. NMW ST 1370

deren Arten, die sich auch in der Fellzeichnung sehr ähnlich sind, und zwar reichen
bei *O. fraenata* Gould, aus Ostaustralien (Queensland bis Victoria), die weißen Schul-
5 terstreifen bis in den **Nacken**, der in der Mitte schwarz oder grau ist; bei *O. lunata*
6 Gould, aus West- und Südaustralien, enden sie schon auf dem **Schulterblatt**, und der
Nacken ist dunkelrot.(…)

Das **Halbmondkänguruh** ☞Fig. 40, *Onychogalea lunata* Gould, das wohl von der ungefähr halbmondförmigen Gestalt seiner Schulterstreifen so genannt ist, ähnelt dem vorigen sehr; abgesehen von den oben bereits erwähnten Merkmalen, dem kürzeren Schulterstreifen und dem roten Nacken, unterscheidet es äußerlich nur der dunklere Grundton der Oberseite, der nicht so rein grau, sondern überall mehr oder weniger rötlich durchmischt ist. Gould erklärt das Mondkänguruh deshalb für «sicher weniger schmuckvoll, und es ist auch viel kleiner in allen seinen Maßen».

«Ich hatte keine Gelegenheit, es in der Freiheit selbst zu beobachten; aber Gilberts
Angaben unterrichten mich, daß der ‹Waurong›, unter welchem Namen die Einge-
x borenen das Tier kennen, in den **Gummiwäldern** Westaustraliens gefunden wird, wo
es Stellen mit dichtem Busch und geschlossenen Dickichten gibt. Auf den offenen Blößen dazwischen wird es gelegentlich gesehen, wenn es sich sonnt, aber beim leichtesten Geräusch flüchtet es unverzüglich in den Schutz des dichten Busches. Den Hunden gelingt es manchmal, es auf offene Stellen herauszutreiben, worauf es, wie die Känguruhratten, zum nächsten Baumloch rennt und dann leicht gefangen wird. Der Waurong macht kein Nest, sondern nur eine Vertiefung im weichen Grund zwischen dichtem Gebüsch, in der er während der Tageshitze liegt. (…) Es ist zu bedauern, daß dieses sowohl wie andere Känguruhs die zarten Tinten ihrer Färbung verlieren, wenn die Felle dem Licht ausgesetzt werden; dies geht im vorliegenden Falle so weit, daß es schwer fällt, Museums- und frische Exemplare als zur selben Art gehörig zu erkennen.» Daher erscheinen auch die Gouldschen Tafeln oft so «grell und bunt» nicht nur gegen ausgestopfte Schaustücke, sondern ganz ebensooft gegen lebende Neuankömmlinge, die von der langen Reise im Kasten mitgenommen sind.⌋ +++

**Panay-Riesenflughund** *Acerodon jubatus lucifer* (Eschholtz, 1831) *•[1]
**Chapman-Flughund** *Dobsonia Chapmani* Rabor, 1952 *°[2]
**Nendo-Röhrennasenflughund** *Nyctimene sanctacrucis* Troughton, 1931 *[3]
**Percy-Island-Flughund** *Pteropus brunneus* Dobson, 1878 *°[4]
**Okinawa-Flughund** *Pteropus loochoensis* Gray, 1870 *[5]
**Guam-Flughund** *Pteropus tokudae* Tate, 1934 *°[6]

*im folgenden Text durch die Unterfamilie der «Eigentlichen Flughunde (Pteropodinae)» beschrieben

030 027 026 025 024 023

[1] **Längе:** 26–35 cm **Gewicht:** 0,9–1,0 kg **Lebenserwartung:** 15–20 Jahre **Ehemaliges Verbreitungsgebiet:** Panay-Insel, Phillippinen **Zeitpunkt des Aussterbens:** 1892 **Ursachen des Aussterbens:** Jagd; Zerstörung des Lebensraums **Besonderes:** nahezu einziger Bestäuber von über 300 Pflanzenarten

[2] **Länge:** 16–22 cm **Gewicht:** keine Angaben **Lebenserwartung:** bis 16 Jahre **Ehemaliges Verbreitungsgebiet:** Negros-Insel und Cebu-Insel, Phillippinen **Zeitpunkt des Aussterbens:** 1970 **Ursachen des Aussterbens:** Jagd; Zerstörung des Lebensraums **Besonderes:** Eindruck eines nackten Rückens durch Wuchs der Flughäute direkt am Rückgrat; Schlafplatz in Höhlen, Felsspalten und hohlen Baumstämmen

[3] **Länge:** 7–13 cm[A] **Gewicht:** 20–90 g[A] **Lebenserwartung:** keine Angaben **Ehemaliges Verbreitungsgebiet:** Santa-Cruz-Inseln, Salomonen **Zeitpunkt des Aussterbens:** 1907 **Ursachen des Aussterbens:** Jagd; Zerstörung des Lebensraums; Beute eingeschleppter Katzen **Besonderes:** Ausstoßen von sehr hohen Pfeiftönen vermutlich durch ca. 6 mm lange Röhren an den Nasenlöchern; auffällig gelbe Punktzeichnung an Oberarmen

[4] **Länge:** keine Angabe **Gewicht:** keine Angabe **Lebenserwartung:** keine Angabe **Ehemaliges Verbreitungsgebiet:** Percy-Insel, Australien **Zeitpunkt des Aussterbens:** 1994 **Ursachen des Aussterbens:** Jagd; Zerstörung des Lebensraums

[5] **Länge:** 20–24 cm **Gewicht:** 330–500 g **Lebenserwartung:** 8–16 Jahre **Ehemaliges Verbreitungsgebiet:** Okinawa, Japan **Zeitpunkt des Aussterbens:** 1996 **Ursachen des Aussterbens:** Jagd; Zerstörung des Lebensraums

[6] **Länge:** 14–15 cm **Gewicht:** 330–500 g **Lebenserwartung:** bis 18 Jahre **Ehemaliges Verbreitungsgebiet:** Guam **Zeitpunkt des Aussterbens:** 1968 **Ursachen des Aussterbens:** Jagd; Zerstörung des Lebensraums

Die Anzahl der vorweltlichen Fledermäuse, von denen man Kunde erlangt hat, ist sehr gering. In dem Bernsteine hat man Fledermaushaare und in verschiedenen Steinbrüchen versteinerte Knochenüberreste der Handflügler gefunden. Dagegen kennt man etwa dreihundert sicher unterschiedene Arten lebender Flatterthiere, von denen auf Europa ungefähr fünfunddreißig kommen. Eine außerordentlich große Formverschiedenheit, trotz der Aehnlichkeit im ganzen, macht die Einteilung und Bestimmung der Flatterthiere selbst für Forscher sehr schwierig. Uns genügt es, einige der eigenthümlichsten Formen zu betrachten.

Wer sich genauer über den Gegenstand unterrichten will, nehme Karl Kochs Buch: «Das Wesentlichste der Chiropteren» zur Hand: das Lesen dieses vortrefflichen Werkes hat mir einen Genuß bereitet, wie selten ein anderes ähnlicher Richtung. Die erste Unterabtheilung und Familie wird gebildet durch die **Flughunde** ☞Fig. 41–43 oder fruchtfressenden Fledermäuse (PTEROPINA).

Alle zu dieser Gruppe gehörigen Flatterthiere bewohnen ausschließlich die wärmeren Gegenden der alten Welt, namentlich Südasien und seine Inseln, Mittel- und Südafrika, Australien und Oceanien. Ihrer Größe wegen sind sie seit den ältesten Zeiten als wahre Ungeheuer verschrien worden. Sie, die harmlosen und gemüthlichen Thiere, hat man als scheußliche Harpyien und furchtbare Vampire angesehen; unter ihnen suchte man die greulichen Wesen der Einbildung, welche sich auf schlafende Menschen setzen und ihnen das Herzblut aussaugen sollten; in ihnen sah man die zur ewigen Verdammnis verurtheilten Geister Verworfener, welche durch ihren Biß unschuldige Lebende ebenfalls wieder zu Verworfenen verwandeln könnten. Kurz, der blühendste Aberglaube beschäftigte sich mit wahrem Behagen mit diesen Säugethieren, welche weiter nichts verschuldet haben, als etwas eigenthümlich gebildet zu sein, und in ihrer Ordnung einige kleine und eben wegen ihrer geringen Größe ziemlich unschädliche Mitglieder zu besitzen, welche sich des Frevels der Blutaussaugung allerdings schuldig machen.

Fig. 41 **Panay-Riesenflughund** *Acerodon jubatus lucifer* (½ der Originalgröße)

Die Naturwissenschaft kann die abergläubischen Leute – denn heute noch gibt es
gerade genug der Natur vollkommen entfremdete Unwissende, welche in unseren
Thieren scheußliche Vampire zu sehen glauben – besser über die fruchtfressenden
Fledermäuse oder Flughunde belehren. Sie haben so ziemlich die Fledermausgestalt,
aber eine viel bedeutendere Größe und einen gemüthlichen Hunde- oder Fuchskopf,
1 welcher ihnen den Namen Flughunde oder fliegende Füchse verschafft hat. Die **Flat-**
2 3 **terhaut,** und deshalb auch die Gliederung der **Arme** und **Beine** ist der anderer
4 5 Fledermäuse ähnlich; außer dem **Daumen** hat aber noch der **Zeigefinger** den krallen-
6 7 8 förmigen **Nagel.** Der **Nase** fehlt der Hautansatz, und die **Ohren** sind niemals mit einer
Klappe versehen. Hierdurch kennzeichnen sie sich also leicht von den übrigen
Fledermäusen. Das Gebiß besteht aus vier Schneidezähnen oben und unten, einem
Eckzahne in jedem und drei bis fünf Backenzähne im oberen, fünf bis sechs Backen-
zähnen im unteren Kiefer. Alle Backenzähne haben platte Kronen und eine mittlere
Längsfurche. Die unteren Schneidezähne fehlen den Mitgliedern einer Sippe.

Die Flughunde bewohnen am liebsten dunkle Waldungen und bedecken bei Tage
9 10 oft in unzählbarer Menge die Bäume, an deren Aesten sie, **Kopf** und **Leib** mit den
11 **Flügeln** umhüllt, reihenweise sich anhängen. In hohlen Bäumen findet man sie wohl
auch, und zwar zuweilen in einer Anzahl von mehreren hundert Stücken. In düsteren
x **Urwäldern** fliegen sie manchmal auch bei Tage umher; ihr eigentliches Leben beginnt
12 aber, wie das aller Flatterthiere, erst mit der Dämmerung. Ihr **scharfes Gesicht** und
ihre vortreffliche Spürnase lassen sie die Bäume ausfindig machen, welche gerade
x saftige und reife **Früchte** besitzen; zu diesem kommen sie einzeln, sammeln sich bald
in große Scharen und sind im Stande, einen solchen Baum vollkommen kahl zu
fressen. In Weinbergen erscheinen sie ebenfalls nicht selten in bedeutender Anzahl
und richten dann großen Schaden an; denn sie nehmen bloß die reifen und süßen
Früchte: die anderen überlassen sie den übrigen Fruchtfressern. Zuweilen unter-
nehmen sie weitere Wanderungen und fliegen dabei von einer Insel auf die andere,
manchmal über ziemlich breite Meeresarme weg. Die Früchte saugen sie mehr aus,
als sie dieselben fressen; den Faserstoff speien sie aus. Süße und duftige Früchte wer-
den anderen entschieden vorgezogen, und deshalb bilden Bananen, Feigen und
dergleichen, ebenso auch wohlschmeckende Beeren, zumal Trauben, ihre Lieblings-
nahrung. Wenn sie einmal in einem Fruchtgarten eingefallen sind, fressen sie die
ganze Nacht hindurch und verursachen dabei ein Geräusch, daß man sie schon aus
weiter Entfernung vernehmen kann. Durch Schüsse und dergleichen lassen sie sich
nicht vertreiben; denn so geschreckt fliegen sie höchstens von einem Baume auf den
anderen und setzen dort ihre Mahlzeit fort. Bei Tage sind sie sehr furchtsam und
ergreifen die Flucht, sobald sie etwas Verdächtiges bemerken. Ein Raubvogel bringt
sie in Aufregung, ein heftiger Donnerschlag geradezu in Verzweiflung. Sie stürzen
ohne weiteres von oben zur Erde herab, rennen hier im tollsten Eifer auseinander,
klettern an allen erhabenen Gegenständen, selbst an Pferden und Menschen, ge-

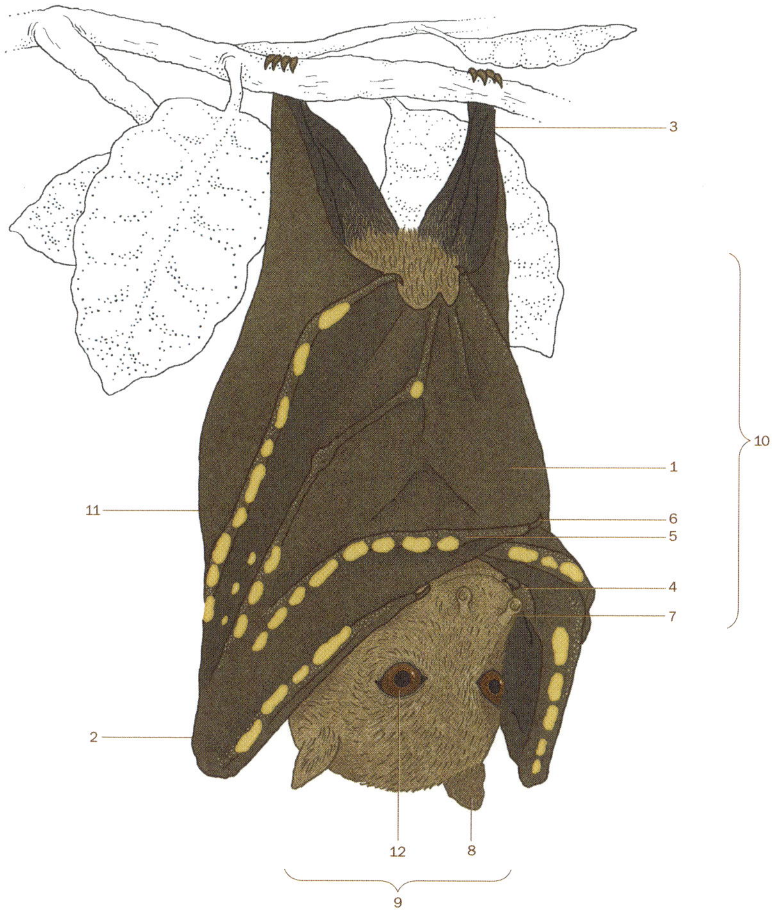


Fig. 42 **Nendo-Röhrennasenflughund** *Nyctimene sanctacrucis* (Originalgröße)

wandt in die Höhe, ohne sich beirren zu lassen, hängen sich fest, breiten die Flügel thun einige Schläge und fliegen dahin, um sich ein anderweitiges Versteck zu suchen. Ihr Flug ist rasch und lebhaft, aber nicht eben hoch; doch treibt sie ihre Furchtsamkeit bei Tage ausnahmsweise in eine Höhe von über hundert Meter empor. Sie können nur von erhabenen Gegenständen, nicht aber von der Erde abfliegen, sind jedoch ganz geschickt auf dieser und laufen wie die Ratten umher, klettern auch vorzüglich an Baumstämmen und Aesten bis in die höchsten Wipfel hinauf. Sie schreien viel, auch wenn sie ruhig an Bäumen hängen, und zwar eigenthümlich knarrend und kreischend, lassen zuweilen auch ein Zischen vernehmen wie Gänse.

x Das Weibchen bringt einmal im Jahre **ein** oder zwei **Junge** zur Welt, welche sich an der Brust festhalten und von der Mutter längere Zeit umhergetragen, sehr geliebt und sorgfältig rein gehalten werden.

In der Gefangenschaft werden sie nach geraumer Zeit zahm, gewöhnen sich auch einigermaßen an die Personen, welche sie pflegen, zeigen sogar eine gewisse Anhänglichkeit an solche. Sie nehmen ihnen bald das Futter aus der Hand und versuchen weder zu beißen noch zu kratzen. Anders ist es, wenn man sie flügellahm geschossen hat oder sie plötzlich fängt: dann wehren sie sich heftig und beißen ziemlich derb. Man nährt sie in der Gefangenschaft mit gekochtem Reis, allerlei frischen oder getrockneten Früchten, dem Marke des Zuckerrohrs und dergleichen; auch fressen sie dann und wann Kerbthiere. Wenn man ihnen Speisen und Getränke in der hohlen Hand vorhält, gewöhnt man sie bald daran, diese wie ein Hund zu belecken. Bei Tage sind sie ruhig, obgleich sie zum Fressen sich herbeilassen; abends aber geht ihr Leben an.

Der Nutzen, welchen diese Flatterthiere bringen, kann den von ihnen verursachten Schaden nicht aufheben; doch kommt der letztere in ihrer fruchtreichen Heimat nicht eben sehr in Betracht. Ihr Nutzen ist freilich auch gering. Sie werden gegessen, und man behauptet, daß das Fleisch, trotz seines unangenehmen Bisamgeruches, wohlschmeckend und dem Kaninchen- oder Feldhühnerfleische ähnlich sein soll. Namentlich junge Thiere, welche erst ein Alter von fünf Monaten erreicht haben, werden gerühmt. Selbst ihren Pelz soll man verwenden können.

Es ist anziehend und unterhaltend, die Ansichten verschiedener Völker über diese Thiere kennen zu lernen. Schon Herodot spricht von großen Fledermäusen in Arabien, welche auf der in Sümpfen wachsenden Pflanze Casia sich aufhalten, sehr stark sind und fürchterlich schwirren. Die Leute, welche die Casia sammeln, bedecken ihren ganzen Leib und das Gesicht bis auf die Augen mit Leder, um sie hierdurch von ihren Gesichtern abzuhalten, und können dann erst Ernte halten, «wiewohl Plinius sagt», fügt der alte Geßner hinzu, «daß diß falsch, vnd allein vmb Gewinns willen erdacht sei». Strabo erzählt, daß es in Mesopotamien, in der Nähe des Euphrat, eine ungeheuere Menge Fledermäuse gäbe, welche viel größer wären als an anderen Orten, gefangen und gegessen würden. Der Schwede Köping erwähnt zuerst, daß die Flatterhunde des Nachts in ganzen Herden hervorkämen, sehr viel Palmensaft tränken, davon berauscht würden und dann wie todt auf den Boden fielen. Er selbst habe einen solchen gefangen und an die Wand genagelt; das Thier aber habe die Nägel benagt und sie so rund gemacht, als wenn man sie befeilt hätte. Jeder unkundige Europäer, namentlich die weibliche Hälfte der Menschheit, erblickt in den Flederhunden entsetzliche Vampire und fürchtet sich fast vor den Ungeheuern. Die Hindus dagegen sehen in ihnen heilige Wesen. Als sich Hügel bei Nurpur befand und abends durch die Straßen ging, sah er über sich ein Thier fliegen, schoß mit seiner Doppelflinte nach ihm und erlegte eine Fledermaus von der Größe eines Marders. Augenblicklich rotteten sich die Leute zusammen, erhoben furchtbares Geschrei und wüthendes

Fig. 43 **Okinawa-Flughund** *Pteropus loochoensis* (⅔ der Originalgröße); Inv. Nr. ZMB 89364

Geheul und hielten ihm das gellende, kreischende Thier vor. Er sicherte sich dadurch, daß er sich mit dem Rücken an die Wand lehnte und die Flinte vorstreckte, konnte aber den Aufruhr nur durch eine Unwahrheit beschwichtigen, indem er sagte, er habe das Thier für eine Eule gehalten. +++

## Sturdees Zwergfledermaus *Pipistrellus sturdeei* Thomas, 1915* °

* im folgenden Text wird nur die Gattung der «Zwergfledermäuse» *(Pipistrellus)* allgemein beschrieben

**Länge:** 3,5 – 4,5 cm **Gewicht:** 3 – 8 g[A] **Lebenserwartung:** bis 14 Jahre[A] **Ehemaliges Verbreitungsgebiet:** Bonin-Insel, Japan **Zeitpunkt des Aussterbens:** 1915 **Ursachen des Aussterbens:** Zerstörung des Lebensraums **Besonderes:** nachtaktiv; Ernährung von bis zu 3000 Insekten pro Nacht; Echolot als Sinnesorgan

⌈Die kleinsten Mitglieder der Familie faßt man zu der Untergattung der Buschsegler oder **Zwergfledermäuse** (*Pipistrellus* Caup.) zusammen. Sie bilden eine weit über die Erde verbreitete, auch in zahlreichen ausländischen, noch wenig bekannten Arten vorkommende Gruppe und kennzeichnen sich durch das Gebiß, schlanken Flügelbau, der schnelle und mannigfaltige Flugbewegungen von großer Ausdauer zuläßt, sowie durch Eigenheiten des Ohrbaues. Das aus 34 Zellen zusammengesetzte Gebiß hat wie bei anderen Verwandten 4 durch eine Lücke getrennte Schneidezähne im Oberkiefer, 6 Vorderzähne im Unterkiefer, 1 Eckzahn, 1 Lückzahn und 4 Backzähne in jedem Kiefer oben und unten. Der Ohrdeckel ist nach oben verschmälert, mit der Spitze nach innen gerichtet und erreicht seine größte Breite in der Mitte. Der Schwanz wird von der Flughaut umschlossen.⌋ +++

**Bali-Tiger** *Panthera tigris balica* Schwarz, 1912* • [1]

**Java-Tiger** *Panthera tigris sondaica* Temminck, 1844* • [2]

**Kaspischer Tiger** *Panthera tigris virgata* (Illiger, 1815)* • [3]

* Unterart von «Tiger *(Panthera tigris)*», im folgenden Text allgemein als «*Felis tigris* L.» beschrieben

[1] **Länge:** 180–220 cm **Gewicht:** 80–100 kg **Lebenserwartung:** bis 20 Jahre **Ehemaliges Verbreitungsgebiet:** Bali, Indonesien **Zeitpunkt des Aussterbens:** 1970 **Ursachen des Aussterbens:** Jagd; Zerstörung des Lebensraums **Besonderes:** kleinste Tigerunterart

[2] **Länge:** 220–250 cm **Gewicht:** 75–141 kg **Lebenserwartung:** bis 18 Jahre **Ehemaliges Verbreitungsgebiet:** Java, Indonesien **Zeitpunkt des Aussterbens:** 1990 **Ursachen des Aussterbens:** Jagd; Zerstörung des Lebensraums

[3] **Länge:** 240–295 cm **Gewicht:** 90–240 kg **Lebenserwartung:** bis 18 Jahre **Ehemaliges Verbreitungsgebiet:** Südwestasien, Ostasien **Zeitpunkt des Aussterbens:** 1980 **Ursachen des Aussterbens:** Jagd; Anfang des 20. Jahrhunderts starke Dezimierung in der Region des Kaspischen Meers bei dem von der russischen Armee durchgeführten Projekt der Urbarmachung von Land; starke Dezimierung der Lebensgrundlage Großwild

⌈Dem Löwen schließen wir am besten den **Tiger** ☞Fig. 44, 45, 47, *Felis tigris* L., an, der in einem großen Teil Asiens an dessen Stelle tritt. Nur an einer kleinen Berührungsstelle in Persien und dem nordwestlichen Vorderindien greifen die Gebiete beider ineinander über. Der westliche Punkt seiner Verbreitung dürfte der Lenkoransche Kreis im Westen des Südufers des Kaspischen Meeres sein, von wo Satunin seinen *F. t. septentrionalis* Sat. beschrieben hat. Von hier geht die Westgrenze durch Persien nach

Vorderindien, die Nordgrenze durch Transkaspien, Turkestan, das Altaigebirge, längs der südsibirischen Grenze nach den Amurländern. In allen innerhalb dieser Grenzen und dem Meere gelegenen Tiefländern Asiens findet sich der Tiger. Dagegen betritt er nicht die Hochländer, wie z. B. Tibet, und geht selbst am Südrande des Himalaja nicht über 2000 m hoch. Auch fehlt er in einigen Gebieten Vorderindiens: im unteren Sind am Indus, in Katsch, an der Südspitze und der Koromandelküste sowie auf Ceylon. Er bewohnt von den Asien vorgelagerten Inseln nur Sumatra, Java und Bali. Der hier lebende Insel- oder **Sundatiger**, *F. t. sondaica* Fitz, zeichnet sich aus durch geringe Größe, glattes, glänzendes Fell von heller, graugelber Grundfarbe, worauf die schwarzen Streifen sehr dicht stehen. Dem Inseltiger ähnliche Formen gibt es in ganz Hinterindien, und auch sonst bildet der Tiger auf seinem gewaltigen Verbreitungsgebiet eine ganze Anzahl in Größe, Köperbau und Farbe verschiedene Lokalrassen.⌋

Der Königstiger *(Tigris regalis, Felis tigris)* ist eine herrliche, wunderschön ge-
zeichnete und gefärbte Katze. Höher, schlanker und leichter gebaut als der Löwe,
steht der Tiger doch keineswegs hinter diesem zurück. Seine Gesammtlänge von der
1 **Schnauze** bis zur Schwanzspitze beträgt 2,25 bis 2,6 Meter; es sind aber einzelne sehr
alte Männchen erlegt worden, bei denen die in derselben Weise gemessene Länge 2,9
Meter ergeben hat. Die gewöhnliche Körperlänge beträgt 1,6 Meter, die Länge des
2 3 **Schwanzes** 80 Centim., die Höhe am Widerriste ungefähr ebensoviel. Der **Leib** ist
4 etwas mehr verlängert und gestreckt, der **Kopf** runder als der des Löwen, der Schwanz
5 lang und quastenlos, die Behaarung kurz und glatt und nur an den **Wangen** bartmäßig
6 verlängert. Das Weibchen ist kleiner und sein **Backenbart** schwächer. Alle Tiger, wel-
che in nördlicher gelegenen Ländern wohnen, tragen ein viel dichteres und längeres
Haarkleid als diejenigen, deren Heimat die heißen Tiefländer Indiens sind. Die
Zeichnung zeigt die schönste Anordnung von Farben und einen lebhaften Gegensatz
zwischen der hellen, rostgelben Grundfarbe und den dunkelen Streifen, welche über
7 sie hinweglaufen. Wie bei allen Katzen ist die Grundfärbung auf dem **Rücken** dunkler,
8 an den Seiten lichter und auf der Unterseite, den Innenseiten der **Gliedmaßen**, dem
9 Hinterkörper, den **Lippen** und dem Untertheile der Wangen weiß. Vom Rücken aus
ziehen sich weit auseinanderstehende, unregelmäßige, schwarze Querstreifen in
10 schiefer Richtung etwas von vorn nach hinten, theils nach der **Brust**, theils nach dem
11 **Bauche** herab. Einige dieser Streifen theilen sich, der größere Theil aber ist einfach
und dann dunkler. Der Schwanz ist lichter als der Oberkörper, aber ebenfalls durch
12 dunkle Ringe gezeichnet. Die **Schnurren** haben weiße Färbung. Das große rund-
13 sternige **Auge** sieht gelblichbraun aus. Die Jungen sind genau so gezeichnet wie die
Alten, nur hat ihre Grundfärbung einen etwas helleren Ton.

Auch bei dem Tiger kommen verschiedene Abänderungen in der Färbung vor: die Grundfarbe ist dunkler oder lichter und in seltenen Fällen sogar weiß mit nebeligen Seitenstreifen. Eine ständige, d.h. regelmäßig in derselben Weise gestaltete und

Fig. 44 **Bali-Tiger** *Panthera tigris balica* (1/15 der Originalgröße)

gezeichnete Abart, möglicherweise bestimmt verschiedene Art, bewohnt Java und Sumatra. Der Javatiger, wie diese Art oder Abart von Thiergärtnern und Händlern genannt wird, ist stets kleiner, aber verhältnismäßig kräftiger als der Tiger des Festlandes und unterscheidet sich außerdem, auch dem blöderen Auge unverkennbar, durch die schmäleren, dunkleren, dichter stehenden Streifen.

Man sollte meinen, daß ein so prachtvoll gezeichnetes Thier schon von weitem allen Geschöpfen, denen es nachstrebt, auffallen müßte. Allein dem ist nicht so. Ich habe schon oben darauf hingewiesen, wie die Gesammtfärbung aller Thiere und die der Katzen insbesondere auf das innigste mit ihrem Aufenthaltsorte übereinstimmt, und brauche deshalb hier bloß an die **Dschungeln** oder **Rohrwälder**, an die **Grasdickichte** und die farbenreichen Gebüsche, in denen der Tiger hauptsächlich seine Wohnung aufschlägt, zu erinnern, um eine solche Meinung zu widerlegen. Selbst geübten Jägern geschieht es nicht selten, daß sie einen Tiger, welcher nahe vor ihnen liegt, vollständig übersehen.

(…) Ebenso wohl als in Dschungeln, rohr- und gestrüppreichen Graswäldern begegnet man dem Tiger in großen, hochstämmigen Waldungen bis zu einer gewissen Höhe über dem Meeresspiegel. Nach den herdenreichen Alpenweiden in den Hochgebirgen Asiens steigt er nicht empor; um so öfter kommt er dicht an die Dörfer, ja selbst an Städte heran. Die schilfbewachsenen Ufer der Flüsse, die undurchdringlichen Bambusgebüsche und andere Dickungen sind seine Lieblingsplätze; allen übrigen Orten aber soll er den Schatten unter einem buschigen Strauche, Korintha genannt, vorziehen, weil dessen Krone so dicht ist, daß sich kaum ein Sonnenstrahl zwischen den Zweigen hindurchstehlen kann. Die Zweige sind nämlich nicht bloß sehr verflochten, sondern hängen auch nach allen Seiten über und fast bis zur Erde herab, bilden also eine dunkle und äußerst schattige Laube, welche ihn ebenso gut vor dem Auge verbirgt, als sie ihm Kühlung gewährt. Diese Liebhaberei des Tigers für die Korintha ist so bekannt, daß bei Jagden die Treiber stets zuerst ihr Augenmerk auf jene Büsche richten. Hier verbirgt er sich, um zu ruhen, und von hier aus schleicht er an seine Beute heran, bis er so nahe gekommen ist, daß er sie mit wenigen Sätzen erreichen kann. In den baumarmen Steppen Südostsibiriens legt er sich, laut Radde, im Winkel vorspringender Felsen zur Tagesruhe nieder oder scharrt zwischen den Riedgrasbüschen einfach den Schnee weg, um auf so ungenügend erscheinendem Lager einen Theil des Tages zu verbringen. Er hat alle Sitten und Gewohnheiten der Katzen, aber sie stehen bei ihm im gleichen Verhältnisse zu seiner Größe. Seine Bewegungen sind anmuthig wie die kleinerer Katzen und dabei ungemein rasch, gewandt und ausdauernd. Er schleicht unhörbar dahin, versteht gewaltige Sätze zu machen, klettert trotz seiner Größe rasch und geschickt an Bäumen empor, schwimmt über breite Ströme und zeigt dabei immer bewunderungswürdige Sicherheit in der Ausführung jeder einzelnen Bewegung. Nach Radde geht er häufiger, als er trabt, ist im Stande, über Bäche von fast fünf Faden oder annähernd neun Meter zu springen und beinahe mit derselben Kraft wie ein Hirsch über breite, stark strömende Gewässer zu schwimmen.

Als ausschließliches Nachtthier kann man den Tiger nicht bezeichnen. Er streift wie die meisten Katzen zu jeder Tageszeit umher, wenn er auch den Stunden vor und nach Sonnenuntergang den Vorzug gibt. An Tränkplätzen, Salzlecken, Landstraßen, Waldpfaden und dergleichen legt er sich auf die Lauer, am allerliebsten in dem Gebüsche an den Flußufern, weil hier entweder die Thiere zur Tränke kommen oder die Menschen herabsteigen, um ihre frommen Uebungen und Waschungen zu verrichten. Von den Büßern, welche zeitweilig an den heiligen Strömen leben, werden viele durch die Tiger getödtet. In Südostsibirien besucht er, laut Radde, während des Sommers allnächtlich die Stellen, auf denen Salz auswittert, weil er ebenso gut wie die eingeborenen Wildschützen weiß, daß hierher Hirsche zu kommen pflegen, um zu sülzen, trifft dann auch manchmal mit Jägern zusammen, welche den gleichen Zweck wie er verfolgen. Mit Ausnahme der stärksten Säugethiere, als da sind Elefant,

Nashorn, Wildbüffel und vielleicht andere Raubthiere, ist kein Mitglied seiner Klasse
vor ihm sicher: er überfällt die größten und begnügt sich mit den kleinsten. Abgesehen
von allen Hausthieren, jagt er mit Vorliebe auf **Wildschweine**, **Hirsche** und **Anti-** x
**lopen**; wird ihm jedoch in den nördlichen Theilen seines Verbreitungsgebietes wäh-
rend des Winters die Nahrung knapp, so verschmäht er nicht einmal **Mäuse**: Radde x
hat wiederholt die unverkennbaren Anzeichen solcher unwürdigen Jagden gefunden.
Auf Java, wo die Wildschweine geradezu zur Landplage werden, macht er sich als
Vertilger derselben verdient, hebt aber freilich durch Räubereien an Pferden, Hunden
und anderen Hausthieren solchen Nutzen reichlich wieder auf. Wahrscheinlich be-
droht er auch größere **Vögel**, möglicherweise selbst Kriechthiere; jedenfalls kennen x
ihn die Pfauen, welche dieselben Dickichte bewohnen wie er, als gefährlichen Räuber.
«Wenn der Pfau schreit, ist der Tiger nicht weit», sagten die Deutschen auf Java, um
diese Ansicht auszudrücken. «Der Pfau», meinen die Javanen, «verkündet den Be-
wohnern der Wildnis die Stunde, zu welcher der Tiger seine Schlupfwinkel verläßt.»
Nicht mit Unrecht nimmt man an, daß Pfauen und Tiger stets zusammen vorkommen
und keiner ohne den anderen lebt. «Obgleich ich den Grund davon nicht anzugeben
vermag», bemerkt Junghuhn, «habe ich doch diese Behauptung der Javanen überall
bestätigt gefunden. Sogar wo ausnahmsweise der Tiger noch in Höhen von 2500
Meter über dem Meere auftritt, wie im Ajanggebirge, wird auch der Pfau angetroffen.»
Der genannte Reisende stellt die Frage, ob vielleicht das von den Mahlzeiten des
Tigers übrigbleibende Aas, welches reichliche Entwickelung von Maden bedingt, für
die Pfauen etwas verlockendes haben könne; ich möchte die Ansicht aussprechen,
daß einzig und allein die für beide Thiere in gleicher Weise nahrungversprechenden
Dickichte die Ursache ihres gemeinsamen Vorkommens bilden. Das Schreien der
Pfauen beim Anblicke eines Tigers erklärt sich von selbst. Sie kennen den letzteren
und wissen vielleicht aus Erfahrung, was es für alle waldbewohnenden Thiere zu
bedeuten hat, wenn er umherzuwandeln beginnt. Gerade deshalb werden sie oft zum
Verräther des still dahinschleichenden Raubthieres, indem sie entweder geräuschvoll
auffliegen und Schutz vor ihm suchen oder, wenn sie bereits gebäumt haben, ihre
weittönende Stimme ausstoßen, den übrigen Geschöpfen gleichsam zur Warnung.
Auch die Affen verleiden ihm oft seine Jagd.

Der Tiger belauert und beschleicht schlangenartig seine Beute, stürzt dann
pfeilschnell mit wenigen Sätzen auf dieselbe los und haut die **Krallen** mit solcher 14
Kraft in den Nacken ein, daß selbst ein starkes Thier sofort zu Boden stürzt. Die
Wunden, welche er schlägt, sind immer außerordentlich gefährlich; denn nicht bloß
die Nägel, sondern auch die **Zehen** dringen bei dem wuchtigen Schlage ein. Johnson 15
hat solche Wunden gesehen, welche 13 Centim. tief waren. Selbst wenn die Verwun-
dung eine verhältnismäßig leichte ist, geht das Opfer gewöhnlich zu Grunde, weil
bekanntlich gerissene Wunden ungleich gefahrvoller als durch ein scharfschneidiges
Werkzeug hervorgebrachte sind. Kapitän Williamson, ein Offizier, welcher zwanzig

Jahre in Bengalen gelebt und außergewöhnliche Erfahrungen gesammelt hat, versichert, daß er niemals einen von dem Tiger Verwundeten habe sterben sehen, ohne daß dieser vorher von Starrkrämpfen befallen worden sei, und fügt dem hinzu, daß auch die leichtesten Verwundungen, welche geheilt werden, bei der geringsten Veranlassung wieder aufspringen. So leichte Wunden kommen aber nur äußerst selten vor; denn gewöhnlich sind die Schläge, welche das Raubthier ertheilt, tödtlich.

Ein Tiger, welcher bei dem Marsche eines Regiments ein Kamel angriff, brach diesem mit einem Schlage den Schenkel; ein anderer soll sogar einen Elefanten umgeworfen haben. Pferde, Rinder und Hirsche wagen gar keinen Widerstand, sondern ergeben sich, wie der Mensch, schreckerfüllt in das Unvermeidliche. Pferde, welche den Tiger sehen oder sonstwie wahrnehmen, zittern und beben am ganzen Leibe und sind wie gelähmt. Bloß die muthigen männlichen Büffel gehen auf den Tiger los, wissen ihm auch mit ihren tüchtigen Hörnern erfolgreich zu begegnen. Deshalb betrachten sich die indischen Viehhirten, welche auf Büffeln reiten, für gesichert, während alle übrigen Reiter dies nicht sind. (...)

Der Tiger ist nicht bloß dreist, sondern geradezu frech. Manche Engpässe durch waldreiche Schluchten sind berüchtigt wegen seiner Raubthaten: Forbes versichert, daß ohne die große Furcht des Thieres vor dem Feuer kaum hier und da eine Verbindung im Lande möglich sein könne. Man reist in Indien, der Hitze wegen, gewöhnlich des Nachts, und dies erklärt es, daß der Tiger einen seiner kühnen Angriffe nicht nur wagt, sondern auch erfolgreich ausführt, ungeachtet der Menschenmenge, welche einen Reisetrupp bildet, und trotz der Fackelträger und Trommelschläger, welche das Raubthier durch Feuer und Geräusch zu schrecken suchen. Nicht einmal die Truppen sind gesichert: Forbes erlebte es, daß in einer einzigen Nacht drei gut bewaffnete Schildwachen von Tigern gefressen wurden. Nachzügler der Heere fallen ihnen oft zur Beute. Aus Dörfern holt sich der Tiger zuweilen am hellen lichten Tage einen Menschen weg und hat es hierdurch in einigen Gegenden wirklich dahin gebracht, daß die Bewohner ganzer Dörfer ausgewandert sind oder andere bloß durch beständig brennende Feuer und hohe Dornenhecken sich zu schützen vermögen. Aus einer einzigen Ortschaft haben die Tiger, wie Buchanan berichtet, binnen zwei Jahren achtzig Einwohner weggeschleppt und aufgefressen. In anderen Niederlassungen hatten sie noch ärger aufgeräumt, die Uebriggebliebenen waren ausgewandert und hatten ihre Wohnplätze den Raubthieren überlassen, welche jetzt ihr Lager dort aufschlugen. Die Angriffe des Tigers geschehen so schnell und so plötzlich, daß an ein Ausweichen kaum zu denken ist; die Uebrigbleibenden bemerken ihn gewöhnlich erst in dem Augenblicke, in welchem er seine unrettbar verlorene Beute bereits gefaßt hat und wegschleppt. Dann ist das Nachsetzen meist vergeblich; denn wenn ihm auch hier und da ein Mensch oder ein Thier wieder abgejagt wird, sind die Wunden, welche sie empfangen, derart, daß sie daran zu Grunde gehen. Man hat Beispiele, daß Leute, welche vom Pferde herabgerissen worden waren, selbst von

Fig. 45 **Java-Tiger** *Panthera tigris sondaica* (1/16 der Originalgröße)

ihrem Räuber sich befreiten. So sprang ein Tiger mit einem furchtbaren Satze auf den Rücken eines Elefanten, riß dort einen Engländer aus dem Sattelstuhle, schleuderte ihn zur Erde herab und entfloh mit ihm. Zwar hatten alle Begleiter des Unglücklichen ihre Gewehre auf das fliehende Thier gerichtet, wagten aber nicht zu schießen, weil sie befürchteten, anstatt des Raubthieres ihren Gefährten zu treffen, und mußten diesen seinem Schicksale überlassen. Und dies geschah zu dessen Glück. Durch den hohen Sturz vom Elefanten und den entsetzlichen Schrecken besinnungslos, erwachte er, als ihm Dornen das Gesicht blutig rissen. Seine gefährliche Lage erkennend, hatte er Geistesgegenwart genug, eine in seinem Gürtel steckende Pistole hervorzuziehen und diese auf den Tiger abzuschießen. Der Schuß ging fehl, und sein Räuber biß nur noch heftiger zu. Der muthige Mann verlor jedoch noch immer seine Hoffnung nicht, sondern zog eine zweite Pistole und schoß diese auf das Schulterblatt des Raubthieres ab. Glücklicherweise traf die zweite Kugel das Herz und führte den augenblicklichen Tod des Tigers herbei. Die beiden Schüsse hatten seine Freunde ihm nachgezogen, und man fand den wackeren Kämpen halb besinnungslos auf seinem Feinde liegend. Man konnte ihm bald die beste Pflege zu Theil werden lassen, und so kam er mit dem Leben davon. Nur ein lahmes Bein ist ihm zur Erinnerung an jenen gewagten und zweifelhaften Kampf geblieben.

Als echte Katze verfolgt der Tiger eine verfehlte Beute nicht weiter, sondern kehrt nach dem vergeblichen Sprunge in die Dschungeln zurück und sucht sich einen neuen Platz zur Lauer aus. Man sagt, daß bloß die schnellfüßigen Hirsche und die achtsamen Pferde oder Wildesel zuweilen Gelegenheit finden, diese Thatsache zu erproben. Doch sind wirklich einige Fälle bekannt, daß auch Menschen vor einem auf sie anspringenden Tiger unversehrt sich gerettet haben.

Unter Umständen zieht sich der Tiger vor dem Menschen zurück, ohne überhaupt einen Angriff zu machen. Uebersättigung und damit zusammenhängende Faulheit oder aber Schrecken infolge plötzlicher Ueberraschung sind die gewöhnlichen Ursachen eines solchen Rückzuges. Tiger, welche zum ersten Male mit dem Menschen zusammenkommen, nehmen wahrscheinlich immer Reißaus; andere lassen sich, wie Junghuhn behauptet, durch lautes Geschrei aus der Fassung bringen: die einen wie die anderen lernen jedoch sehr bald in dem Menschen ein leicht zu bewältigendes Wild kennen und werden dann so gefährlich, daß man begreift, wie eingeborene Mütter, wenn sie von Tigern sich bedroht sehen, ohne auf Hülfe rechnen zu können, ihre Kinder preisgeben, um sich selbst zu retten. Am allerschlimmsten sind jedenfalls die Leute daran, welche nur von dem Ertrage der Wälder leben müssen, z.B. die Hirten oder die Sammler des Sandelholzes. Erstere müssen nicht nur in beständiger Sorge im ihre Herden, sondern auch um sich selbst sein, und von ihnen verliert bei weitem der größte Theil durch Tiger das Leben. Auch die Briefträger befinden sich beständig in Gefahr. Forbes berichtet, daß die Postboten, welche nachts das Felleisen durch die Wälder tragen, ohne ihr Geleite von Lanzen- und Fackelträgern sowie durch den Lärm von den Trommeln, welche beständig gerührt werden, nie sicher seien, und ungeachtet dieser Begleitung noch oft genug weggeholt würden. An den beschwerlichen Uebergängen des Gumeastromes in Guzerate wurden einmal vierzehn Tage lang diese Briefträger regelmäßig weggeschleppt, einmal sogar, anstatt eines Menschen, das Felleisen. In dem Engpasse Kutkum-Sandi lag eine Tigerin auf der Lauer und erwürgte mehrere Monate hindurch jeden Tag Menschen, unter denen wohl ein Dutzend Briefträger waren. Dieses eine Thier hatte allmählich fast alle Verbindungen der Präsidentschaft mit den oberen Provinzen unterbrochen, so daß die Regierung sich veranlaßt sah, einen bedeutenden Preis auf seine Erlegung zu setzen. Sie that es aber vergebens; denn Niemand wollte sich an das Unthier wagen.

(...) Die Stärke des Tigers ist sehr groß. Er schleppt mit Leichtigkeit nicht bloß einen Menschen oder einen Hirsch, sondern selbst ein Pferd oder einen Büffel mit sich fort. «An der Südküste Bantams», berichtet Haßkarl weiter, «ließ kurz vor meiner Ankunft ein Häuptling ein eben gekauftes, sehr schönes Pferd durch vier Inländer bewachen. Um die dort häufigen Tiger fern zu halten, zündeten die Leute auf dem freien Platze vor den Ställen mehrere Feuer an. Plötzlich wurden sie durch Gebrüll in Schrecken gesetzt: ein Tiger war über die fast drei Meter hohe Bambushecke gesetzt, zwischen den schlafenden Wächtern und erlöschenden Feuern durchgeschlichen, hatte das kostbare Pferd überfallen und sofort niedergestreckt. Ehe die Wächter noch zur Besinnung gekommen, war er mit der Beute im Maule wieder über die Umzäunung gesprungen und bald darauf verschwunden.» Wenn nun auch die javanischen Pferde nicht größer sind als die russischen, erfordert die Ausführung eines solchen Raubes doch eine außerordentliche Kraft.

Beim Fortschaffen der Beute bekundet der Tiger regelmäßig ebenso viel Klugheit als List. Höchst ungern schleift er ein gefangenes und getödtetes Thier über eine breite Straße weg, wahrscheinlich, um nicht selbst sich zu verrathen. Dennoch kann er die Spuren, welche ein solcher Streifzug hinterläßt, nicht verdecken. Wenn er ein großes Thier angreift oder tödtet, springt er auf den Rücken, schlägt seine fürchterlichen Klauen ein und leckt das Blut, welches aus der Wunde strömt. Dann erst trägt er das Thier weiter in das Dickicht, bewacht es hier bis zum Abend und frißt während der Nacht ungestört und ruhig, so viel er verzehren kann. Er beginnt bei den Schenkeln, von dort aus frißt er weiter gegen das Haupt hin. Währenddem geht er ab und zu nach den benachbarten Quellen oder Flüssen, um zu trinken. Man versichert, daß er keineswegs ein Leckermaul sei, sondern alles fresse, was ihm vorkomme, das Fell und die Knochen ebenfalls mit. Nur diejenigen Tiger, welche einmal Menschenfleisch gekostet haben, sollen dies dem aller übrigen Thiere vorziehen und werden deshalb, wie die Löwen in Afrika, Menschenfresser genannt. Die Jagd auf den tölpischen und unbehülflichen Herrn der Erde behagt ihnen mehr als andere.

Nach einer sehr guten Mahlzeit fällt der Tiger in Schlaf und liegt manchmal länger als einen ganzen Tag in einem halb bewußtlosen Zustande. Er bewegt sich bloß, um zu trinken, und gibt sich mit einer gewissen Wollust der Verdauung hin. Die Inder behaupten, daß er zuweilen drei Tage an einer und derselben Stelle liege, während andere versichern, daß er am nächsten Morgen, spätestens am nächsten Abende wieder zu seiner früher gemachten Beute zurückkehre, um nochmals von ihr zu fressen, falls er noch Ueberreste finden sollte; denn auch an seiner königlichen Tafel speist das hungerige Bettelgesindel wie an der Tafel des Löwen. Schakale, Füchse und verwilderte Hunde, welche bei Nacht den Wald durchstreifen, verfolgen die blutige Fährte des geschleiften Thieres und thun sich an den Ueberbleibseln des Leichnams Genüge; bei Tage aber entdecken die Aasgeier bald die Leiche und kommen scharenweise herbeigeflogen: nicht selten entsteht sogar noch Kampf und Streit auf ihr zwischen diesen Thieren. Die vierfüßigen Schmarotzer sind so regelmäßige Gäste an der Tafel des Tigers, daß sie, zumal die Schakale, als seine Boten und Kundschafter angesehen werden und wie die Pfauen oder Affen dazu dienen, seine Aufsuchung zu erleichtern.

Es wird uns nach dem Mitgetheilten nicht Wunder nehmen, daß alle Inder, und die europäischen Bewohner des schönen Tropenlandes nicht minder, den Tiger als den Inbegriff alles Entsetzlichen ansehen und ihn für ein Scheusal halten, welches die Hölle selbst ausgespieen. Damit steht nicht im Widerspruche, daß das Ungeheuer in vielen Gegenden Indiens geradezu geschont, ja in einigen sogar als Gottheit betrachtet wird, wie ja das Uebermächtige und Eigenthümliche von Unverständigen immer für etwas Erhabenes gehalten wird. Der Inder sucht eben aus jedem Thiere, welches sich einigermaßen bemerklich macht, etwas besonderes zu machen und sieht in solchen, welche sehr schädlich werden, eine Art von strafendem Gott. Auch unter den Völkerschaften Ostsibiriens herrschen, wie Radde berichtet, ähnliche Anschauungen. Die Urjänchen benamsen den Tiger Menschenthier, die Dauren Beamten- oder Herrscherthier; die Birar-Tungusen sprechen ungern und nur leise von ihm, nennen ihn überhaupt nicht, sondern glauben in der Bezeichnung Lawun einen Namen gefunden zu haben, welcher ihm unverständlich ist und für den Sprecher nicht gefahrbringend wird. Wie die Dauern und Mandschu sind auch sie der Meinung, daß der Tiger mit zunehmendem Alter zu höherem Range gelangt und demgemäß behandelt werden muß; es gibt in ihren Augen Tiger, denen sogar der Rang eines Oberstatthalters zukommt. Bei vielen Eingeborenen der Amurländer steigert sich diese Ehrfurcht zu religiöser Verehrung: Radde hörte, daß mit dem Worte Burchan, welches so viel als Gottheit bedeutet, auch der Tiger bezeichnet wurde. Die auf Furcht gegründete Verehrung des Raubthieres bildet bei den Birar-Tungusen einen Haupttheil ihrer aus Schamanenthum und Buddhismus gemischten Religion, just wie bei uns zu Lande die Lehre vom Teufel. Die im Chingangebirge wohnenden Monjagern und Orotschonen beobachten andere abergläubische Gebräuche, da sie nicht allein das Thier, sondern auch dessen Fährte dermaßen fürchten, daß sie bei zufälliger Begegnung derselben die Hälfte ihrer Ausbeute, welche sie gerade mit sich führen, opfern, indem sie diese auf die Spur legen. Wer einen Tiger tödtet, wird nach Meinung der Birar-Tungusen unfehlbar von einem anderen gefressen. Auf Sumatra ist man überzeugt, daß man im Tiger nur die Hülle eines verstorbenen Menschen zu erkennen hat und wagt deshalb gar nicht, ihn zu tödten. In Indien übt man die Gewohnheit, nach Art der in katholischen Ländern gebräuchlichen Unglücksbilder, an Orten, wo ein Mensch von einem Tiger getödtet worden ist, eine hohe Stange mit einem farbigen Tuche als Warnungszeichen aufzupflanzen und errichtet daneben auch gewöhnlich eine Hütte, in welcher die Reisenden zum Gebete sich versammeln. Ereignet es sich nun, daß an derselben Stelle zum zweiten Male ein Mensch dem Tiger als Opfer fällt, so wird er als ein Sünder und sein Tod als ein gottgerechter betrachtet. Früher ging man noch weiter. In Siam fanden noch vor etwa sechszig Jahren Tigerproben zur Ermittelung des Schuldigen statt. Man warf zwei Gleichverdächtige einem Tiger vor, und derjenige, welchen er fraß, galt für schuldig. Dieser abscheuliche Aberglaube war natürlich nur geeignet, die Raubthiere zu vermehren. Ebenso gute Gelegenheiten zur

Vermehrung boten ihm die beständigen Kriege, welche in Indien geführt wurden, und namentlich Hyder Ali hat sich durch seine Kriege auch hierin einen Namen gemacht; denn während der Zeit seiner Regierung nahmen die Tiger in unglaublicher Weise überhand. Einige Fürsten Indiens verbieten noch heutigen Tages die Tigerjagd, indem sie dieselbe als ein königliches Vergnügen für sich selbst aufsparen, ganz unbekümmert darum, ob solchem Vergnügen Hunderte oder Tausende von ihren Unterthanen aufgeopfert werden oder nicht. So ist es erklärlich, daß in der einzigen Provinz Candesch in Dekan in dem kurzen Zeitraume von vier Jahren durch die Engländer über tausend Tiger erlegt werden konnten. Der Mensch ohne Feuerwaffen ist macht- und wehrlos dem furchtbaren Feinde gegenüber; laufen doch selbst Wohlbewaffnete immer noch Gefahr. In neuerer Zeit hat die englische Regierung in den ihr unterworfenen Landstrichen viel für Verminderung der Tiger gethan; aber noch immer gibt es deren genug. Man bezahlt seit geraumer Zeit zehn Rupien für jeden Tigerkopf, und schon vor ungefähr siebenzig Jahren hatte man auf diese Weise 30,000 Pfund Sterling verausgabt. Diese Summe hat übrigens Zinsen getragen wie kaum eine andere; denn in allen Gegenden, wo sich viele britische Niederlassungen befinden und von den Engländern die Ausrottung ernstlich betrieben wird, hat man den Tiger fast vernichtet. Die Insel Cossimbazar ist durch den unerschütterlichen Muth eines Deutschen, welcher mehrere Male an einem einzigen Tage fünf von den Ungeheuern tödtete, gereinigt worden. Aber dieser Held steht immer noch hinter dem Richter Heinrich Rasmus zurück; denn dieser hat während seines Lebens eigenhändig 360 Tiger erlegt. Man hat gelernt, gegenwärtig die Jagd regelrecht zu betreiben und erzielt dadurch vortreffliche Erfolge. In früheren Zeiten hielten bloß die Fürsten und Kaiser Indiens große Jagden ab, bei denen aber der Pomp und Lärm des Jagdzuges das hauptsächlichste war. Gegen die Tiger wurde sehr wenig ausgerichtet. Noch heutigen Tages sendet der Kaiser von China viele Tausende von Jägern in die Wälder, um Tiger, Panther, Löwen, Wölfe usw. zu erlegen; gleichwohl wurden in einem Jahre bei einem so gewaltigen Jagdzuge, an welchem 5000 Mann Theil genommen hatten, achtzig Menschen zerrissen. Im siebenzehnten Jahrhundert zog nach dem Berichte des Jesuiten Verbiest der Kaiser von China einmal mit Heeresmacht in die Provinz Leao-Tong, ließ dort von seinen Soldaten große Strecken umstellen und den Kreis mehr und mehr verengern. Bei der einen Jagd wurden über tausend Hirsche, viele Bären, Wildschweine und sechszig Tiger erlegt. Im Jahre 1863 rückte der Kaiser mit 60,000 Mann und 10,000 Pferden aus, ohne jedoch sonderliche Erfolge zu erzielen. Aehnliche Jagden werden von den indischen Fürsten noch heutigen Tages abgehalten, und für dieselben hegen und pflegen eben die Fürsten ihre Tiger, wie bei uns zu Lande hohe Herren die ihren Unterthanen ebenfalls sehr schädlichen Wildschweine oder Edelhirsche.

(...) Auf Java gebraucht man, laut Wallace, zur Tigerjagd nur die Lanze. Man umstellt mit Hunderten von Bewaffneten eine große Strecke Landes und zieht diese

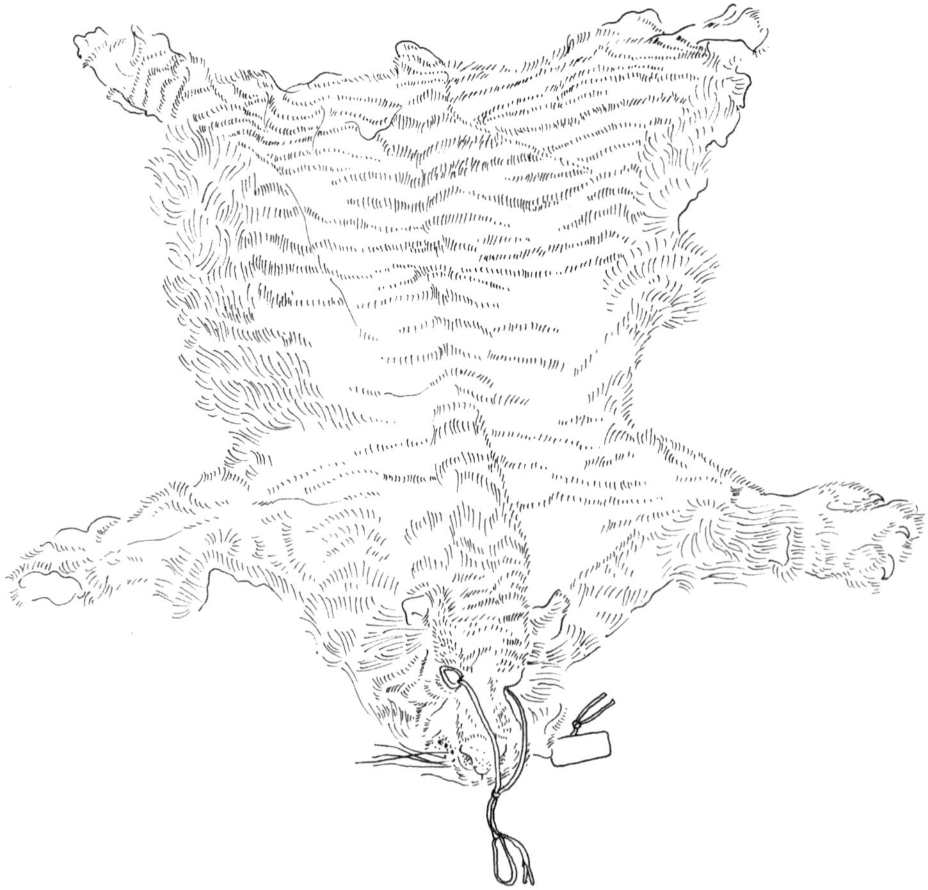

Fig. 46 Fell eines Java-Tigers (1/20 der Originalgröße); Inv. Nr. ZMB 3387

allmählich zusammen, bis das Raubthier in einen vollständigen Kessel eingeschlossen ist. Wenn der Tiger sieht, daß er nicht mehr entfliehen kann, springt er gegen seine Verfolger, wird aber regelmäßig mit einigen Speeren aufgefangen und meist augenblicklich erstochen.

(…) So angstvoll die Javanen einem freien Tiger ausweichen, so muthprahlend ist ihr Gebaren dem gefangenen gegenüber. Wenn nicht besondere Befehle der Regierung vorliegen, lassen sie den in der Falle eingeschlossenen gehaßten Feind sicherlich nicht am Leben, durchbohren ihn vielmehr mit Hunderten von Lanzenstichen, obgleich sie das immerhin gut zu verwerthende Fell durch solche Heldenthat vollkommen unbrauchbar machen.

Von vortrefflicher Wirkung ist das Feuer. Man zündet von Zeit zu Zeit die Hauptversteckplätze des Tigers an, zieht an der dem Feuer entgegengesetzten Seite starke Netze quervor und stellt dort in Zwischenräumen auf erhöhten Gerüsten sichere Schützen auf. Kann man den Ort auskundschaften, an welchem ein Tiger seine Beute verzehrt hat, so errichtet man in der Nähe rasch eine Schießhütte und erlegt ihn, wenn er zurückkommt, um den Rest seiner Beute zu verzehren.

(...) In Südostsibirien wird, laut Radde, der Genuß des Tigerfleisches nur Jägern, welche bereits Tiger erlegten, oder alten, erfahrenen Männern überhaupt gestattet; Weiber sind, wenigstens bei den Birar-Tungusen, von solcher Mahlzeit gänzlich ausgeschlossen. Nach dem festen Glauben der einfältigen Jäger ist solches Fleisch überaus wirksam und verleiht dem Genießenden Kraft und Muth. Auch als Arzneimittel thut es seine Dienste, obschon die Aerzte des himmlischen Reiches meinen, daß Tigerknochen noch kräftiger wirken als Tigerfleisch. Für einen vollständigen Tiger im Fleische bezahlen die Dauern als Zwischenhändler 18 bis 20 Lan oder 35 bis 40 Rubel Silber. Die Kniescheiben haben den größten Werth und werden allein mit 3 Lan Silber aufgewogen; nächstdem folgen die beiden ersten Rippen, welche etwas weniger werth sind usw. In anderen Ländern schätzt man Zähne und Klauen, Fett und Leber höher als Fleisch und Knochen. Erstere gelten unter den Schikaris nicht bloß als besonders werthvolle Siegeszeichen, sondern zugleich als Schutzbriefe oder Amulette gegen Tigeranfälle, in vollster Würdigung des homöopathischen Grundsatzes «Gleiches durch Gleiches». Zunge und Leber haben deshalb großen Werth, weil sie von den Arzneikünstlern Indiens unter mancherlei Schwindel, wie ihn die Heilkunde überhaupt verlangt, zubereitet und dann als unfehlbares Mittel an die gläubigen Abnehmer theuer verhandelt werden. Das Fett gilt als das beste Mittel gegen gichtische Beschwerden und wird deshalb sorgfältig aufbewahrt. Bei der Hitze der bevorzugten Tigerländer würde es in kurzer Zeit ranzig werden und dann verderben, verständen die Eingeborenen nicht, es nach ihrer Weise zu klären und dann für mehrere Jahre zur Aufbewahrung geeignet zu machen. Sobald ein getödteter Tiger abgestreift wird, trennen die Jäger das Fett sorgfältig von dem Fleische und werfen es in besonders dazu bestimmte Flaschen, welche sie mit sich umhertragen und nachdem sie verkorkt worden sind, einen vollen Tag der Sonnenhitze aussetzen. Sobald der Inhalt einmal flüssig geworden ist, kann das Fett leicht geklärt und für spätere Zeiten aufbewahrt werden. Auch die Europäer benutzen es, aber freilich zu anderen Zwecken, zum Einschmieren ihrer Gewehre nämlich. Das Fell ☞ Fig. 46 wird mit irgend einem Gerbstoffe und Schutzmittel gegen die Kerbthiere getrocknet und wandert dann zumeist in die Hände der Europäer oder nach China. Man schätzt es weniger als das Pantherfell und verwendet es entweder zu Pferde-, Sattel- und Schlittendecken oder in China zu Polstern. In Europa ist es in der Neuzeit ganz aus dem Gebrauche gekommen; dagegen halten es die Kirgisen hoch, benutzen es zur Verzierung ihrer Köcher und bezahlen gewöhnlich ein Fell mit einem Pferde.

Die Paarungszeit des Tigers ist verschieden nach den Klimaten der betreffenden Heimatländer, tritt jedoch regelmäßig etwa ein Vierteljahr vor Beginn des Frühlings ein. Während dieser Zeit hört man mehr als sonst das eigenthümlich dumpfe Gebrüll des Raubthieres, welches am besten durch die Silben «Haub» ausgedrückt werden kann. Nicht allzu selten finden sich mehrere männliche Tiger bei einer Tigerin ein, obgleich behauptet wird, daß im ganzen die Tigerinnen häufiger seien als die Tiger. Man schreibt dies den Kämpfen zu, welche die männlichen Tiger unter einander führen sollen, während die wahre Ursache wohl darin zu suchen sein dürfte, daß weibliche Raubthiere überhaupt vorsichtiger sind als männliche. Hundertundfünf Tage nach der Begattung wirft die Tigerin zwei bis drei Junge an einem unzugänglichen Orte zwischen Bambus oder Schilf, am liebsten unter der dichten und schattigen Laube einer Korintha. Die Thierchen sind, wenn sie zur Welt kommen, halb so groß wie eine Hauskatze und nach Art aller jungen Katzen reizende Geschöpfe. In den ersten Wochen verläßt die Mutter ihre geliebten Kleinen nur, wenn sie den nagendsten Hunger fühlt; sobald jene aber etwas größer geworden sind und auch nach fester Nahrung verlangen, streift sie weit umher und wird dann doppelt gefährlich. Der Tiger bekümmert sich gar nicht um seine Brut, unterstützt jedoch die Mutter bei etwaigen Kämpfen für dieselbe. Nicht selten gelingt es, junge Tiger zu rauben. Dann hört man das rasende Gebrüll der Alten mehrere Nächte hindurch erschallen, und sie erscheint tollkühn in der Nähe der Dörfer und Wohnplätze, in denen sie ihre Nachkommenschaft vermuthet. Findet sie die Spur der Fänger, so sucht sie dieselben auf, und nun heißt es auf der Hut sein, weil die gereizte Mutter keine Gefahr mehr kennt und sich tolldreist auf die Räuber ihrer Kinder stürzt. Gewöhnlich leiten die Jungen durch ihr Geschrei selbst auf die rechte Spur.

Zwei junge Tiger, welche von den Eingeborenen einem englischen Kapitän gebracht wurden, heulten so laut und anhaltend, daß nicht bloß die Alte, sondern auch ein männlicher Tiger dadurch herbeigelockt wurden. Beide beantworteten das Geschrei der Jungen mit fürchterlichem Gebrülle. Aus Besorgnis vor einem Ueberfalle ließ der Engländer diese frei und bemerkte am folgenden Morgen, daß sie von der Alten geholt und in das nahe Gebüsch gebracht worden waren. Daß der männliche Tiger bei dieser Entführung betheiligt gewesen ist, glaube ich nicht; Erfahrungen, welche wir an Gefangenen gemacht haben, sprechen dagegen. Eine Tigerin des Berliner Thiergartens, welche zwei Junge geboren und glücklich großgesäugt hatte, stürzte sich wüthend auf den Vater derselben, als dieser zum ersten Male wieder mit ihr zusammen gebracht wurde, mishandelte ihn unter lautem Gebrülle mit heftigen Tatzenschlägen und zwang ihn zu schleunigem Rückzuge: offenbar einzig und allein aus Angst, daß er ihre Jungen gefährden könne, da sie doch früher im besten Einvernehmen mit dem Gemahl gelebt hatte.

Die Liebeswerbung geschieht ruhiger als bei anderen großen Katzen, und die Begattung erfolgt meist ohne die üblichen Tatzenschläge, obschon nicht gänzlich ohne

Fig. 47 **Kaspischer Tiger** *Panthera tigris virgata* (1/19 der Originalgröße)

Murren. Gegen die neugeborenen Jungen benimmt sich die Mutter, falls sie genügende Milch hat, außerordentlich zärtlich, geht ungemein sanft mit ihnen um, legt sie an das Gesäuge, schleppt sie auch stets an den Ort ihres Käfigs, welcher ihr die meiste Sicherheit zu bieten scheint. Manche Tigermütter betrachten die sonst geliebten Wärter von der Geburt ihrer Jungen an mit größtem Mistrauen und bethätigen ihr Uebelwollen verständlich genug; andere bleiben ihren Pflegern nach wie vor mit gleicher Anhänglichkeit und Liebe gewogen. Die blind geborenen oder doch nur blinzelnden Auges zur Welt gekommenen Jungen wachsen rasch heran, spielen bald mit der gefälligen Alten nach Kätzchenart, balgen sich weidlich unter einander, zischen und fauchen in kindlichem Uebermuth ihren Wärter an, werden endlich verständig, erkenntlich für gute Behandlung und allmählich zahm. Auch an Verwandte gewöhnen sie sich, schließen mit Hunden einen Freundschaftsbund und können, verbürgt scheinenden Angaben zufolge, mit anderen großen Katzen, beispielsweise mit Löwen, in ein so inniges Verhältnis treten, daß sie eine Paarung eingehen und Blendlinge erzeugen.

(...) Die Alten lernten den Tiger erst sehr spät kennen. In der Bibel scheint er nicht erwähnt zu werden, und auch die Griechen wissen noch sehr wenig von ihm. Nearch, der Feldherr Alexanders, hat zwar ein Tigerfell gesehen, nicht aber das Thier selbst, von dem er durch die Inder erfahren, daß es so groß wie das stärkste Pferd sei und an Schnelligkeit und Kraft alle übrigen Geschöpfe übertreffe. Erst Strabo spricht etwas ausführlicher von ihm. Den Römern war er bis zu Varro's Zeiten vollkommen unbekannt; als sie jedoch ihr Reich bis zu den Parthern ausdehnten, lieferten diese auch Tiger und brachten sie nach Rom. Plinius schreibt, daß zuerst Scaurus im Jahre 743 der Stadt einen gezähmten Tiger im Käfige gezeigt habe. Claudius besaß ihrer vier. Später kamen die Thiere öfter nach Rom, und Heliogabalus spannte sie sogar vor seinen Wagen, um den Bacchus vorzustellen. Avitus endlich ließ in einem Schauspiele ihrer fünf tödten, was früher nicht gesehen worden war. +++

## Mexikanischer Braunbär *Ursus arctos nelsoni* Merriam, 1914* •

*Synonym für *Ursus arctos horribilis*, im folgenden Text als Grizzly und Graubär *(Ursus horribilis)* allgemein beschrieben; kein Präparat oder geeignetes Bildmaterial von *Ursus arctos nelsoni* verfügbar, deshalb Illustration des äußerlich sehr ähnlichen *Ursus arctos horribilis*

**Länge:** 180–240 cm **Gewicht:** 350–600 kg[A] **Lebenserwartung:** bis 25 Jahre **Ehemaliges Verbreitungsgebiet:** Norden Mexikos **Zeitpunkt des Aussterbens:** 1990er Jahre **Ursachen des Aussterbens:** Jagd; Zerstörung des Lebensraums **Besonderes:** Gewichtszunahme im Sommer um bis zu 180 kg zum Aufbau von Energiereserven für den Winter

Der bekannteste nordamerikanische Vertreter der Untergattung *Ursus* ist der über ganz Nordwestamerika verbreitete **Grizzly** ☞Fig. 54 oder Graubär, *Ursus horribilis* Ord *(ferox)*.

Im Leibesbau und Aussehen ähnelt er sehr unserem Bären, ist aber größer, schwerer, plumper und stärker als dieser. Dunkelbraune, an der Spitze blasse Haare hüllen
den **Leib** ein, kurze und sehr blasse Haare bekleiden den **Kopf**. Die **Iris** ist rötlichbraun. 1 2 3
Die Farbe des Pelzes ändert mannigfaltig ab bis zum Eisengrau und bis zum lichten Rotbraun, jenes manchmal mit einem gewissen silberigen, dieses mit einem goldigen Schimmer, bedingt durch silberweiß oder gelblich gefärbten Spitzen des Oberhaares. Von den europäischen Bären unterscheidet sich dieser amerikanische sicher durch die Kürze seines Schädels und durch die Wölbung des Nasenbeins, die breite, flache
**Stirn**, die Kürze der **Ohren** und des Schwanzes und vor allem durch die riesigen, bis 4 5
13 cm langen, sehr stark gekrümmten, nach der Spitze zu wenig verschmälerten, weiß-
lichen **Nägel**. Die bedeutende Größe teilt der Graubär mit seinen ostasiatischen 6
Verwandten; er wird regelmäßig 2,3 nicht selten sogar 2,5 m lang und erreicht ein Gewicht bis zu 450 kg. Sein Verbreitungsgebiet umfaßt den Westen Nordamerikas, in

den südlichen Teilen der Vereinigten Staaten etwa vom Felsengebirge, in den nördlichen (Dakota) schon vom Missouri an. Je weiter westlich, um so häufiger tritt er auf, x besonders in **Gebirgen**. Südwärts kommt er noch in den Hochländern Mexikos mindestens bis nach Jalisco vor; nordwärts geht er bis zum Polarkreise und darüber hinaus.⌋

In seiner Lebensweise ähnelt der Graubär so ziemlich dem unseren; sein Gang ist jedoch schwankender oder wiegender, und alle seine Bewegungen sind plumper. Nur in der Jugend soll er im Stande sein, Bäume zu ersteigen und von dieser Fähigkeit x Gebrauch machen, um **Eicheln**, sein Lieblingsfutter, abzustreifen, im Alter dagegen solche Künste nicht mehr auszuführen vermögen: wenigstens wollen sich mehr als

Fig. 54 **Mexikanischer Braunbär** *Ursus arctos nelsoni* (1/20 der Originalgröße; Illustr. nach *Ursus a. horribilis*); Inv. Nr. NMW ST 552

einmal die von ihm gefährdeten Jäger durch rasches Ersteigen von Bäumen gerettet und dabei bemerkt haben, daß er trotz der höchsten Wuth niemals gewagt hat, sie dahin zu verfolgen. Dagegen schwimmt er mit Leichtigkeit selbst über breite Ströme und verfolgt im Zorne auch im Wasser seinen Feind. Er soll ein furchtbarer Räuber und mehr als stark genug sein, jedes Geschöpf seiner Heimat zu bewältigen. Sogar der starke **Bison**, dessen Vetter Wisent unser Bär behuthsam aus dem Wege geht, soll ihm zur Beute fallen, und von ihm abwärts jedes Säugethier. Vor dem Menschen soll er keine Furcht zeigen. Seine Sippschaftsverwandten, sagen die Amerikaner, weichen, von angeborenem Gefühle getrieben, dem Herrn der Erde aus und greifen ihn bloß dann an, wenn sie der rasende Zorn oder der Drang nach Rache übermannt; nicht so der graue Bär. Er geht ohne weiteres auf den Menschen los, sei er zu Pferde oder zu Fuß, bewaffnet oder nicht, habe er ihn beleidigt oder gar nicht daran gedacht, ihn zu kränken. Und wehe dem, welcher sich nicht noch rechtzeitig vor ihm flüchtet oder, wenn er ein ganzer Mann ist, im rechten Augenblicke eine tödtende Kugel ihm zusenden kann! Der rasende Bär umarmt ihn, sobald er ihn eingeholt hat, und zerpreßt ihm die Rippen im Leibe oder zerreißt ihm mit einem einzigen Tatzenschlage den ganzen Leib. Palliser, welcher glücklich genug war, fünf von diesen furchtbaren Geschöpfen zu tödten, ohne mit ihren Zähnen und Klauen Bekanntschaft zu machen, bestätigt die Erzählung der Indianer von der Wuth dieser Thiere und gibt eine Beschreibung der gefährlichen Jagden, von denen schließlich eine regelmäßig den Tod des Jägers herbeiführt; denn die Lebenszähigkeit des Ungeheuers ist ebenso groß wie seine Kraft, und jede nicht augenblicklich tödtende Wunde, welche es erhält, für den Jäger weit gefährlicher als für das Raubthier.

Aus allen diesen Gründen erringt der Jäger, welcher sich erwiesenermaßen Ephraim gemessen hat, die Bewunderung und Hochschätzung aller Männer, welche von ihm hören, der Weißen ebensowohl wie der Indianer, von denen die Erlegung des Bären geradezu als das erste Manneswerk gepriesen wird. Unter allen Stämmen der Rothhäute im Norden Amerikas verleiht der Besitz eines Halsbandes aus Bärenklauen und Zähnen seinem Träger eine Hochachtung, wie sie bei uns kaum ein Fürst oder siegreicher Feldherr genießen kann. Nur derjenige Wilde darf die Bärenkette tragen, welcher sie sich selbst und durch eigene Kraft erworben. Selbst mit dem sonst so tief gehaßten Weißen befreundet sich der Indianer, wenn er gewißlich weiß, daß das Bleichgesicht ruhmvoll einen Kampf mit dem gewaltigen Urfeinde bestanden hat. Auch die Leiche des von Rothhäuten getödteten Bären wird mit der größten Ehrfurcht behandelt; denn sie sehen in dem gewaltigen Geschöpfe kein gemeines, gewöhnliches Thier, sondern vielmehr ein gleichsam übernatürliches Wesen, dessen entseeltem Leibe sie noch die nöthige Ehre geben zu müssen glauben.

Berichtet wird, daß das Ungeheuer, welches auf den Menschen, den es sieht, dreist losgeht, um ihn zu vernichten, vor der Witterung desselben augenblicklich die Flucht ergreift. Dies wird als Thatsache von den meisten Jägern behauptet, und man kennt Beispiele, wo ein unbewaffneter Mann diese unerklärliche Furchtsamkeit des Bären benutzte und ihm dadurch entrann, daß er nach einem Orte hinlief, von welchem aus der Luftzug dem Bären seine Witterung zuführen mußte. Sobald der Bär den fremdartigen Geruch verspürte, hielt er an, setzte sich auf die Hinterbeine, stutzte und machte sich endlich furchtsam auf und davon. In ebendemselben Grade, wie er die Witterung des Menschen scheut, fürchten alle Thiere die seinige. Die Hausthiere geberden sich genau so, wie wenn ihnen die Ausdünstung von einem Löwen oder Tiger wahrnehmbar wird, und selbst das todte Thier, ja bloß sein Fell stößt ihnen noch gewaltigen Schreck ein. Einzelne Jäger behaupten, daß auch die sonst so gefräßigen Hundearten Amerikas, welche so leicht keine andere Leiche verschonen, ihre Achtung vor dem Bären bezeigen und seinen Leichnam unangetastet lassen.

Ich glaube nicht fehl zu gehen, wenn ich annehme, daß alle diese Angaben zum guten Theile übertrieben sind. Der Grislibär wird sich, so darf ich glauben, wohl in jeder Beziehung entsprechenden Falls ebenso benehmen wie sein europäischer Verwandter, also in der Regel ebenso feig und, wenn unbedingt nöthig, ebenso muthig benehmen wie dieser, ihn aber schwerlich erheblich überbieten.

In jüngeren Jahren ist auch der Grislibär ein gemüthliches Thier. Sein Fell ist, trotz seiner Länge und Dicke, so fein und so schmuck von Farbe, daß es den kleinen Gesellen sehr ziert. Wenn man einen jungen Graubären einfängt, kann er leidlich gezähmt werden. Palliser, welcher einen Grislibär mit nach Europa gebracht hatte, rühmt seinen Gefangenen sehr. Er aß, trank und spielte mit den Matrosen und erheiterte alle Reisende, so daß der Kapitän des Schiffes später unserem Jäger versicherte, er würde sehr erfreut sein, wenn er für jede Reise einen jungen Bären bekommen könnte. «Eines Tages», erzählt dieser Gewährsmann, «trieb ein Regenschauer alle Reisenden einschließlich des Bären unter Deck. Da wurde meine Aufmerksamkeit durch ein lautes Gelächter auf dem Deck rege. Als ich nach oben eilte, sah ich, daß der Bär die Ursache desselben war. Er hatte sich aus dem geschlossenen Raume durch Zerbrechen seiner Kette befreit und war weggegangen. Immer noch konnte ich mir die Ursache des Gelächters nicht erklären. Die Leute standen um die Kajüte des Steuermannes herum und beschäftigen sich mit einem Gegenstande, welcher auf des Steuermannes Bett lag und sich sorgfältig in die Laken gehüllt hatte. Ihre Scherze wurden plötzlich mit einem unwilligen Geheule beantwortet, und siehe da, mein Freund Ephraim war es, welcher, ärgerlich über den Regen, sich losgemacht, zufällig den Weg nach des Steuermannes Bett gefunden, dasselbe bestiegen und sich dort höchst sorgsam in die Decken gehüllt hatte. Der gut gelaunte Steuermann war nicht im geringsten erzürnt darüber, sondern im Gegentheile auf das äußerste erfreut.»

Dasselbe Thier hatte eine merkwürdige Freundschaft mit einer kleinen Antilope eingegangen, welche ein Reisengenosse von ihm war, und vertheidigte sie bei einer Gelegenheit in der ritterlichsten Weise. Als die Antilope vom Schiffe aus durch die Straße geführt wurde, kam ein gewaltiger Bulldogg auf sie zugestürzt und ergriff sie,

ohne sich im geringsten um die Zurufe und Stockschläge der Führer zu kümmern, in
der Absicht, sie zu zerreißen. Zum Glück ging Palliser mit seinem Bären denselben
Weg, und kaum hatte letzterer gesehen, was vorging, als er sich mit einem Rucke be-
freite und im nächsten Augenblicke den Feind seiner Freundin am Kragen hatte. Ein
wüthender Streit entspann sich; der Bär machte anfangs keinen Gebrauch von seinen
Zähnen oder Krallen und begnügte sich mit einer Umarmung des Bullenbeißer, nach
welcher er ihn mit Macht zu Boden schleuderte. Der Hund, darüber wüthend und
durch den Zuruf seines Herrn noch mehr angeregt, glaubte, es nur mit einem ziem-
lich harmlosen Gegner zu thun zu haben, und versetzte dem Bären einen ziemlich
starken Biß. Doch hatte er sich in seinem Gegner getäuscht. Durch den Schmerz
wüthend gemacht, verlor Ephraim seinen Gleichmuth und faßte den Hund nochmals
mit solcher Zärtlichkeit zwischen seine **Arme**, daß er ihn beinahe erdrosselte. Zum 7
Glücke konnte sich der Bullenbeißer noch freimachen, ehe der Bär seine Zähne an
ihm versuchte, hatte aber alle Lust zu fernerem Kampfe verloren und entfloh mit
kläglichem Heulen, dem Bären das Feld überlassend, welcher seinerseits nun, höchlich
befriedigt über den seiner Freundin gegebenen Schutz, weiter tappte.

In der Neuzeit sind Grislibären öfters zu uns gebracht worden. Die gefangenen
unterscheiden sich in ihrem Wesen und Betragen nicht merkbar von ihrem europä-
ischen Verwandten. In dem Londoner Thiergarten befinden sich zwei von ihnen,
welche auch einmal in der Thierheilkunde eine große Rolle spielten. Sie wurden in
ihrer Jugend von einer heftigen Augenentzündung befallen, welche ihnen vollkom-
mene Blindheit zurückließ. Aus Mitleid ebensowohl als auch, um die Wirkungen des
Chloroforms bei ihnen zu erproben, beschloß man, ihnen den Staar zu stechen. Nach-
dem man beide Kranken von einander getrennt hatte, legten die Wärter jedem
derselben ein starkes Halsband an und zogen an Stricken den Kopf des Riesenbären
dicht an das Gitter heran, um ihm ohne Furcht den mit Chloroform getränkten
Schwamm unter die **Nase** halten zu können. Die Wirkung war eine unverhältnis- 8
mäßig rasche und sichere. Nach wenigen Minuten schon lag das gewaltige Thier ohne
Besinnung wie todt in seinem Käfige, und der Augenarzt konnte jetzt getrost in
denselben eintreten, das furchtbare Haupt nach Belieben zurecht legen und sein
Werk verrichten. Als man eben die Verdunkelung des Käfigs bewirkt hatte, erwachte
das Thier, taumelte noch wie betrunken hin und her und schien um so unsicherer zu
werden, je mehr es zu Besinnung kam. Mit der Zeit aber schien es zu bemerken, was
mit ihm während seines Todtenschlafes geschehen war, und als man es nach wenigen
Tagen wieder untersuchte, war es sich seiner wiedererlangten Sehfähigkeit bewußt
geworden und schien sich jetzt sichtlich an dem Lichte des Tages zu erfreuen oder
wenigstens den Gegensatz zwischen der früheren dauernden Nacht und dem jetzigen
hellen Tage zu erkennen. +++

## Japanischer Seelöwe *Zalophus japonicus* (Peters, 1866)*

* im folgenden Text allgemein als «*Eumetopias californianus*» benannt und beschrieben; die in *Mammal Species of the World. A Taxonomic and Geographic Reference. Third Edition.* unter *Zalophus japonicus* geführte Art wurde bislang häufig als Unterart von *Zalophus californianus* geführt, die im folgenden Text als *Eumetopias californianus* beschrieben wird

**Länge:** 180–210 cm **Gewicht:** 91–275 kg **Lebenserwartung:** bis 17 Jahre **Ehemaliges Verbreitungsgebiet:** Südwestküste Japans **Zeitpunkt des Aussterbens:** 1990er Jahre **Ursachen des Aussterbens:** Jagd; Zerstörung des Lebensraums; Zerstörung der Nahrungsgrundlage durch die Fischerei insbesonders von Sardellen und Heringen; Dezimierung durch die tödlichen Versuche des Tieres, in Fischernetzen hängenden Fisch zu fressen

⌈Am wenigsten von den Landraubtieren haben sich die Ohrenrobben (Otariidae)
1 entfernt. Sie haben, wie schon erwähnt, noch äußere **Ohrmuscheln**, eine nackte Fuß-
2 sohle, und der **Hals** ist noch verhältnismäßig gut abgesetzt. Am Schädel sind noch ein
oberer Augenhöhlenfortsatz und ein Scheitelkamm vorhanden. Das hängt natürlich
mit dem verhältnismäßig kräftigen Gebiß und der gut entwickelten Kaumuskulatur
zusammen.

(...) Auch das Milchgebiß ist noch gut entwickelt und wird erst einige Monate
3 nach der Geburt gewechselt. Die Hinterfüße können noch unter den **Leib** gebracht
werden. Dem steht gegenüber, daß ihre Gliedmaßen die ausgesprochenste und läng-
4 5 ste **Flosse** unter den Robben tragen. Die **Schwimmhaut** überragt die Zehenspitze weit
und ist, wenigstens bei *Otaria*, durch Knorpel gestützt. Ob wir aber in diesen einzelstehenden, nicht durch Haut untereinander verbundenen Endlappen mit Weber und anderen eine Wasseranpassung zu sehen haben, oder, nach Reh («Die Gliedmaßen der Robben» in «Jenaische Zeitschrift», 1893), eine Landanpassung der Flossen, die vor Einsinken in Schnee bei den Tieren, die ja viel ans Land gehen, schützen soll, mag

unentschieden bleiben. Die **Nägel** sind an der **Hand** fast geschwunden, am **Fuß** nur 6 7 8
noch an den drei mittleren **Zehen** vorhanden. Meist übertreffen die Männchen die 9
Weibchen bedeutend an Größe. Zur Fortpflanzungszeit finden um den Besitz der letzteren heftige Kämpfe statt. Dann kommen die Tiere an das Land. Sie sind polygam und leben in Herden.

Sehr merkwürdig ist ihre Verbreitung. Sie sind vorwiegend antarktisch, d.h. sie leben um den Südpol auf einem Streifen, der etwa der «Westwindtrift» entspricht. Nur wenige Arten finden sich nördlich des Äquators, und zwar nur im Stillen Ozean: die beiden Seelöwen der kalifornischen Küste und der Seebär des Beringmeeres. Aber ihre Verbreitung ist wichtig, weil sie uns heute noch den Weg zeigt, auf dem die Flossenfüßer den Äquator überqueren konnten, ein interessantes Problem, da sie ja im allgemeinen die heißen Meere scheuen, sich aber in den kälteren sowohl der nördlichen als der südlichen Halbkugel finden. An der ganzen Westküste von Amerika ist das Meerwasser auffallend kalt, weil von Norden und Süden zwei kalte Strömungen, der kalifornische und der Perustrom, fortwährend kaltes Wasser bis weit in die Tropen führen. Gleichzeitig dringen in den Breiten der Passate sowohl nördlich wie südlich des Äquators andauernd kalte Wassermassen aus der Tiefe an die Oberfläche. So können hier kälteliebende Wassertiere bis weit gegen den Äquator vordringen. In welchem Grade das möglich ist, zeigt uns eben die Verbreitung der Ohrenrobben. Während die Mähnenrobbe an der südamerikanischen Ostküste nur bis in die Gegend des La Plata nach Norden geht, reicht ihr Verbreitungsgebiet an der Westküste nach Peru, also fast bis zum Äquator. Unter dem Äquator, selbst auf den Galapagosinseln, finden wir dann *Arctocephalus galapagoensis* Brass. Nun fehlen allerdings an der mittelamerikanischen Küste Ohrenrobben, aber schon in Kalifornien begegnen wir der bekanntesten Art, dem Seelöwen. So liegt der Ausbreitungsweg klar vor unseren Augen. Hinzugefügt sei noch, daß in Afrika etwa die Lüderitzbucht der nördlichste Punkt ihres Verbreitungsgebietes ist.

Der starken Verfolgung halber, der die Ohrenrobben ihres Fleisches und Fettes und vor allem ihres Felles wegen ausgesetzt sind, ist heute ihre Zahl stark vermindert und ihr Wohngebiet sehr eingeengt. Wir können, Burmeister folgend, die Ohrenrobben je nach dem Vorhandensein oder Fehlen von Unterwolle in zwei Gruppen einteilen:

1) Pelzrobben oder Seebären, die Furseals des Pelzhandels, die Lieferanten des Sealskins, die bipolar verbreitet sind. *Arctocephalus ursinus* L. *(Callotaria)*, der Seebär, und einige weitere verwandte Arten, bewohnen den nördlichen Stillen Ozean. *Arctocephalus australis* Zimm., *Arctocephalus pusillus* Schreb. und ihnen nahestehende Formen leben vorwiegend im Süden, an den Küsten des südlichen Südamerika und Afrika, der Kerguelen und Neuseelands. Eine hierhergehörige Form, *A. townsendi* Merriam, überschreitet allerdings den Äquator und findet sich an der kalifornischen Küste. Die Verbreitung dieser als *Arctocephalus* im engeren Sinne

Fig. 50 **Japanischer Seelöwe** *Zalophus japonicus* (1/13 der Originalgröße)

bezeichneten Untergattung bildet also ein Seitenstück zu der zu den Seehunden gehörigen Gattung *Macrorhinus.*

2) Haarrobben oder Seelöwen. Ihr Verbreitungsgebiet ist weit zerstreuter als das der vorhergehenden. An der Küste des südlichen Südamerika wohnt *Otaria byronia* B. Im nördlichen Stillen Ozean von der Beringstraße nach Süden bis Japan und Kalifornien lebt *Eumetopias jubatus* Schreb. An den Küsten des letzteren trifft er mit ***Eumetopias californianus*** **Less.** *(Zalophus)* ☞Fig. 50 zusammen, dem bekanntesten Vertreter der Ohrenrobben. Dessen nächster Verwandter, *E. lobatus* Gray *(Zalophus),* bewohnt die Meere um Südjapan, Australien und Neuseeland. Doch sind beide Gruppen nicht scharf getrennt, da *Phocarctus hookeri* Gray von der Insel Auckland in der Jugend dichte Unterwolle besitzt, die ihm im Alter fehlt.

(...) Der gewöhnliche Seelöwe der zoologischen Gärten ist aber nicht der eben besprochene, sondern der (...) erwähnte Kalifornische Seelöwe, *Eumetopias californianus* Less. *(Zalophus, Otaria, gillespii).* Sein Äußeres beschreibt Heck («Das Tierreich») wie folgt: «Dies ist der Kalifornische Seelöwe, dessen altes Männchen sich durch einen auffallenden Stirnbuckel, vermöge starker Ausbildung der Knochenleiste am Schädel sehr hoch gewölbten, gegen die **Nase** steil abfallenden **Oberkopf** aus- 10 11
zeichnet. Die überhaupt viel kleineren, nur den dritten Teil so schweren Weibchen haben dagegen sehr schmale, flache und kleine **Köpfe**, die im Verein mit den langen 12
beweglichen Hälften den Bewegungen der Tiere oft etwas Aal- oder Schlangenartiges geben. Die Farbe ist im Wasser schwarz, beim Männchen am ganzen Körper, beim Weibchen auf der Unterseite, an Brust und Bauch etwas heller, rötlich. Bei längerem Aufenthalt auf dem Lande, während das kurze Haarkleid immer mehr abtrocknet, geht aber die dunkle Farbe allmählich in ein, man möchte sagen: verschossenes, helles Braun oder mattes Lehmgelb über.»

Über ihr Gefangenenleben sowie ihre Fortpflanzung in der Gefangenschaft hat Wunderlich sehr gute Beobachtungen mitgeteilt («Zool. Garten», 1890). Danach dauert die Brunft zwei Tage. Die Paarung findet im Wasser statt. Die Trächtigkeitszeit beträgt 342 bis 347 Tage. Die Wurfzeit fällt in den Juni oder Juli. Die Jungen, die mit offenen **Augen** geboren wurden, gingen in Köln am dritten Tage nach der Geburt ins 13
Wasser. Ihr Kleid glich dem der Mutter. Sie nährten sich 7–8 Monate lang nur von der Milch der Mutter, nach einem Jahre hörte das Säugen ganz auf. Sie wechselten in der zweiten Hälfte des Dezember ihr Haarkleid das erstemal, und nun glichen schon die jungen Männchen ganz den alten. Zur gleichen Zeit wechselten auch die Alten das Haarkleid, und zwar nur dies eine Mal in jedem Jahre. Das (...) Gebrüll lassen auch die gefangenen Seelöwen, und zwar ständig, hören, so daß sie sich dadurch recht unan-genehm bemerkbar machen. Der Kölner Bulle schrie derart, daß man ihn bei gutem Winde auf dem anderen Ufer des Rheins in Mülheim hören konnte.⌋ +++

## **Karibische Mönchsrobbe** *Monachus tropicalis* (Gray, 1850)

**Länge:** 230–380 cm **Gewicht:** 240–320 kg **Lebenserwartung:** ca. 20 Jahre **Ehemaliges Verbreitungsgebiet:** Karibik, Golf von Mexiko **Zeitpunkt des Aussterbens:** 1981 **Ursachen des Aussterbens:** Jagd nach Tran und Fleisch; Zerstörung des Lebensraums

Seehunde oder Robben in engerem Sinne heißen die Mitglieder der zweiten Familie unserer Ordnung (Phocina). Durch das Fehlen einer Ohrmuschel, die verkürzten,
1 2 sozusagen im **Leibe** steckenden Gliedmaßen, die behaarten Sohlen und **Schwimmhäute**,
3 4 die von innen nach außen an Größe abnehmenden **Zehen** der **Vorderfüße** und die
5 merklich verkürzten **Mittelzehen** der außen zu beiden Seiten verlängerten, in der
6 Mitte aber ausgeschnittenen **Hinterflossen** unterscheiden sie sich äußerlich von den Verwandten. Das Gebiß besteht entweder aus zwei Schneidezähnen in jedem Ober- und einem in jedem Unterkiefer, oder aus zwei Schneidezähnen oben und unten, oder endlich aus je drei Schneidezähnen im Ober- und je zwei im Unterkiefer, von denen die äußeren ebenfalls merklich vergrößert zu sein pflegen, dem Eckzahne und fünf ein- oder zweiwurzeligen Backenzähnen in jeder Reihe oben und unten; dem Schädel fehlt der hintere Augenhöhlenfortsatz. Dichtstehende, mehr oder minder lange, niemals aber zu einer Mähne entwickelte Grannenhaare, seltener auch von ihnen überdeckte, spärlich stehende Wollhaare bilden das Kleid, welches bei den meisten Arten in der wohl allgemein bekannten Weise gefleckt und nur bei wenigen Seehunden einfarbig ist oder größere Farbenfelder zeigt.

(…) Weit mehr verbreitet als sämmtliche übrigen Robben, bevölkern die See-
x hunde nicht allein die **Meere** der Erde, sondern auch die großen Binnenseen, welche mit jenen durch Flüsse in Verbindung stehen oder mindestens in Verbindung ge-

standen haben. Sie bewohnen alle Gürtel der Erde, in besonderer Häufigkeit aber
doch die kalten, und treten namentlich im nördlichen Polarkreise in einer erheblichen
Anzahl von Arten auf. Von den Ohrenrobben unterscheiden sie sich hinsichtlich des
Aufenthaltes darin, daß sie mehr oder weniger an die **Küsten** gefesselt sind. Nur weni- x
ge entfernen sich weit vom Lande; die meisten suchen unbelebte Stellen der Küsten
auf und treiben sich hier bald im Wasser, bald auf dem Lande umher. Im allgemeinen
kann man annehmen, daß das Land höchstens noch dreißig Seemeilen entfernt ist,
wenn man Seehunde bemerkt. An manchen Küsten sind die vielfach verfolgten Thie-
re noch sehr häufig und im allgemeinen nirgends selten, obwohl eine stetige Abnah-
me sich nicht verkennen läßt.

In ihrem Wesen ähneln sie, in ihren Bewegungen auf dem Lande unterscheiden
sie sich nicht unwesentlich von den Ohrenrobben, weil sie nicht im Stande sind, wie
diese zu gehen, sondern einzig und allein rutschend sich forthelfen müssen. Nur im
Wasser zeigen sie sich jenen ebenbürtig und in ihrer vollen Beweglichkeit; denn sie
schwimmen und tauchen meisterhaft. Mit den Vordertatzen arbeitend, wie die Fi-
sche mit ihren Flossen, bewegen sie die beiden **Hinterbeine** bald gegen einander, hier- 7
durch das zwischen ihnen gesammelte Wasser ausstoßend und sich somit vorwärts
treibend, bald aber seitlich hin und her schwingend und dadurch ungefähr die gleiche
Wirkung erzielend. Es gilt ihnen vollständig gleich, ob sie auf dem **Bauche** oder auf 8
dem **Rücken** liegen, und ob sie sich nahe oder tief unter der Oberfläche bewegen. Sie 9
durcheilen das Wasser mit der Schnelligkeit eines Raubfisches und wälzen sich blitz-
schnell um sich selbst herum, sind auch im Stande, so lange es ihnen beliebt, auf
einer und derselben Stelle zu verweilen. Zu diesem Ende ziehen sie ihre **Vorderflossen** 10
dicht an den Leib, krümmen ihn, daß der Hintertheil desselben senkrecht steht, wäh-
rend **Kopf** und **Oberkörper** wagerecht gerichtet sind, und verharren so halbe Stunden 11 12
lang in dieser Lage, den Kopf zur Hälfte, den Rücken ein wenig über die Oberfläche
des Wassers erhoben. Wenn sie weite Strecken zurücklegen wollen, schwimmen sie
mit großer Schnelligkeit geradeaus, nicht aber immer mit nach unten gekehrter **Brust**, 13
häufig vielmehr auch auf dem Bauche oder auf einer Seite. Wenn sie sich unterhalten
wollen, beschreiben sie Kreise, springen dann und wann mit vollem Leibe aus dem
Wasser heraus, jagen und necken sich oder spielen auch allein wie trunken im Was-
ser umher, kommen bald mit dem Bauche in die Höhe, schieben sich auf dem Rücken
fort, drehen und wenden sich, kollern sich um und um und benehmen sich überhaupt
im höchsten Grade sonderbar, vergessen sich auch dabei nicht selten so vollständig,
daß ein geschickter Jäger oder Fänger, ohne von ihnen bemerkt zu werden, bis in die
Wurfweite einer Harpune an sie herankommen und sie erlegen kann. Auf ihrer
Fischjagd steigen sie in sehr bedeutende Tiefen hinab und verweilen unter Umständen
geraume Zeit unter Wasser, keineswegs aber so lange, als von einzelnen behauptet
worden ist. Wenn sie nicht verfolgt werden, steigen sie durchschnittlich alle Minuten
an die Oberfläche empor, um Luft zu schöpfen. Nach eigenen, mit der Uhr in der

Hand angestellten Beobachtungen athmen sie im Wasser in Zwischenräumen von 15, 30, 45, 75, 90, 100, 104 bis 125 Sekunden, auf dem Lande alle fünf bis acht Sekunden einmal. Nun mag es geschehen, daß verfolgte Seehunde auch das drei- und vierfache der angegebenen Zeit unter Wasser aushalten; in keinem Falle aber dürften sie im Stande sein, halbe Stunden lang hier zuzubringen, wie dies wiederholt behauptet und geglaubt worden ist. Auch Fabricius, welcher die bei Grönland vorkommenden Seehunde sehr ausführlich beschreibt, glaubt nicht, daß eine Robbe länger als sieben Minuten unter Wasser verweilen könne. Brown, welcher eigens zu dem Zwecke nach Grönland gereist ist, um die Seethiere zu beobachten, setzt als äußerste Zeit, welche ein Seehund unter Wasser zubringen kann, funfzehn Minuten fest, bemerkt jedoch ausdrücklich, daß er regelmäßig nicht länger als acht Minuten tauche. Meiner Ansicht nach sind selbst funfzehn Minuten zu hoch gegriffen. Die Beobachtung eines im Meere sich bewegenden und jagenden Seehundes ist schwer und wird dies um so mehr, je tiefer er taucht und je längere Zeit er im Wasser zubringt. Bei längerem Tauchen durcheilt er jagend weite Strecken, erscheint, wenn er in Eifer geräth, nur auf Augenblicke an der Oberfläche, einzig und allein zu dem Zwecke, um Athem zu holen, streckt dabei in den meisten Fällen auch bloß seine Nasenspitze aus dem Wasser und kann also sehr leicht übersehen werden und zu Beobachtungsfehlern Anlaß geben. Die von mir gepflegten Gefangenen haben nach vielfachen Beobachtungen von mir nie mehr als fünf bis sechs Minuten unter Wasser zugebracht, und dies auch nur, wenn sie schliefen. Die Seehunde schlafen nämlich wirklich im, wenn auch möglicherweise bloß im seichteren Wasser. Vermittels einiger Flossenschläge kommen sie von
14 Zeit zu Zeit mit geschlossenen **Augen** bis zur Oberfläche empor, schöpfen Athem, sinken hierauf wieder bis auf den Grund hinab und wiederholen dies bei jedem Luftwechsel. Ihre Bewegungen hierbei scheinen bewußtlos zu geschehen. Daß sie auch auf der Oberfläche liegend schlafen können, geht aus sogleich zu erwähnenden Beobachtungen hervor.

(…) Obgleich die Seehunde tage- und wochenlang im Meere leben und alle ihre Geschäfte im Wasser abmachen können, begeben sie sich doch, wenn sie ruhen, schlafen und sich sonnen wollen, gern an das Land. Dies geschieht, wie jede Ortsveränderung außerhalb des Wassers, in anscheinend mühseliger Weise. Um zu gehen, erhebt sich der Seehund zuerst auf seine Vorderfüße und wirft den Leib ruckweise nach vorn, zieht hierauf die Vorderglieder an, legt sich auf die Brust, biegt den Rücken und fördert dadurch den Hintertheil, stemmt diesen auf die Erde, wirft sich wiederum nach vorn und verfährt wie vorher, bewegt seinen Leib also in beständigen Schlangenlinien. Drehungen geschehen einzig und allein durch seitliche Bewegungen des Vorderleibes und zwar mit Hülfe der Füße. Aus dem Wasser wirft er sich mit einem einzigen Rucke weit auf das Land heraus, indem er seine ausgebreiteten Hinterfüße heftig und rasch zusammenschlägt. Bei einzelnen Arten bemerkt man die Eindrücke der Vorderfüße zu beiden Seiten der Bahn, welche er gerutscht ist, als eine schwache

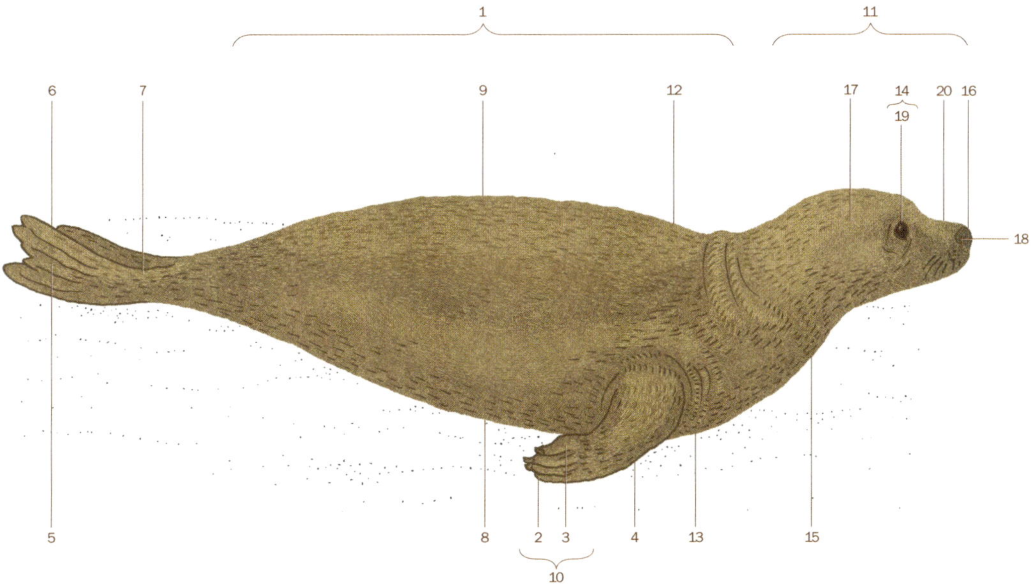


Fig. 51 **Karibische Mönchsrobbe** *Monachus tropicalis* (1/25 der Originalgröße)

Fährte, gewöhnlich vier kleine, schief von vorn nach hinten und auswärts gerichtete Punkte. Bei Angst oder Gefahr pflegen alle Seehunde beständig Wasser auszuspucken, vielleicht um die Bahn zu glätten. So schwerfällig solcher Gang erscheint, so rasch fördert er: ein laufender Mensch muß sich fast anstrengen, wenn er einen auf dem Lande dahingleitenden Seehund einholen will. Der hintere Theil des Robbenkörpers ist ebenso beweglich wie der **Hals.** Der Seehund kann sich so drehen, daß er vorn auf dem Rücken und hinten auf der Unterseite liegt, oder umgekehrt, und ist ebenso im Stande, den Kopf nach allen Seiten hin zu wenden.

Ein am Lande ruhender Seehund gewährt das ausdrucksvollste Bild ebenso großer Faulheit als Behäbigkeit. Namentlich wenn die Sonne scheint, liegt er überaus behaglich und auf lange Zeit hin vollkommen regungslos am Strande. Es sieht aus, als wäre er viel zu faul, um auch nur eine einzige Bewegung auszuführen. Wie er sich hingelegt hat, bleibt er liegen. Bald wendet er den Unterleib, bald den Rücken, bald die rechte, bald die linke Seite der Sonne zu, zieht die Vorderflossen an oder läßt sie schlaff vom Leibe herabhängen, schlägt die Augen auf oder schließt sie wohlgefällig, blinzelt oder starrt gedankenlos ins weite, öffnet nur zuweilen die verschließbaren

Hörgänge und Nasenlöcher und zeigt überhaupt keine andere Bewegung, als die durch das Athemholen bedingte. So kann er stundenlang liegen, abgestumpft gegen äußere Eindrücke, gänzlich in seiner Faulheit versunken. Jede Störung dieses ihm offenbar höchst wohlthuenden Zustandes ist ihm aufs tiefste verhaßt, und es muß arg kommen, ehe er sich wirklich bewegen läßt, eine andere Lage anzunehmen. Ich habe Gefangene durch das Gitter ihres Behältnisses hindurch mit Strohhalmen an der Nase gekitzelt und sie anderweitig belästigt, ohne sie aus der einmal gewählten Stellung vertreiben zu können. Die Störung war ihnen höchst unangenehm: sie knurrten sehr ärgerlich, schnappten wohl auch einmal nach dem Halme, blieben aber liegen. Anders ist es freilich, wenn sie wiederholte Neckereien erfahren haben; denn dann flüchten sie gewöhnlich bald in das Wasser, falls sie dieses als zu ersprießlichem Rückzuge geeignet erkannt haben.

x Auf günstig gelegenen **Klippen** entsteht oft heftiger Streit um die besten Plätze unter den Seehunden selbst. Der stärkere wirft den schwächeren zur Tiefe herab, nur um sich so bequem als möglich recken und dehnen zu können.

(...) Die Stimme der Seehunde ist bald ein heiseres Gebell, bald ein Plärren; im Zorne knurren sie wie die Hunde; während der Fortpflanzung sollen sie ein lautes Gebrüll ausstoßen.

Bereits die Alten haben die Seehunde als hochbegabte Thiere geschildert. Ihre
16 17 Sinne scheinen gut und ziemlich gleichmäßig entwickelt zu sein. **Nase** und **Ohren** sind verschließbar und erscheinen im Leben bald als dreieckige, rundliche Löcher,
18 bald nur als schmale Ritzen. Die **Nasenlöcher** werden bei jedem Athemzuge geöffnet, hierauf sofort wieder geschlossen und bleiben, auch wenn das Thier auf dem Lande ruht, bis zum nächsten Luftwechsel zusammengekniffen, die Ohren werden nur im Wasser und selbst hier nicht fortwährend zugeklappt. In dem großen, wenig gewölbten Auge füllt die licht- bis dunkelbraune Regenbogenhaut fast den ganzen von
19 den **Lidern** freigelassenen Raum; das Weiße sieht man selten. Der Stern ist nicht rundlich oder länglich, sondern vierstrahlig. Es will mir scheinen, als sei dies nur von Fabricius beobachtet, von den anderen Naturforschern aber übersehen oder nicht für möglich gehalten worden, weil ich ausschließlich bei genanntem hiervon eine Andeutung fand. Allerdings nimmt man diese eigenthümliche Bildung nur unter der günstigsten Beleuchtung wahr, und auch dann muß man das Auge sehr nahe vor sich haben. Höchst wahrscheinlich gestattet diese Einrichtung jene außerordentliche innere Beweglichkeit des Auges, welche man bei Seehunden beobachtet hat, und befähigt dadurch die letzteren, nicht allein in verschiedenen Tiefen des Wassers, sondern auch bei Tage und bei Nacht in annähernd gleicher Schärfe zu sehen. Bemerkenswerth ist der geistige Ausdruck des Seehundauges, bemerkenswerth ebenso, daß er, wie andere Robben, bei Erregungen irgend welcher Art, namentlich aber im Gefühle des Schmerzes Thränen vergießt. Wenn wir, und wohl mit Recht, das Gesicht als den am höchsten entwickelten Sinn ansehen, dürfen wir wahrscheinlich das Gehör als den

zweitbesten betrachten. Im Verhältnisse zur geringen Größe der äußeren Ohröffnung vernimmt der Seehund scharf genug; sein Gehörsinn ist jedoch nicht so fein, daß ihm laute Klänge unangenehm werden könnten.

Wie schon die Alten wußten, liebt er Musik und Gesang, wie neuere Beobachter erfuhren, lauscht er mit Theilnahme Glockenklängen oder anderen lauten Tönen. Ebenso wie die Alten nach seinem Bilde und seinem Auftreten und Erscheinen sich ihre Tritonen und Sirenen schufen, hat er, nicht aber der Delfin, die Arionsage ins Leben gerufen. Brown versichert, oft gesehen zu haben, daß Seehunde ihre Köpfe aus dem Wasser erhoben und aufmerksam lauschten, wenn die Matrosen beim Aufwinden des Ankers sangen, und Bell erwähnt, daß sie in gleicher Weise sich angezogen fühlen, wenn sie Glockenklang vernehmen. Die Kirche zu Hoy auf den Orkneyinseln liegt in der Nähe einer schmalen, sandigen Bucht, welche oft von Seehunden besucht wird, wie es scheint, aber nicht allein ihrer Lage, sondern auch der Kirchenglocken halber, eine besondere Anziehungskraft auf sie äußert; denn oft hat man beobachtet, daß sie beim Geläute der Glocken geraden Weges auf die Küste zuschwimmen, ihre Augen starr nach der Gegend richten, aus welcher ihnen die Glockentöne zukommen, und auf diese entzückt und verwundert lauschen, solange die Glocken geläutet werden. Es mag sein, daß sich mit dem Wohlgefallen an derartigen Klängen auch rege Neugier der Thiere paart; immerhin aber erscheint ihr Betragen auffallend und erwähnenswerth. Von der Schärfe der übrigen Sinne geben unsere Robben bei anderen Gelegenheiten Kunde. Obgleich ihre Nase bereits mehr zur Athmung als zum Riechen dient, darf ihr Geruch doch als gut bezeichnet werden, da man mit Bestimmtheit beobachtet hat, daß sie beim Sichern auch durch Wittern über eine etwaige Gefahr sich zu vergewissern suchen. Geschmack erweisen sie durch eine verständige Auswahl in der Nahrung, und Gefühl bekunden sie bei der leisesten Berührung, welche niemals spurlos an ihnen vorübergeht.

Es scheint, daß Seehunde gegen alle Thiere, welche nicht **Fische**, **Weichthiere** oder **Krebse** heißen, ziemlich gleichgültig sind; doch dürfte man wohl irren, wenn man dies als einen Beweis ihrer Gutmüthigkeit ansehen wollte. Hunden gegenüber benehmen sich die Gefangenen regelmäßig heftig, schnauben sie ärgerlich an oder suchen sie durch Zusammenklappen der Zähne zu verscheuchen. Dabei bethätigen sie keineswegs besonderen Muth, sondern eher grollende Furchtsamkeit, und wenn es ihnen irgendwie möglich ist, suchen sie einer derartigen Begegnung sich zu entziehen. Die von mir gepflegten Seehunde waren immer aufs äußerste entrüstet, wenn ich junge Bären in demselben Becken, welches jene bewohnten, baden ließ: sie schnaubten, knurrten, klappten die Kinnladen zusammen und schlugen zornig mit den Vorderflossen auf das Wasser, gingen aber niemals zum Angriffe über. Unter dem Wassergeflügel kann man sie ziemlich unbesorgt umherschwimmen lassen; sie vergreifen sich wenigstens nicht an denjenigen Vögeln, welche sie selbst nicht behelligen. Mit Gänsen, Enten und anderen Zahnschnäblern leben sie im tiefsten Frieden; gegen die Fischfresser zeigen sie sich weniger freundlich. So wurde einer meiner Reiher, welcher sich anschicken wollte, dem Seehunde seine Fische wegzunehmen, von der darüber erbosten Robbe am Fuße gepackt und durch Abbeißen des letzteren bestraft.

Besondere Zärtlichkeit beweisen sie, wie alle Robben, gegen ihre Jungen. Mit ihnen treiben sie mancherlei Spiele, vertheidigen dieselben auch, wenn Gefahr droht, muthig, selbst gegen stärkere Feinde. So vorsichtig sie im allgemeinen dem Menschen ausweichen, und so ängstlich sie, wenn sie üble Erfahrungen gesammelt haben, dem Jäger zu entrinnen trachten, so hat man doch beobachtet, daß sie, selbst hart bedrängt, bei ihren Jungen zurückbleiben und deren Geschick theilen. Anderseits versichert man, gesehen zu haben, wie sie unter Umständen das Junge mit einem ihrer vorderen Flossenfüße packen, es fest an die Brust drücken und es in dieser Weise so eilig als möglich dem Wasser zuschleppen.

Je nach der Gegend, in welcher die Seehunde leben, fällt die Paarungszeit in verschiedene Monate. In unserer nördlichen Erdhälfte findet sie im Herbste statt, in den südlichen Gegenden zwischen April und Juni. Die alten Männchen sollen sehr erregt sein, heftig unter einander streiten und für nichts anderes als für ihre Liebe Sinn haben. Es wird gesagt, daß dieses Gefühl sie vollständig in Anspruch nehme und die ihnen eigene Scheu gänzlich vergessen lasse. Ebenso heftig wie ihre Liebe ist auch ihre Eifersucht. Wer ihre grunzenden und brüllenden Töne nachzumachen versteht, lockt sie sicher zu sich heran.

(...) Ungefähr acht Monate nach der Paarung, in den Monaten Mai, Juni und Juli, wirft das Weibchen **eins**, seltener zwei **Junge** auf öden, unbewohnten Inseln, am liebsten an sandigen Stellen des Strandes, in Höhlen, sonst auch auf Felsblöcken und endlich auf Eisfeldern. Die Jungen kommen in vollkommen ausgebildetem Zustande zur Welt, sind aber mit einem dichten, weißen, zarten Pelze bedeckt, welcher sie am Schwimmen und noch mehr am Tauchen hindert, jedoch bald mit dem glatt anliegenden und steifen Jugendkleide vertauscht wird. Bis zu dieser Zeit bleiben die Weibchen auf dem Lande bei den Jungen.

Gelegentlich eines Besuches bei einem Thierhändler sah ich einen weiblichen Seehund, dessen Umfang zu frohen Hoffnungen berechtigte. Obgleich nun dieses Thier durch zwei Wunden, welche es beim Einfangen erhalten hatte, entstellt und als Schaustück werthlos war, beschloß ich doch, es zu kaufen, weil ich annehmen durfte, Gelegenheit zu mir wichtigen Beobachtungen zu finden. So viel ich wußte, hatten trächtige Seehunde schon wiederholt in der Gefangenschaft geboren; die Jungen waren aber immer sofort nach ihrer Geburt gestorben. Ich sollte glücklicher sein, vielleicht nur deshalb, weil ich der trächtigen Seehündin einen kleinen Teich zum Aufenthaltsorte anweisen konnte.

Die Geburt des wohlausgetragenen Jungen erfolgte am 30. Juni in früher Morgenstunde; denn der Wärter, welchem ich den Seehund in Pflege gegeben hatte, sah bei seiner Ankunft am Morgen das Junge bereits neben der Alten im Wasser spielen. Auf dem Lande fand ich neben einer ziemlichen Menge von Blut und dem Mutterkuchen auch das ganze Jugendkleid des Neugeborenen, einen nicht unbedeutenden Haufen seidenweicher, kurzer, aber gewellter Haare, welche sämmtlich auf einer Stelle von geringem Umfange lagen und bereits im Mutterleibe abgestreift worden zu sein schienen. Das Junge hatte keine Spur des Wollkleides mehr an sich; seine Färbung ähnelte vollständig der seiner Mutter; nur waren die einzelnen Farben frischer und glänzender. Die Augen schauten klar und munter in die Welt. Selbst die Bewegungen des jungen Weltbürgers waren schon gänzlich die seiner Eltern: im Wasser genau ebenso meisterhaft, auf dem Lande genau ebenso ungeschickt. Er schien in den ersten Stunden seines Lebens außerhalb des Mutterleibes bereits alle Fertigkeiten seines Geschlechtes sich angeeignet zu haben, schwamm auf dem Bauche wie auf dem Rücken, tauchte leicht und lange, nahm im Wasser die verschiedensten Stellungen an, geberdete sich mit einem Wort durchaus wie ein Alter. Aber es war auch als ein merkwürdig ausgebildetes und auffallend großes Thier zur Welt gekommen. Noch am Tage seiner Geburt gelang es uns, den kleinen, bereits wehrhaften Gesellen zu wiegen und zu messen: das Gewicht betrug 8,75 Kilogr., die Länge 85 Centim.

Es war im höchsten Grade anziehend, die beiden Thiere zu beobachten. Die Alte schien sichtlich erfreut über ihren Sprößling zu sein und offenbarte in jeder Hinsicht die größte Zärtlichkeit, wogegen das Junge, altklug, seine Mutter zu verstehen schien. Bereits in den ersten Tagen spielte diese in täppischer Weise mit ihm, zuerst im Wasser, später auch auf dem Lande. Beide rutschten mehrmals auf das Land hinauf; die Alte lud dazu das Junge durch ein heiseres Gebrüll ein oder berührte es sanft mit ihren Vorderflossen. Beim Spielen wurde die gegenseitige Anhänglichkeit jedermann ersichtlich. Von Zeit zu Zeit tauchten beide Köpfe im Wasser auf, dicht neben einander; dann berührten sie sich mit den **Schnauzen**, als wollten sie sich küssen. Die Alte ließ das Junge stets vorausschwimmen und folgte ihm bei jeder Bewegung nach, trieb es auch wohl ab und zu durch sanfte Schläge nach der von ihr beabsichtigten Richtung hin. Nur wenn es auf das Land gehen sollte, gab sie den zu nehmenden Weg an. Schon abends saugte das Junge unter hörbarem Schmatzen kräftig an der Mutter, welche sich zu diesem Ende auf die Seite legte und durch Knurren den Säugling herbeirief. Später kam es, sechs- bis zehnmal täglich, zu der Alten gekrochen, um sich Nahrung zu erbitten. Im Wasser saugte es nie; wenigstens habe ich es nicht gesehen. Ueberraschend schnell nahm das Junge an Größe und Umfang zu; auch seine Bewegungen wurden mit jedem Tage freier und kühner, seine Theilnahme und Verständnis für die Umgebung größer. Ungefähr acht Tage nach der Geburt nahm es auf dem Lande alle Seehundsstellungen an: die behagliche faule Lage auf den Seiten und auf dem Rücken, die gekrümmte, wobei es die Hinterflossen gefaltet hoch emporhob und mit ihnen spielte, und ähnliche mehr. In der dritten Woche seines Alters war es vollkommen zum Seehunde geworden.

(…) Höchst wahrscheinlich fressen die jungen Seehunde anfänglich Fische nicht, sondern nähren sich ausschließlich von Krebs- und anderen niederen Seethieren, namentlich auch verschiedenen Muscheln, welche die alten ebenfalls nicht verschmähen. Nach Browns Untersuchungen leben in den grönländischen Gewässern fast alle dort vorkommenden Seehunde je nach der Jahreszeit von sehr verschiedenen Seethieren, indem sie sich einfach diejenigen Monate zu nutze machen, in denen die eine oder andere Art ihrer Beute in größerer Menge sich zeigt. Während der Sommermonate bilden allerlei Krebsarten, welche jetzt die nördlichen Meere mit ihrer Menge erfüllen, insbesondere die überaus häufigen, vielartigen Garneelen, die bevorzugte Nahrung der Seehunde, wogegen diese zu anderen Zeiten fast ebenso ausschließlich auf Fische jagen. Wie man am besten aus ihren Kothhaufen erkennt, verzehren einzelne Robbenarten jederzeit nebenbei weichschalige Muscheln. Unter den Fischen wählen sie sich mit einer gewissen Leckerhaftigkeit, welche ihrem Geschmacke zur Ehre gereicht, möglichst diejenigen Arten aus, welche auch wir als vortreffliche Speisefische ansehen, insbesondere also Lachse, Dorsche, Häringe und verschiedenartige Schollen, verschmähen dagegen alle Fischarten, welche reich an Gräten sind. Nothgedrungen fressen sie, wie unsere Gefangenen beweisen, auch Flußfische, halten sich aber, wenn man ihnen ausschließlich solche reicht, immer nur kurze Zeit in Gefangenschaft, während sie, wenn sie mit Seefischen gefüttert werden, viele Jahre lang ausdauern. Eine Folge ihrer Fischnahrung ist, daß sie von Eingeweidewürmern arg heimgesucht werden und an den von diesen Schmarotzern herrührenden Zerstörungen ihrer Eingeweide nicht allzu selten sterben. Nach Browns Beobachtungen nehmen sie im Meere dann und wann auch einen schwimmenden Vogel weg; nach meinen Erfahrungen thun sie dies in Gefangenschaft nicht, weisen sogar das Fleisch abgehäuteter Vögel mit demselben Widerwillen von sich wie das unserer Haussäugethiere, weshalb es sehr schwer hält, sie an solches zu gewöhnen. Wie alle Fischfresser bedürfen sie eine erstaunliche Menge von Nahrung, wenn sie erwachsen sind, mindestens fünf Kilogramm Fische täglich, zeigen sich aber auch dann noch immer hungrig oder doch geneigt, sofort nach gehaltener Mahlzeit annähernd dieselbe Menge von Futter zu verschlingen.

(…) Außer dem Menschen haben die Seehunde einen schrecklichen Feind in dem Butskopf *(Orcinus orca)*, welchen die Grönländer und Normannen «Herr der Seehunde» nennen. Vor diesem Wale sieht man alle kleineren Robben in höchster Angst sich flüchten. Gejagt von dem gefräßigen Ungeheuer, springen sie in rasch sich folgenden Sätzen hoch über das Wasser empor, wenden alle Schwimm- und Taucherkünste an, versuchen, kleine Meerengen und seichte Stellen zu gewinnen, eilen auf das Land, überwinden in ihrer Todesnoth selbst die Furcht vor dem Menschen, schwimmen und kriechen sogar, demüthig wie Hunde, geraden Weges auf Robbenjäger zu, als hofften sie bei diesen ihren schonungslosen Feinden Schutz zu finden vor ihrem schonungslosesten Vertilger. Erreicht sie der ebenso gefräßige wie blutgierige

Delfin, so sind sie, wie weiter unten gezeigt werden wird, rettungslos verloren. Auch der Eisbär verfolgt sie unablässig und weiß sich ihrer, wie wir schon oben sahen, recht geschickt zu bemächtigen. Jungen Seehunden werden auch wohl große Raubfische gefährlich. ⌜Nach der Zahl der Schneidezähne unterscheiden wir drei Unterfamilien:

a) Die echten Seehunde (PHOCINAE) mit den Schneidezähnen 3/2. Die Verbreitung dieser Unterfamilie ist zirkumpolar mit einigen Vertretern in den europäisch-asiatischen Seen. *Phoca* L., mit mehrspitzigen (3-5 Spitzen) Backzähnen; *Halichoerus* Nilss., mit einspitzigen Backzähnen; *Erignathus* Gill, dessen erster Finger kleiner ist als der dritte. Die Bartrobbe, *E. barbatus* Fabr., des nördlichen Polarmeers, mit bis über 3 m Länge die größte Art der Unterfamilie, hat sich mehrmals auch im Ärmelkanal gezeigt.

b) Die Blasenrobben (CYSTOPHORINAE) mit der Schneidezahnformel 2/1 und kleinen, einspitzigen Backzähnen. Zehen 1 und 5 stark verlängert. Äußere Nase ausdehnungsfähig. Die zwei Gattungen sind arktisch und antarktisch. *Cystophora* Nilss. Männchen mit zwischen Auge und Nasenspitze blasig auftreibbarer Nase. Küsten Nordamerikas und Europas bis Frankreich. *Macrorhinus* F. Cuv. Nase des Männchens zu einem Rüssel verlängert. Antarktisch, aber auch an der kalifornischen Küste.

c) Die Mönchsrobben (MONACHINAE) mit Schneidezahnformel 2/2. Am meisten dem Wasser angepaßt, die Nägel rudimentär oder fehlend. Erste und fünfte Zehe stark verlängert. Hauptsächlich antarktisch, jedoch mit der Gattung *Monachus* Flem. Bis ins Mittelmeer und zur Küste von Florida reichend. Die sporadische Verbreitung dieser Gattung ist sehr interessant, indem ihre drei Arten die Nordpassat-Trift des Stillen und des Atlantischen Ozeans bewohnen, nämlich *M. schauinslandi* Mtsch. Die Insel Laysan, ***M. tropicalis* Gray** ☞Fig. 51 die Küsten zwischen Westindien und Yucatan und die Mönchsrobbe, der Seemönch, *M. albiventer* Bodd. (...), Madeira, die Kanarischen Inseln und das Mittelmeer, wo sie bis zum Schwarzen Meer vorgedrungen ist. Diese ziemlich einfarbig grauschwarze, unterseits weiße Robbe war schon Aristoteles bekannt, ist aber jetzt ein recht seltenes Tier. Die zweite Gattung, *Ogmorhinus* Ptrs. (Seeleopard), mit den drei Untergattungen *Leptonychotes* Gill, *Lobodon* Gray und *Ommatophoca* Gray, ist rein antarktisch.⌟ +++

## Schwarzfußiltis *Mustela nigripes* (Audubon und Bachman, 1851)

**Länge:** 42–60 cm **Gewicht:** bis 1 kg **Lebenserwartung:** 5–8 Jahre **Ehemaliges Verbreitungsgebiet:** Mittelwest-Kanada bis Nordwest-Texas, USA **Zeitpunkt des Aussterbens:** 1965 **Ursachen des Aussterbens:** Zerstörung des Lebensraums; Jagd nach Fell **Besonderes:** hervorragender Schwimmer und Taucher; geringe Verletzungsgefahr durch Bisse größerer Tiere aufgrund sehr dichten und festen Fells; anale Stinkdrüsen mit einem Sekretausstoß von bis zu 50 cm

⌈Unser Iltis verbreitet sich über die ganze gemäßigte Zone von Europa, geht sogar ein Stück in den nördlichen Gürtel hinüber. Mit Ausnahme von Irland, Lappland und Nordrußland ist er überall in unserem Erdteile zu finden. Ihm ist jeder nahrungversprechende Ort recht, und deshalb bewohnt er ebenso die Ebenen wie die Gebirge, x die **Wälder** wie die Felder, vor allem aber die Nähe menschlicher Wohnungen, zumal größerer Bauerngüter. Im Freien schlägt er sein Lager in hohlen Bäumen, im Geklüft, in alten Fuchsbauen und anderen Erdlöchern auf, die er zufällig findet; im Notfalle gräbt er sich selbst einen Bau. Auf den Feldern bezieht er das hohe Getreide; außerdem haust er in der Nähe von Felsen, zwischen Pfahlwerk, unter Brücken, in altem Gemäuer, dem Gewurzel größerer Bäume, dichten Hecken: kurz, er weiß es sich überall wohnlich zu machen, wo es irgend angeht, scheut sich jedoch vor eigener Arbeit und läßt lieber andere Tiere für sich graben und wühlen. Im Winter zieht er sich bei uns nach Dörfern oder Städten zurück und kommt hier der Hauskatze oder dem Hausmarder in das Gehege, dabei aber auch gelegentlich in Hühnerhäuser, Taubenschläge, Kaninchenställe und an andere Orte, wo er dann nicht eben zur Freude des Menschen eine Tätigkeit entwickelt, die bloß von seinen Familienverwandten erreicht, kaum aber übertroffen werden kann. Auf der anderen Seite ist er aber auch nützlich, und wenn die Bauern sonst Hühner, Tauben und Kaninchen gut verwahren, können sie mit ihrem Gaste ganz zufrieden sein; denn dieser fängt ihnen eine unschätzbare Menge von Ratten und **Mäusen** weg, säubert auch die Nähe der Wohnungen von Schlangen gründlich und verlangt dafür weiter nichts als ein warmes Lager im dunkelsten Winkel des Heubodens. Es gibt Gegenden, wo man ihn ebenso gern sieht, als man ihn an anderen Orten haßt. Er genießt dort einen gewissen Schutz von seiten der Landwirte.

(...) Außer den giftigen Schlangen verzehrt der Iltis nach Marderart alles Getier, das er überwältigen kann. Er ist ein furchtbarer Feind aller Maulwürfe, Feld- und Hausmäuse, Ratten und Hamster, selbst der Igel sowie sämtlicher **Hühner** und Enten. Die **Frösche** scheinen eine Lieblingsspeise für ihn zu sein; denn er fängt sie oft massenweise und sammelt sie in seinen Wohnungen zu Dutzenden. Im Notfalle begnügt er sich mit **Heuschrecken** und **Schnecken**. Aber auch auf den Fischfang geht er aus und lauert an **Bächen**, **Seen** und Teichen den **Fischen** auf, springt plötzlich nach ihnen ins Wasser, taucht und packt sie mit großer Gewandtheit; im Winter soll er sie sogar unter dem Eise hervorholen. Außerdem frißt er sehr gern **Honig** und **Früchte**. Seine Blutgier ist ebenfalls groß, jedoch nicht so groß wie bei den eigentlichen Mardern. Er tötet in der Regel nicht alles Geflügel eines Stalles, in den er sich geschlichen, sondern nimmt das erste beste Stück und eilt mit ihm nach seinem Schlupfwinkel, wiederholt aber seine Jagd mehrere Male in einer Nacht. Mehr als andere Marderarten hat er die Gewohnheit, sich Vorratskammern anzulegen, und nicht selten findet man in seinen Löchern hübsche Mengen von Mäusen, Vögeln, Eiern und Fröschen aufgespeichert. Seine Behendigkeit macht es ihm leicht, sich immer zu versorgen.

In Ostsibirien ändert der Iltis, nach Radde, seine Lebensweise. Er bleibt den dichten Wäldern meist fern, wählt aber auch nicht wie in Europa die Ansiedelungen der Menschen zu seinem Lieblingsaufenthalte. Wo Wälder sind, bevorzugt er die Ränder derselben oder sucht die Heuschläge auf, die Feld- und Spitzmäuse anlocken; mehr noch sagt ihm der öde und feste Boden der **Hochsteppen** zu, weil er hier sein Hauptwild, die Bobaks oder Steppenmurmeltiere, in größerer Menge findet, ebenso wie in den trockeneren Teilen der Hochgebirge ihn eine Zieselart zu fesseln weiß. In den daurischen Hochsteppen, wo sein Dasein eng an die genannten Murmeltiere geknüpft ist, sorgt er für die lange Winterszeit, in der letztere schlafen, indem er schon im Herbst, wenn das Erdreich noch nicht gefroren ist, tiefe Röhren gräbt, die nach den dann noch leeren Nestern der Murmeltiere führen; hier läßt er aber, sobald er merkt, daß er dem Neste nahe ist, eine dünne Erdschicht stehen, die er erst im Winter durchbricht, wenn die Murmeltiere, welche die von ihnen selbstgegrabenen Röhren verstopfen, im Winterschlafe liegen.

Alle Bewegungen des Iltis sind gewandt, rasch und sicher. Er versteht meisterhaft zu schleichen und unfehlbare Sprünge auszuführen, läuft bequem über die dünnste

Unterlage, klettert, schwimmt, taucht, kurz, macht von allen Mitteln Gebrauch, die ihm nützen können. Dabei zeigt er sich schlau, listig, behutsam, vorsichtig und mißtrauisch, sehr scharfsinnig und, wenn er angegriffen wird, mutig, zornig und bissig, also ganz geeignet, großartige Räubereien auszuführen. Nach Art der Stinktiere verteidigt er sich im Notfalle durch Ausspritzen einer sehr stinkenden Flüssigkeit und schreckt dadurch oft die ihn verfolgenden Hunde zurück. Seine Lebenszähigkeit ist unglaublich groß. Er springt ohne Gefahr von bedeutender Höhe herab, erträgt Schmerzen aller Art, wie es scheint, fast mit Gleichmut und erliegt nur unverhältnismäßig starken Verwundungen. Die Rollzeit des Iltis fällt in den März. An Orten, wo der Ratz häufig ist, gewahrt man, daß Männchen und Weibchen sich von Dach zu Dach verfolgen, oder daß zwei Männchen ihre nebenbuhlerischen Kämpfe ausfechten. Dabei schreien alle sehr laut, beißen sich nicht selten ineinander fest und rollen, zu einem Knäuel geballt, über die Dächer herab, fallen zu Boden, trennen sich ein wenig und beginnen den Tanz von neuem. Nach zweimonatiger Tragzeit wirft das Weibchen in einer Höhle und noch lieber in einem Holz- oder Reisighaufen, gewöhnlich im Mai, **3–7** etwa 14 Tage lang blinde **Junge**, die anfänglich rein weiß sind und erst allmählich das Kleid der Alten annehmen. Die Mutter sorgt für ihre Kleinen auf das zärtlichste und beschützt sie gegen jeden Feind; ja, sie geht zuweilen, wenn sie in der Nähe ihres Nestes Geräusch vernimmt, auch unangefochten auf Menschen los. Nach etwa sechs Wochen langer Kindheit gehen die Jungen mit der Alten auf Raub aus, und nach Ablauf des dritten Monats sind sie fast ebenso groß geworden wie diese. Man kann junge Iltisse durch Katzenmütter säugen lassen und zähmen, erlebt jedoch nicht viele Freude an ihnen, weil der angeborene Blutdurst mit der Zeit durchbricht und sie dann jedem harmlosen Haustiere nachstellen. Meist vertragen sich mehrere, die zusammengehalten werden, nicht, sondern erwürgen sich, bis der Stärkste übrigbleibt. Zum Austreiben der Kaninchen kann der Iltis ebensogut gebraucht werden wie das Frettchen; sein Gestank ist aber viel heftiger als bei diesem. Selbst Füchse werden von solchen gezähmten Iltissen aus ihren Bauen getrieben; denn deren Mut ist unverhältnismäßig groß, und sie greifen jedes Tier ohne weiteres an, oft in der unverschämtesten Weise, wehren sich auch nachdrücklich gegen Hunde. Wegen des bedeutenden Schadens, den das Tier anrichtet, ist es fast überall einer sehr lebhaften Verfolgung ausgesetzt. Man gebraucht alle üblichen Waffen und Fallen, um es zu erbeuten. Wo man sehr von Mäusen geplagt ist, tut man wohl, den Ratz laufen zu lassen und die Mühe, die sein Fang verursachen würde, lieber auf Ausbesserung und dichten Verschluß der Hühnerställe zu verwenden.

Das Fell des Iltis liefert ein warmes und dauerhaftes Pelzwerk, das aber seines anhaltenden und wirklich unleidlichen Geruches wegen lange Zeit weit weniger geschätzt wurde, als es seiner Dichtigkeit halber verdient. Neuerdings erst ist es etwas mehr zu Ehren gekommen und wird selbst von den empfindsamsten Damen ohne Widerstreben getragen. Nach Bratz gelangen gegenwärtig jährlich ungefähr 350000

Fig. 49 **Schwarzfußiltis** *Mustela nigripes* (¼ der Originalgröße); Inv. Nr. NMW ST 899

Iltisfelle auf den Rauchwarenmarkt. Die besten, die mit etwa 5 Mark das Stück bezahlt werden, liefern Holland, die Bayrische Hochebene, Norddeutschland und Dänemark, weniger gute Ungarn und Polen, die geringsten Rußland und Asien. In Rußland herrschen kleine schwärzliche, in Asien hellgelbliche, die einen sehr geringen Preis, etwa 2 Mark das Fell, haben, entschieden vor. Die Mehrzahl der Felle wird in den betreffenden Ländern selbst gebraucht, eine nicht unbedeutende Anzahl aber auch nach Schweden und Finnland ausgeführt. Aus den langen Schwanzhaaren fertigt man Pinsel; das Fleisch ist vollkommen ungenießbar und wird sogar von den Hunden verachtet. Außer den Menschen scheint der Ratz wenig Feinde zu haben. Gute Jagdhunde fallen ihn allerdings wütend an, wenn sie ihn nur erreichen können, und beißen ihn gewöhnlich bald tot; außerdem dürfte wohl bloß noch Reineke sein Gegner sein. Ein sehr eigentümlich gefärbter Vertreter der Iltisgruppe ist der **Schwarzfußiltis** ☞ Fig. 49, *M. (P., Cynomyonax) nigripes* Aud. Bach. (...).

Er ist ausgezeichnet durch schwarze **Füße** und eine schwarze Stirnbinde. Sonst 1
ist die Oberseite blaßbraun bis fast weiß mit bräunlichem Schimmer, die Unterseite weiß. Er bewohnt Nordamerika östlich der Rocky Mountains von Kansas bis Montana und Norddakota.⌋ +++

## Big Thicket-Schweinenasenskunk *Conepatus leuconotus telmalestes* Bailey, 1905* •

*im folgenden Text durch die Unterfamilie der «Stinktiere (MEPHITINAE)» allgemein beschrieben

**Länge:** 78–85 cm **Gewicht:** 4–4,5 kg **Lebenserwartung:** bis 7 Jahre **Ehemaliges Verbreitungsgebiet:** Texas (Big Thicket), USA **Zeitpunkt des Aussterbens:** 1994 **Ursachen des Aussterbens:** Jagd nach Pelz; Jagd zur gezielten Ausrottung des als Krankheitsträger geltenden Tieres; Dezimierung durch Straßenverkehr **Besonderes:** nachtaktiv; hochentwickelte anale Stinkdrüsen zur Abwehr von Feinden; Sprühen des Sekrets häufig «im Handstand», auf den Vorderpfoten stehend; bis zu 6 m Sprühweite

(…) Keine Küche eines Scheidekünstlers, keine Senkgrube, kein Aasplatz, kurz, kein Gestank der Erde soll an Heftigkeit und Unleidlichkeit dem gleichkommen, welchen die äußerlich so zierlichen **Stinkthiere** ☞ Fig. 48, zu verbreiten und auf Wochen und Monate hin einem Gegenstande einzuprägen vermögen. Man bezeichnet den Gestank mit dem Ausdruck «Pestgeruch»; denn wirklich wird Jemand, welcher das Unglück hatte, mit einem Stinkthiere in nähere Berührung zu kommen, von Jedermann gemieden, wie ein mit der Pest Behafteter. Die Stinkthiere sind trotz ihrer geringen Größe so gewaltige und mächtige Feinde des Menschen, daß sie Denjenigen, welchen sie mit ihren furchtbaren Safte bespritzten, geradezu aus der Gesellschaft verbannen und ihm selbst eine Strafe auferlegen, welche so leicht von keiner anderen übertroffen werden dürfte. Sie sind fähig, ein ganzes Haus unbewohnbar zu machen oder ein mit den kostbarsten Stoffen gefülltes Vorrathsgewölbe zu entwerthen.

Die Stinkthiere, nach Ansicht Gray's eine besondere Unterfamilie bildend, unterscheiden sich von den Dachsen, ihren nächsten Verwandten, durch merklich schlan-
1 2 3 keren **Leib**, langen, dicht behaarten **Schwanz**, große aufgetriebene **Nase**, schwarze
4 Grundfärbung und weiße Bandzeichnung. Der **Kopf** ist im Verhältnis zum Körper

klein und zugespitzt, die Nase auffallend häßlich, kahl und dick, wie aufgeschwollen; die kleinen **Augen** haben durchdringende Schärfe; die **Ohren** sind kurz und abgerun- 5 6
det; die kurzen **Beine** haben mäßig große **Pfoten**, mit fünf wenig gespaltenen, fast 7 8
ganz miteinander verwachsenen Zehen, welche ziemlich lange, aber keineswegs starke, schwach gekrümmte **Nägel** tragen, und mindestens auf den Ballen nackten Sohlen. 9
Das Gebiß besteht, nach Burmeister, aus je sechs Schneidezähnen, deren untere innen durch eine Längsfurche gezeichnet werden, kräftigen, obschon nicht sehr langen Eckzähnen und oben vier, unten fünf Backenzähnen, oder oben und unten drei Lück-, oben einen und unten zwei Backenzähnen, wird also aus 34 Zähnen zusammengesetzt. Bei einer Untersippe fällt der erste obere Lückzahn aus, und das bleibende Gebiß enthält dann nur noch 32 Zähne. Der Fleischzahn des Oberkiefers ist kurz, aber breit, sein innerer Zacken stark, jedoch flach; der untere Fleischzahn hat vorn drei kleine spitze Zacken und hinten eine große, vertiefte, die halbe Krone einnehmende Kaufläche; der Kauzahn des Oberkiefers ist sehr stark, fast quadratisch, nur wenig breiter als lang, innen bogig gerundet; der untere Kauzahn stellt einen kleinen, kreisrunden und vertieften Höcker dar. Durch diese Eigenthümlichkeiten der Kauzähne läßt sich das Gebiß leicht und scharf von dem anderer Marder unterscheiden. Die Stinkdrüsen haben bedeutende Größe, öffnen sich innen in dem Mastdarme und können durch einen besonderen Muskel zusammengezogen werden. Jede Drüse stellt, laut Hensel, einen etwa haselnußgroßen Hohlraum vor, dessen Wand mit einer Drüsenschicht ausgekleidet und an der Außenseite mit einer starken Muskellage umgeben ist. Den Hohlraum füllt eine gelbe ölähnliche Flüssigkeit, welche von dem Thiere durch Zusammenpressen des Muskels mehrere Meter weit weggespritzt werden kann, unmittelbar hinter dem After einen dünnen, gelblichen Strahl bildet, bald in einen feinen Staubregen sich verwandelt, wie wenn Jemand Wasser aus dem Munde hervorsprudelt, und somit einen großen Raum bestreicht. Bei älteren Thieren und bei Männchen soll dieser fürchterliche Saft stärker als bei jungen und Weibchen sein, seine Wirkung auch während der Begattungszeit sich steigern.

Als eigentliche Waldthiere kann man die Stinkmarder nicht bezeichnen; sie ziehen **steppenartige Gegenden**, in Amerika das Camposgebiet, in Afrika die Steppen, x
dem Urwalde vor. Bei Tage liegen sie in hohlen Bäumen, in Felsspalten und in Erdhöhlen, welche sie sich selbst graben, versteckt und schlafen; nachts werden sie munter und springen und hüpfen höchst beweglich hin und her, um Beute zu machen. Ihre gewöhnliche Nahrung besteht in **Würmern**, **Kerbthieren**, Lurchen, **Vögeln** und **Säu-** x x x x
**gethieren**; doch fressen sie auch **Beeren** und **Wurzeln**. Nur wenn sie gereizt werden x x
oder sich verfolgt sehen und deshalb in Angst gerathen, gebrauchen sie ihre sinnbetäubende Drüsenabsonderung zur Abwehr gegen Feinde, und wirklich besitzen sie in ihrer stinkenden Flüssigkeit eine Waffe wie kein anderes Thier. Sie halten selbst die blutdürstigsten und raubgierigsten Katzen nöthigenfalls in der bescheidensten Entfernung, und nur in sehr scharfen Hunden, welche, nachdem sie bespritzt worden

Fig. 48 **Big Thiket-Schweinenasenskunk** *Conepatus leuconotus telmalestes* (1/7 der Originalgröße)

sind, gleichsam mit Todesverachtung sich auf sie stürzen, finden sie Gegner. Abgesehen von dem Pestgestanke, welche sie zu verbreiten wissen, verursachen sie dem Menschen keinen erheblichen Schaden; ihre Drüsenabsonderung aber macht sie entschieden zu den von Allen am meisten gehaßten Thieren. Gegenwärtig unterliegt es keinem Zweifel mehr, daß die vielen Arten von Stinkthieren, welche man unterschieden hat, auf wenige zurückgeführt werden müssen, weil sich die außerordentliche Veränderlichkeit derselben zur Genüge herausgestellt hat. In der Lebensweise ähneln sich alle bekannten Arten, und es genügt daher vollständig, eine oder zwei von ihnen kennen zu lernen. +++

**Barbados-Waschbär** *Procyon lotor gloveralleni* Nelson und Goldman, 1930 * •

* Unterart des Waschbären *(Procyon lotor)*, im folgenden Text allgemein beschrieben

**Länge:** 80–110 cm **Gewicht:** bis 3,8 kg[A] **Lebenserwartung:** ca. 16 Jahre **Ehemaliges Verbreitungsgebiet:** Barbados **Zeitpunkt des Aussterbens:** 1964 **Ursachen des Aussterbens:** Zerstörung des Lebensraums; Jagd **Besonderes:** fast ausschließlich nachtaktiv; sehr guter Schwimmer; einzelgängerisch außer während Brunft und Aufzucht der Jungen; polygame Lebensweise

⌜Eine kleine Raubtierfamilie wird unter dem Namen Kleinbären (PROCYONIDAE) zusammengefaßt. Der lateinische Name, der etwa auf deutsch «Vorhunde» bedeutet, drückt schon die enge Bezeihung dieser Tiere zu den CANIDAE aus. Und tatsächlich werden sie auch wie diese auf *Cynodictis*-ähnliche ausgestorbene tertiäre Vorfahren zurückgeführt. Wenn diese Ableitung richtig ist, so muß bei ihnen etwas eingetreten sein, was einer sonst in der Stammesgeschichte allgemein angenommenen Regel widerspricht, daß es nämlich in der stammesgeschichtlichen Entwickelung keine Umkehrung gibt. Denn der Reißzahn der CYNODICTINAE war entschieden höher spezialisiert, als es der der PROCYONIDAE ist. Heute fast rein amerikanisch, scheinen diese nach einigen Resten im Tertiär auch einmal vorübergehend Europa besucht zu haben, ohne hier festen Fuß fassen zu können.

Der deutsche Name der Familie «Kleinbären» weist auf die Beziehung zu den Bären hin. Eine solche besteht zweifellos; z.B. im Gebiß haben beide gering entwickelte Reißzähne. Allerdings sind diese bei beiden Familien etwas verschieden gebaut. Auch sind beide Familien fünfzehige Sohlengänger. Stammesgeschichtlich gehören sie also wohl enger zusammen. So sind die Kleinbären sehr geeignet, von den übrigen ARCTOIDAE zu den Bären überzuführen, um so mehr als der niedrig gestellte, langgestreckte und bei den meisten in einem buschigen Schwanz endende Körper noch sehr an Marder erinnert, bei denen es ja auch Sohlengänger (Dachs) gibt. Im Gebiß zeichnen sie sich insofern aus, als der letzte obere Lückzahn und der erste untere echte Backzahn nicht als typische Reißzähne entwickelt sind. Der obere sogenannte Reißzahn ist viereckig und hat oft vier Höcker. Die Kleinbären bewohnen in der Mehrzahl das tropische und gemäßigte Amerika, nur eine Gattung lebt in Südostasien. Alle sind sie Baumbewohner.⌋

Die Sippe der Waschbären *(Procyon)* kennzeichnet sich durch folgende Merkmale.
1 2 3 Der **Leib** ist gedrungen gebaut, der **Kopf** hinten sehr verbreitert, die **Schnauze** kurz;
4 5 die großen **Augen** liegen nah aneinander, die großen abgerundeten **Ohren** ganz an
6 den Kopfseiten; die **Beine** sind verhältnismäßig hoch und dünn; die nacktsohligen
7 Füße haben mittellange, schlanke **Zehen** und mäßig starke, seitlich zusammen-
8 9 gedrückte **Nägel**; der **Schwanz** ist lang, der Pelz reich-, lang- und schlichthaarig.

Das Gebiß zeigt am oberen Fleischzahne innen einen breiten, kegelförmigen Ansatz, während der untere Fleischzahn dick, länglich und einem Höckerzahne ähnlich ist; die oberen quergestellten Höckerzähne sind nach innen etwas verschmälert, die unteren verhältnismäßig lang.

Man kennt nur zwei, in Gestalt, Färbung und Wesen sehr übereinstimmende Arten dieser Gruppe. Der **Waschbär** ☞Fig.52 oder Schupp (*Procyon lotor, Ursus* und *Meles lotor, Lotor vulgaris, Procyon gularis, brachyurus* und *obscurus* usw.) erreicht bei 65 Centim. Leibes- und 25 Centim. Schwanz- oder 90 Centim. bis 1 Meter Gesammtlänge 30 bis 35 Centim. Höhe am Widerrist. Der Pelz ist gelblichgrau, schwarz gemischt, weil die Grannen am Grunde braun, in der Mitte bräunlichgelb und darüber schwarz gefärbt sind, somit eine höchst eigenthümliche Gesammtfärbung
10 zu Stande bringen. Die **Vorderarme**, ein Busch in der Ohrengegend, welcher hinter
dem Ohre von einem braunschwarzen Flecken begrenzt wird, die Schnauzenseiten
11 12 und das **Kinn** haben eintönig gelblich weißgraue Färbung. Von der **Stirne** bis zur
Nasenspitze und um das Auge ziehen sich schwarzbraune Streifen; über die Augen
13 14 weg zu den Schläfen verläuft eine gelblichweiße Binde. Die **Vorder**- und **Hinterpfoten**
15 16 sind bräunlich gelbgrau, die langen Haare des **Unterschenkels** und der **Unterarme**
tief dunkelbraun. Der grau-gelbe Schwanz ist sechsmal schwarzbraun geringelt und endet in eine schwarzbraune Spitze. Keine einzige dieser Farben sticht besonders von den anderen ab, und so wird die Gesammtfärbung, schon aus einer geringen Entfernung betrachtet, zu einem schwer zu bestimmenden und bezeichnenden Grau, welches sich der Rindenfärbung ebenso vortrefflich anschließt wie dem mit frischem oder trockenem Grase bewachsenen Boden. Ausartungen des Waschbären sind selten, kommen jedoch vor. So steht im Britischen Museum ein Weißling, dessen Behaarung mit dem blendenden Felle des Hermelins wetteifern kann.

(...) Er ist ein munterer, schmucker Bursche, welcher durch große Regsamkeit und Beweglichkeit sehr erfreut. Bei gleichgültigem Dahinschlendern senkt er den

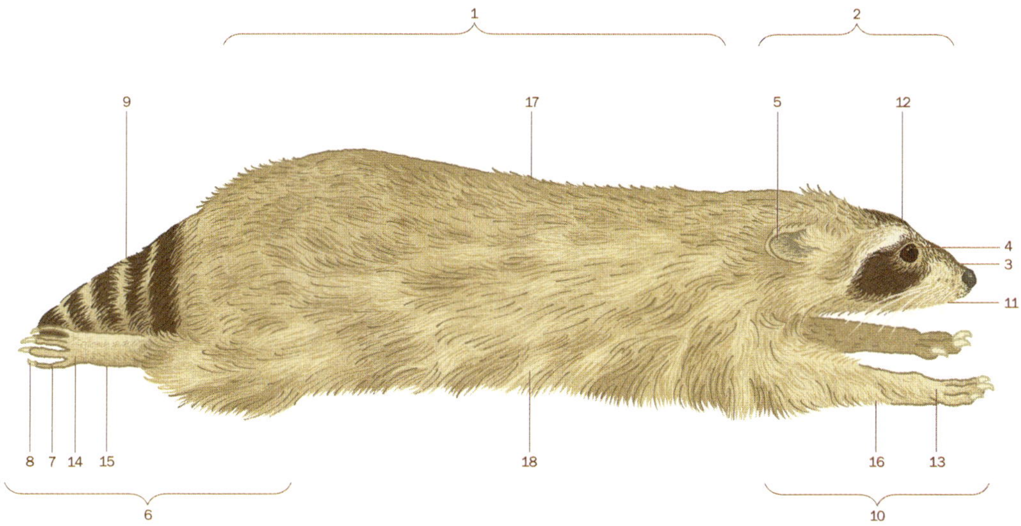


Fig. 52 **Barbados-Waschbär** *Procyon lotor gloveralleni* (1/8 der Originalgröße, Illustr. nach *Procyon lotor*); Inv. Nr. ZMB 771

Kopf, wölbt den **Rücken**, läßt den Schwanz hängen und schleicht schiefen Ganges 17
ziemlich langsam seines Weges fort; sowie er jedoch eine der Theilnahme würdige Entdeckung macht, z.B. eine Fährte auffindet oder ein unbesorgtes Thierchen in großer Nähe spielen sieht, verändert sich sein Wesen gänzlich. Das gestruppte Fell glättet sich, die breiten Lauscher werden gespitzt, er stellt sich spähend auf die Hinterbeine und hüpft und läuft nun leicht und behend weiter oder klettert mit einer Geschicklichkeit, welche man schwerlich vermuthet hätte, nicht bloß an schiefen und senkrechten Stämmen hinan, sondern auch auf wagerechten Zweigen fort und zwar von oben oder unten. Oft sieht man ihn wie ein Faulthier ☞Fig. 53 oder einen Affen mit gänzlich nach unten hängendem Leibe rasch an den wagerechten Zweigen fortlaufen, oft und mit unfehlbarer Sicherheit Sprünge von einem Aste zum anderen ausführen, welche eine nicht gewöhnliche Meisterschaft im Klettern bekunden.

Auch auf der Erde ist er vollkommen heimisch und weiß sich durch satzweise Sprünge, bei denen er auf alle vier Pfoten zugleich tritt, schnell genug fortzubewegen. In seinem geistigen Wesen hat er etwas affenartiges. Er ist heiter, munter, neugierig, neckisch und zu lustigen Streichen aller Art geneigt, aber auch muthig, wenn es sein muß, und beim Beschleichen seiner Beute listig wie der Fuchs. Mit seines gleichen verträgt er sich ausgezeichnet und spielt selbst im Alter noch stundenlang mit anderen Gesinnungsgenossen oder, in der Gefangenschaft z.B., mit jedem Thiere, welches sich überhaupt zum Spielen mit ihm einläßt.

Der Schupp frißt alles, was genießbar ist, scheint aber ein Leckermaul zu sein, welches sich, wenn es nur angeht, immer die besten Bissen auszusuchen weiß. **Obst** aller Art, Kastanien, wilde Trauben, Mais, so lange die Kolben noch weich sind, liefern ihm schätzbare Nahrungsmittel; aber er stellt auch den Vögeln und ihren Nestern nach, weiß listig ein **Hühnchen** oder eine Taube zu beschleichen, versteht es meisterhaft, selbst das verborgenste Nest aufzuspüren, und labt sich dann an den Eiern, welche er erstaunlich geschickt zu öffnen und zu leeren weiß, ohne daß irgend etwas von dem Inhalte verloren geht. Nicht selten kommt er bloß deshalb in die Gärten oder in die Wohnungen herein, um Hühner zu rauben und Hühnernester zu plündern, steht auch aus diesem Grunde bei den Farmern nicht eben in gutem Ansehen. Selbst die **Gewässer** müssen ihm Tribut zollen. Gewandt fängt er **Fische**, **Krebse** und Schalthiere und wagt sich bei der Ebbe, solchem Schmause zu Liebe, oft weit in das Meer hinaus. Die dicken Larven mancher **Käfer** scheinen wahre Leckerbissen für ihn zu sein, die Heuschrecken fängt er mit großer Geschicklichkeit, und den maikäferartigen Kerfen zu Gefallen klettert er bis in die höchsten Baumkronen hinauf. Er hat die Eigenthümlichkeit, seine Nahrung vorher in das Wasser zu tauchen und hier zwischen seinen Vorderpfoten zu reiben, sie gleichsam zu waschen. Das thut er jedoch nur dann, wenn er nicht besonders hungrig ist; in letzterem Falle lassen ihm die Anforderungen des Magens wahrscheinlich keine Zeit zu der ihm sonst so lieben, spielenden Beschäftigung, welcher er seinen Namen verdankt. Uebrigens geht er bloß bei gutem Wetter auf Nahrungserwerb aus; wenn es stürmt, regnet oder schneit, liegt er oft mehrere Tage lang ruhig in seinem geschützten Lager, ohne das Geringste zu verzehren.

Im Mai wirft das Weibchen seine **vier** bis **sechs** sehr kleinen **Jungen** auf ein ziemlich sorgfältig hergerichtetes Lager in einem hohlen Baume; ausführlicheres über das Jugendleben des freigeborenen Waschbären scheint nicht bekannt zu sein.

(...) Der Waschbär wird nicht bloß seines guten Pelzes wegen verfolgt, sondern auch aus reiner Jagdlust aufgesucht und getödtet. Wenn man bloß seinem Felle nachstrebt, fängt man ihn leicht in Schlageisen und Fallen aller Art, welche mit einem Fische oder einem Fleischstückchen geködert werden. Weniger einfach ist seine Jagd. Die Amerikaner üben sie mit wahrer Leidenschaft aus, und dies wird begreiflich, wenn man ihre Schilderungen liest. Man jagt nämlich nicht bei Tage, sondern bei Nacht, mit Hülfe der Hunde und unter Fackelbeleuchtung. Wenn der Waschbär sein einsames Lager verlassen hat und mit leisen, unhörbaren Schritten durch das Unterholz gleitet, wenn es im Wald sonst sehr still geworden ist unter dem Einflusse der Nacht, macht man sich auf, um sich des Schupp zu bemächtigen. Ein guter, erfahrener Hund nimmt die Fährte auf, und die ganze Meute stürzt jetzt dem sich flüchtenden, behenden Bären nach, welcher zuletzt mit Affengeschwindigkeit einen Baum ersteigt

Fig. 53 Kletternder Waschbär (1/8 der Originalgröße)

und sich hier im dunkelsten Gezweige zu verbergen sucht. Ringsum unten bilden die Hunde einen Kreis, bellend und heulend; oben liegt das gehetzte Thier in behaglicher Ruhe, gedeckt von dem dunkeln Mantel der Nacht. Da nahen sich die Jäger. Die Fackeln werden auf einen Haufen geworfen, trockenes Holz, Kienspäne, Fichtenzapfen aufgelesen, zusammengetragen, und plötzlich flammt, die Umgebung zauberisch beleuchtend, unter dem Baume ein gewaltiges Feuer auf. Nunmehr ersteigt ein guter Kletterer den Baum und übernimmt das Amt der Hunde oben im Gezweige. Mensch und Affenbär jagen sich wechselseitig in der Baumkrone umher, bis endlich der Schupp auf einem schwankenden Zweige hinausgeht, in der Hoffnung, sich dadurch auf einen anderen Baum flüchten zu können. Sein Verfolger eilt ihm nach, soweit, als er es vermag, und beginnt plötzlich den betreffenden Ast mit Macht zu schütteln. Der beklagenswerthe Gesell muß sich nun gewaltsam festhalten, um nicht zur Erde geschleudert zu werden. Doch dies hilft ihm nichts. Näher und näher kommt ihm sein Feind, gewaltsamer werden die Anstrengungen, sich zu halten, – ein Fehlgriff und er stürzt sausend zu Boden. Jauchzendes Gebell der Hunde begleitet seinen Fall, und wiederum beginnt die Jagd mit erneuter Heftigkeit. Zwar sucht sich der Waschbär noch ein- oder zweimal vor den Hunden zu retten und erklettert also nochmals einen Baum, endlich aber muß er doch die Beute seiner eifrigen vierfüßigen Gegner werden und unter deren Bissen sein Leben verhauchen.

(…) «Mit anderen seiner Art lebt der Schupp in vollster Einigkeit. Bekanntlich ist eine Nuß im Stande, den Frieden eines Affenpaares in einem Augenblicke in Hader und Gewaltthätigkeit umzuwandeln; bei dem Waschbär ist dem nicht also. Ruhig verzehrt derjenige, dem eben das Glück wohl will, vorn am Käfig zu sitzen, den dargebotenen Leckerbissen, ohne daß ihn die kurz davon sitzende Ehehälfte im geringsten behelligt, freilich, wie es scheint, auch nicht erfreut wurde. Sie ist einfach gleichgültig.»

Letztere Beobachtung bezieht sich übrigens, wie ich ergänzend bemerken muß, doch nur auf Waschbären, welche von Jugend auf zusammengewöhnt oder verschiedenen Geschlechtes sind. Zwei erwachsene Männchen, welche ich zusammenbrachte, bewiesen wenigstens durch Zähnefletschen, Knurren und Kläffen, daß sie gegenseitig nicht besonders erfreut waren über den ihnen gewordenen Gesellschafter. Zu wirklichen Thätlichkeiten kam es allerdings nicht, Lust dazu aber zeigten sie entschieden.

«Zu den hervorstechendsten Eigenschaften des Schupp», schildert L. Beckmann, «zählt seine grenzenlose Neugierde und Habsucht, sein Eigensinn und der Hang zum Durchstöbern aller Ecken und Winkel. Im schroffsten Gegensatz hierzu besitzt er eine Kaltblütigkeit, Selbstbeherrschung und viel Humor. Aus dem beständigen Kampfe dieser Gegensätze gehen selbstverständlich oft die sonderbarsten Ergebnisse hervor. Sobald er die Unmöglichkeit einsieht, seine Zwecke zu erreichen, macht die brennendste Neugierde sofort einer stumpfen Gleichgültigkeit, hartnäckiger Eigensinn einer entsagenden Fügsamkeit Platz. Umgekehrt geht er aus träger Verdrossenheit oft ganz unerwartet mittels eines Purzelbaums zur ausgelassensten Fröhlichkeit über, und trotz aller Selbstbeherrschung und Klugheit begeht er die einfältigsten Streiche, sobald seine Begierden einmal aufgestachelt sind.

In den zahlreichen Mußestunden, welche jeder gefangene Schupp hat, treibt er tausenderlei Dinge, um sich die Langeweile zu verscheuchen. Bald sitzt er aufrecht in einem einsamen Winkel und ist mit dem ernsthaftesten Gesichtsausdrucke beschäftigt, sich einen Strohhalm über die Nase zu binden, bald spielt er nachdenklich mit den Zehen seines Hinterfußes oder hascht nach der wedelnden Spitze der langen Ruthe. Ein anderes Mal liegt er auf dem Rücken, hat sich einen ganzen Haufen Heu oder
18 dürre Blätter auf den **Bauch** gepackt und versucht nun, diese lockere Masse niederzuschnüren, indem er die Ruthe mit den Vorderpfoten fest darüberzieht. Kann er zum Mauerwerk gelangen, so kratzt er mit seinen scharfen Nägeln den Mörtel aus den Fugen und richtet in kurzer Zeit unglaubliche Verwüstung an. Wie Jeremias auf den Trümmern Jerusalems, hockt er dann mitten auf seinem Schutthaufen nieder, schaut finstern Blickes um sich und lüftet sich, erschöpft von der harten Arbeit, das Halsband mit den Vorderpfoten. (…) +++

**Steppentarpan** *Equus caballus przewalskii* Poliakov, 1881* •

*im folgenden Text als «Asiatisches Urwildpferd» bezeichnet; in Wildnis ausgestorben

**Länge:** ca. 300 cm **Gewicht:** 300–350 kg **Lebenserwartung:** 15–30 Jahre **Ehemaliges Verbreitungsgebiet:** Kasachstan, Mongolei, China **Zeitpunkt des Aussterbens:** Ende des 19. Jahrhunderts **Ursachen des Aussterbens:** Zerstörung des Lebensraums; Wasser- und Futterkonkurrenz durch Nutzvieh; Jagd; Mischung der Art durch den Menschen

⸢Das **Asiatische Urwildpferd** ☞Fig. 55, *Equus caballus przewalskii* Pol. (...), nach seinem Entdecker, dem berühmten russischen Asienreisenden, auch Prschewalskipferd genannt, ist das einzige, das heutigentags wirklich noch lebt: in den wüsten Einöden des nördlichen Innerasiens, der sogenannten Dsungarei. Es ist in der Hauptsache gelb gefärbt, von ähnlichem Farbenton wie die innerasiatischen Wildesel, von denen es auch in der Größe nicht wesentlich abweicht (1,35 m Schulterhöhe); es unterscheidet sich aber von jenen, selbst wenn man die Formunterschiede außer acht lassen wollte,
bei näherem Zusehen sofort durch die dunklen **Beine**. Am Gebiß fällt Lydekker die 1
außerordentliche Größe der Backzähne auf, deren Wurzeln ebenso lang sind wie bei der riesigen englischen Shirepferderasse. Von Prschewalski selber hören wir, daß das asiatische Urwildpferd von den Kirgisen Kertag, von den Mongolen Taki genannt wird, sich meistens in kleinen Rudeln von 5–15 Stuten zusammenhält, die von einem alten Hengst geführt werden und sich sehr scheu benehmen, jedenfalls weil sie mit sehr scharfen Sinnen ausgerüstet sind. Als Prschewalski und sein Gefährte ein sol-
ches Rudel beschossen, stürmten die Tiere mit gesenkten **Köpfen** und erhobenen 2
**Schweifen**, der Hengst vornweg, wie der Sturmwind davon. Sie scheinen die ödeste 3
Wildnis zu bevorzugen und salzhaltige Gründe zu lieben, was wieder voraussetzt, daß sie lange ohne Wasser aushalten können. Wenn es nur nicht die Menschenleere ist,

die die Urwildpferde in diese Einöden lockt oder vielmehr zurückdrängt, wie unser Alpenwild hinauf an die Schneegrenze: sind die Urwildpferde doch heute offenbar aussterbende Tiere! Prschewalski sah sie nur zweimal, und anderseits wissen wir schon aus den Lagerstätten des Diluvialmenschen, daß die Wildpferde von jeher gerne gejagt und gegessen wurden. Da kann es nicht allzusehr wundernehmen, daß das asiatische Urwildpferd heute, genau genommen, nur noch in dem russisch-chinesischen Grenzbezirk Kobdo vorkommt. Und, ein weiteres Kennzeichen eines zu Ende gehenden Tieres: dort lebt es in drei getrennten Revieren in drei verschiedenen Stämmen oder Schlägen, die jeder gegen den anderen in den Farbentönen deutlich verschieden, jeder in sich aber genau gleich sind. Offenbar durch Inzucht, weil von außen kein Zugang mehr erfolgt, und genau so wie heute beim kaspischen Bergzebra die Mitglieder eines Restbestandes fast genau gleich gestreift sind.

Unter diesen Umständen dürfen wir um so glücklicher schätzen, daß wir in diesem Jahrhundert noch zu einigen lebenden Prschewalskipferden gekommen sind. Friedrich Falz-Fein war mit Hilfe Eugen Büchners der Pfadfinder, verschaffte sich zwei Stuten und erhielt später einen Hengst dazu vom Zaren als Geschenk. Hagenbeck erfuhr von Falz-Fein den Lieferanten Asanoff in Kobdo und brachte dann eine größere Anzahl Fohlen auf den Markt, so daß auch einige zoologische Gärten, von deutschen der Berliner, sich mit diesem vielleicht interessantesten aller Säugetiere versehen konnten und noch mehrere sich hätten versehen können. Die meisten Urwildfohlen gingen jedoch nach England an den Tierliebhaber größten Stiles, den Herzog von Bedford, der jetzt bereits ein größeres Rudel besitzen mag, als man in der Heimat des Tieres wild sieht. Denn die Prschewalskipferde hielten sich nicht nur gut, sondern haben sich auch fortgepflanzt, und zwar ebensowohl unter sich als mit Hauspferden. Diese Mischlinge haben sich als fruchtbar erwiesen, wie das bei dem engen Verwandtschafts- und Abstammungsverhältnis der Urwildpferde zu ihren hausbar gemachten Nachkommen, unseren Pferden, nicht anders zu erwarten war im Gegensatz zu den unfruchtbaren Maultieren, Mauleseln und Zebroiden, während Mischlinge zwischen Urwildpferd und Esel – ebenfalls, wie zu erwarten – unfruchtbar sind. Im Haustiergarten des Landwirtschaftlichen Universitätsinstituts zu Halle a. S. sind solche Kreuzungsversuche mit Glück durchgeführt worden; anderwärts vereitelte vielfach die bösartige Wildheit der Urwildhengste den Erfolg. Falz-Fein züchtete aber ebenfalls Urwildpferdmischlinge mit einem englischen Vollbluthengst, die in ihrem körperlichen Aussehen gar nichts vom Urwildpferd und sehr viel vom Vollblut haben; im geistigen Wesen verraten sie aber doch das Wildpferdblut durch wilderen Charakter: Neigung wegzulaufen, sich dem Menschen zu entziehen, überhaupt größere Selbständigkeit, als man sie auch auf der südrussischen Steppe von den Pferden gewöhnt ist. Das hinderte aber nicht, daß ein solcher Mischling als Hirtenreitpferd gute Dienste tat: blieb ihm wohl auch unter solchen Reitern, wie dort die Hirten sind, nicht viel anderes übrig. Dieselben Eigenschaften zeigen natürlich erst recht die Ur-

Fig. 55 **Steppentarpan** *Equus caballus przewalskii* (1⁄26 der Originalgröße); Inv. Nr. NMW ST 347

wildpferde selber, die Falz-Fein auf seiner **Steppe** ganz frei, beinahe wie im Naturzustande hält; nur daß eben ein berittener Hirt sie bewacht, damit sie sich nicht, wer weiß wohin, verirren und verlieren. Sie machen ihm sein Amt oft schwer durch ihre Neigung zum Ausreißen, sind aber gar nicht scheu. Nur die auffallende Selbständigkeit tragen sie zur Schau, die der beste Beweis ihrer Urwildheit ist: sie suchen sich selbst ihre **Weide** aus, lassen sich nicht treiben, auch, wenn rossig, nicht abhalten, die Hengste zu suchen. Will der Hirt ihnen seinen Willen aufdrängen, so rücken sie aus und schlagen, plötzlich stehen bleibend, nach hinten aus. Der kaiserliche Hengst wurde beim Schloß Gatschina wie ein wildes Tier gehalten, war dort sehr böse, und es zeigt von einer gewissen intelligenten Wandlungsfähigkeit des Urwildpferdes, daß er unter den Händen der südrussischen Pferdeleute bei Falz-Fein sehr schnell zahm wurde. Ein Tscherkesse ritt ihn da binnen eines Monats so zu, daß er sich niederlegte wie ein Tscherkessenpferd; freilich leinte ihn sein Lehrmeister anfangs an den Beinen so an, daß er stürzte, wenn er irgendwelche heftige Bewegungen machte. Auch die Fohlen, die durch den Hengst erzielt wurden, zeigten sich gleich von Geburt an als urwilde Tiere, versteckten sich vor dem Menschen in der Herde und suchten sich von ihm zu entfernen, scheuten nicht davor zurück, übermannshohe Umzäunungen zu überspringen. So meint Falz-Fein mit Recht, schon das geistige Wesen der Urwildpferde beweise ihre Urwildheit zur Genüge. Es mag ja nicht ausgeschlossen sein, daß durch eine entlaufene Stute dann und wann einmal etwas Hauspferdeblut in die heutigen Urwildpferde Innerasiens hineingeflossen ist. Viel kann das aber nicht sein, und Karl Wache, der für Hagenbeck die große Einfuhr von 28 Stück besorgte, behauptet auf das bestimmteste, daß unter den heutigen Kirgisen- und Mongolenpferden eine ausgesprochene Abneigung gegen das Urwildpferd bestehe: er sah eine Schimmelstute, die sich auf der Weide immer allein und abseits halten mußte, weil sie ein Wildfohlen säugte und dieses Ziehkind sie auch noch nach mehreren Jahren noch nicht verließ.⌋ +++

## Syrischer Wildesel *Equus hemionus hemippus* (I. Geoffroy Saint-Hilaire, 1855)* •

*Unterart von *Equus hemionus*, im folgenden Text als «Onager» allgemein beschrieben

**Länge:** 200 – 240 cm **Gewicht:** 200 – 240 kg **Lebenserwartung:** 20 – 30 Jahre **Ehemaliges Verbreitungsgebiet:** Syrien, Irak, Iran, Israel, Saudi-Arabien **Zeitpunkt des Aussterbens:** 1927 **Ursachen des Aussterbens:** Jagd nach Fleisch und Fell; Zerstörung des Lebensraums; Dürre **Besonderes:** erreicht beim Laufen Geschwindigkeiten von bis zu 70 km/h

Der **Onager** ☞Fig. 56, «Gurkur, Gaur, Kerdét, Ischaki» und wie er bei den verschiedenen Völkern sonst noch genannt wird *(Equus Onager, E.* und *Asinus hemippus, indicus* und *Hamar)* ist merklich kleiner als der Dschiggetai, aber doch höher und
feiner von **Gliedern** als der gemeine Esel. Der **Kopf** ist verhältnismäßig noch höher 1 2
und größer als beim Kulan; die dicken **Lippen** sind bis an den Rand mit steifen, bor- 3
stigen Haaren dicht bekleidet, die **Ohren** ziemlich lang, jedoch kürzer als bei dem Esel. 4
Ein schönes Weiß mit silberartigem Glanze, die vorherrschende Färbung, geht auf
der Oberseite des Kopfes, an den Seitenflächen des **Halses** und des **Rumpfes**, sowie 5 6
an den **Hüften** in Blaßisabell über. Am Seitenbuge zieht sich ein weißer Streifen von 7
Handbreite herab; ein zweiter Streifen verläuft längs des ganzen **Rückens** und an der 8
Hinterseite der Keulen; in seiner Mitte liegt der kaffeebraun gefärbte Riemen. Die Behaarung ist noch seidenartiger und weicher als beim Pferde. Das Winterhaar kann man mit Kamelwolle vergleichen, das Sommerhaar ist äußerst glatt und zart. Die
aufrechtstehende **Mähne** besteht aus weichen, wollartigen, etwa 10 Centim. langen 9
Haaren; der **Quast** am **Schwanze** wird eine gute Spanne lang. 10 11

In der Lebensweise erinnert der Onager an den Kulan. Ein Haupthengst führt die Herden, welche aus Stuten und Füllen beiderlei Geschlechts bestehen; doch scheint es, daß die Hengste weniger eifersüchtig sind als bei den verwandten Arten, wenigstens sollen zur Wanderzeit oft mehrere sich vereinigen. Zu Beißereien zwischen den Hengsten kommt es dann freilich immer noch. Hinsichtlich der Beweglichkeit steht der Onager durchaus nicht hinter dem Dschiggetai zurück. Schon Xenophon berichtet, daß das Thier im Laufe die besten Pferde bei weitem überbiete, und auch die neueren Schriftsteller lassen dieser Schnelligkeit Gerechtigkeit widerfahren. Der Reisende Porter spricht mit Bewunderung von unserem Wildpferde. In der Provinz Fars nahm sein vorzüglicher Windhund die Verfolgung eines Wildes auf, welches seine Begleiter als Antilope erkennen wollten. Man verfolgte das Thier augenblicklich im vollen Galopp und bekam es, Dank der Geschicklichkeit des Hundes, auch wirklich wieder zu Gesicht. Da sah man zu nicht geringer Verwunderung, daß die vermeintliche Antilope ein Wildpferd war. «Ich beschloß», sagt der Reisende, «diesem prachtvollen Geschöpfe mit einem außerordentlich geschwinden Araber nachzureiten; allein alle Bemühungen des edlen Rosses waren vergeblich, bis das Wild plötzlich still stand und mir Gelegenheit gab, es in der Nähe zu betrachten. Mit einemmale aber floh es wieder mit Gedankenschnelle dahin, Luftsprünge machend, ausschlagend und auf der Flucht scherzend, als ob es nicht im geringsten ermüdet und die Hatze ihm nur eine Lust wäre.»

Die Sinne des Onager, zumal Gehör, Gesicht und Geruch, sind so fein, daß ihm in freier Steppe gar nicht beizukommen ist. Außerordentlich genügsam, kommt er höchstens einen Tag um den anderen zur Tränke, weshalb der Anstand auf ihn meist
x vergeblich ist. Salzhaltige **Pflanzen** sind ihm die angenehmste Nahrung, neben diesen die bittermilchigen, wie Löwenzahn, die Saudistel und dergleichen; aber auch Kleearten, Luzerne und allerlei Schotenpflanzen werden nicht verschmäht. Zuwider sind ihm dagegen alle wohlriechenden, balsamischen Pflanzen, Sumpfkräuter, Ranunkeln und alle stacheligen Gewächse, auch die Distel. Salziges Wasser liebt er mehr als frisches, jedoch muß es rein sein; denn trübes trinkt er nie.

(…) Das Wildpret des Onager wird hochgeschätzt von allen Völkern, welche innerhalb seines Verbreitungsgebietes leben. Sogar die Araber, welche in Bezug auf Speisen sehr heiklich sind und von einen zahmen Esel niemals essen würden, betrachten es als rein. Wahrscheinlich war es bei den Hebräern nicht anders. (…) Die Perser benutzen außer dem Fleische die Galle des Wildesels als Augenmittel. Man jagt dem edlen Thiere eifrig nach. Die Perser reiten gemeinschaftlich zur Jagd aus, stellen sich in Entfernungen von acht bis zehn Kilometern auf den bekannten Wechseln des Wildesels auf und lösen sich in der Verfolgung desselben ab, bis er ermattet ihnen zur Beute wird. Auch tieft man Gruben aus, bedeckt sie leicht mit Zweigen und Gras und füllt sie unten bis zu einer gewissen Höhe mit Heu an, damit die hereinfallenden Thiere sich nicht verletzen; dann treibt man die Wildpferde nach den Thälern hin, in welchen man die Gruben angelegt hat, und verkauft die gefangenen jungen Füllen behufs der Zucht an die Stutereien der Vornehmen des Landes zu theueren Preisen. Aus diesen Gefangenen zieht man die schönsten und flinksten Reitesel, deren man sich in Persien und Arabien bedient, und zahlt gern bis hundert Dukaten für das Stück. Sie behalten alle guten Eigenschaften ihrer wilden Stammeltern: die schöne Bildung, den muntern Anstand und die Schnelligkeit im Laufe, ihre Genügsamkeit und die Ausdauer. Niebuhr gibt an, daß man unter den arabischen Reiteseln viele finde, welche in der Färbung genau mit dem Onager übereinkommen; ich dagegen habe auf allen meinen Reisen in Nordostafrika keinen Esel gesehen, welcher jene Angaben bestätigt hätte. +++

Fig. 56 **Syrischer Wildesel** *Equus hemionus hemippus* (1/16 der Originalgröße)

## **Quagga** *Equus quagga* Boddaert, 1785

**Länge:** 200–270 cm **Gewicht:** 220–320 kg **Lebenserwartung:** 20–30 Jahre **Ehemaliges Verbreitungsgebiet:** Südafrika **Zeitpunkt des Aussterbens:** 1883 **Ursachen des Aussterbens:** Jagd nach Fell und Haut; Zerstörung des Lebensraums durch Nutzbarmachung von Weideflächen **Besonderes:** je nach Tier individuelles Streifenmuster; mit Antilope und Strauß geschlossenes «Verteidigungsbündnis» gegen natürliche Feinde: Zusammenspiel von gutem Gehör des Quaggas, hervorragendem Geruchssinn der Antilope und ausgezeichneten Augen des Straußes

Das **Quagga** ☞Fig. 57 *(Equus Quagga, Hippotigris Quagga* und *H. isabellinus)* nähert sich in seiner Gestalt dem Pferde mehr als dem Esel, steht jedoch hinter dem
1 2 Tigerpferde oder Dauw merklich zurück. Der **Leib** ist sehr wohlgebildet, der **Kopf**
3 4 mittelgroß und zierlich; die **Ohren** sind kurz, die **Beine** kräftig. Längs des ganzen
5 6 7 **Halses** erhebt sich eine kurze und gerade **Mähne**; der **Schwanz** ist von der Wurzel an behaart, der Schweif länger als bei allen übrigen Tigerpferden, jedoch bedeutend kürzer als beim Pferde. In der übrigen Behaarung ähnelt das Quagga dem letztern ebenfalls: das Haar ist kurz und liegt dicht am Leibe an. Ein am Kopfe dunkleres, auf
8 dem **Rücken**, dem Kreuze und den Seiten helleres Braun ist die Grundfarbe des Felles;
9 der **Bauch**, die Innenseite der Schenkel und die Schwanzhaare sind rein weiß. Ueber
10 Kopf, Hals und **Schultern** verlaufen graulichweiße, in das Röthliche ziehende Streifen,
11 12 welche auf der **Stirne** und den **Schläfen** der Länge nach gerichtet und gedrängt, auf
13 den **Wangen** aber der Quere nach und etwas weiter auseinander gestellt sind. Zwischen
14 15 den **Augen** und dem **Munde** bilden sie ein Dreieck. Auf dem Halse zählt man zehn solcher Binden, welche sich auch in der Mähne zeigen, auf den Schultern vier und

auf dem Leibe noch einige, welche, je weiter sie nach hinten zu stehen, um so kürzer und blässer werden. Längs des ganzen Rückens zieht sich eine schwärzlichbraune, zu beiden Seiten röthlichgrau besäumte Binde bis auf den Schwanz herab. Die Ohren sind innen mit weißen Haaren besetzt, außen gelblich weiß, einmal dunkelbraun gebändert. Beide Geschlechter sind sich sehr ähnlich, nur ist das Weibchen etwas kleiner und sein Schweif kürzer. Das erwachsene Männchen wird 2 Meter und mit dem Schwanze 2,6 Meter lang; die Höhe am **Widerrist** beträgt etwa 1,3 Meter. 16

Fig. 57 **Quagga** *Equus quagga* (1/18 der Originalgröße); Inv. Nr. NMW ST 339

⌜(...) Die große Masse aller übrigen Zebras gewinnt durch leichteren Kopf, namentlich kleinere Ohren, mehr Pferdeform und schließt durch Färbung und Zeichnung
17 allerlei Übergänge in sich von vom schwarzweißen, bis zu **Hufen** und Schwanz durchgeführten Streifenkleid zum eintönigen Haarkleid, das nur noch auf Kopf und Hals bis hinter die Schultern Streifen erkennen läßt. Und die Übergänge sind trotz dieser fast gegensätzlichen Färbungsverschiedenheit der Endformen so zahlreich, dabei Schädel- und derartige Unterschiede so gering, daß man neuerdings, nach Pocock, keinem der hierhergehörigen Zebras mehr den Rang einer selbständigen, guten Art zubilligt, was doch Berg- und Grevy-Zebra auch von den neuesten Bearbeitern (E. Schwarz) widerspruchslos gewährt wird, sondern alle anderen Zebras ohne Ausnahme zu einer einzigen Art vereinigt. Für diese mußte nun nach Vorschrift der heutigen Namensgebung als wissenschaftlicher Name, weil er der älteste ist, der des südafrikanischen Quaggas, *E. quagga* Gm. (...), gewählt werden, obwohl gerade das Quagga nicht nur längst ausgerottet ist, sondern vermöge seiner beschränkten, fast verschwundenen Streifenzeichnung auch am äußersten Ende seiner ganzen Verwandtenreihe steht. Um deren Abänderungen zu verstehen, zeigt Ridgeway in seinen Beiträgen zum Studium der Equiden einen gangbaren Weg, indem er an das Bergzebra anknüpft. Dieses unterscheidet sich schon von dem Grevy-Zebra durch seine breiten Streifen, die von den Hinterkeulen auch schon auf den Bauch übergreifen, und von hier aus erklären sich alle weiteren Veränderungen innerhalb der Quaggagruppe ganz zwanglos, wenn man ein immer weiteres Wirken derselben Neigung, die Streifen zu verbreitern, annimmt.

Dabei ergibt sich auch eine recht einleuchtende Erklärung der blassen, unbestimmten Schatten- oder Zwischenstreifen: es sind einfach die Überreste der früheren engeren und schmäleren Streifung. Zugleich tritt an die Stelle der weißen Grundfarbe eine gelblichrötliche bis zum Braun des eigentlichen Quaggas, und man kann vielleicht sagen, wenn man an die Wildesel denkt: die Quaggazebras waren wohl auf einem ähnlichen Wege zur Einfarbigkeit und hatten im eigentlichen Quagga ihr Ziel bald erreicht; da machte die vernichtende Einwanderung des Europäers allem ein Ende. Die bibelfesten Buren Südafrikas, die mit dem unerschütterlichen Glauben ins Land kamen, daß nach Gottes Willen alles Unchristliche, ob Mensch, Tier oder Pflanze, nur ihrem Nutzen dienen müsse, restlos und schonungslos, hatten sich ge-
x wöhnt, in die Quaggahäute ihr Getreide zu füllen; die Tiermassen der kapischen **Steppen** schienen ihnen wohl auch unerschöpflich. Im Inneren zogen nach 1850-70 die Felljäger rastlos umher und schossen jahraus jahrein ohne jegliche Schonung die Tiere nieder, Gordon Cumming hörte zu jeder Stunde des Tages ihre Büchsen knallen; ihre Kugeln schnitten sie sogleich aus den Leichen wieder heraus zu weiterer Benutzung. So kann die Nachricht nicht wundernehmen, daß im Oranje-Freistaat das Quagga 1870 offenbar bereits unbekannt war. Und 1879 spätestens war es vollständig ausgerottet. Fortgesetzte Behauptungen, es lebe doch noch, hatten keine Bedeutung,

weil in Südafrika zum Unterschied von dem «Wildepaard» genannten Bergzebra alle anderen Zebras Quagga heißen in schlechter Wiedergabe des ungefähr wie «Kwucha» gesprochenen Hottentottenwortes, das, namentlich in der üblichen Wiederholung, das bellende Zebragewieher ausdrücken soll.

Glücklicherweise wurde das Quagga seinerzeit nicht allzu selten nach Europa gebracht; es war Insasse der älteren zoologischen Gärten (das letzte starb wohl 1875 in Berlin) und lebt so wenigstens in einigen Photographien fort. Auch eine ganze Reihe von Museen konnten sich mit einem oder mehreren Stücken versorgen, und diese Kostbarkeiten waren in der neuesten Zeit Gegenstand eifrigen Studiums der Säugetierforscher, zumal sie unter sich nicht ganz genau übereinstimmen. So kommt Hilzheimer auf Grund seiner genauen Untersuchung des Schädels und und ganzen Skeletts zu der Überzeugung, daß das Quagga doch beanspruchen darf, als gute, selbständige Art zu gelten. Der folgenden Unterart nähert sich ganz besonders das Quagga des Wiener Hofmuseums dadurch, daß es bis auf den Hinterrumpf andeutungsweise eine Streifung erkennen läßt.⌋ +++

## 051 Kapwarzenschwein *Phacochoerus aethiopicus aethiopicus* (Pallas, 1766)*

* Unterart von *Phacochoerus aethiopicus*, im folgenden Text u. a. als «Hartläufer» allgemein beschrieben

**Länge:** bis 150 cm **Gewicht:** 60–120 kg **Lebenserwartung:** 12–15 Jahre **Ehemaliges Verbreitungsgebiet:** Süden Südafrikas **Zeitpunkt des Aussterbens:** 1900 **Ursachen des Aussterbens:** Jagd; Zerstörung des Lebensraums; Rinderpest **Besonderes:** einziges Tier seiner Art mit der Fähigkeit, über mehrere Monate in wasserarmen Gegenden zu leben

Im südlichen Theile Afrikas wird das Thier durch den oft mit ihm verwechselten **Hartläufer** ☞ Fig. 58 der Ansiedler am Kap, zu Deutsch «Schnelläufer», den «Kolobe» der Betschuanen (*Phacochoerus aethiopicus, Phacochoerus* oder *Phascochoerus edentatus, typicus* und *Pallasii, Sus aethiopicus* und *Angalla, Aper aethiopicus* etc.), vertreten. In Gestalt, Größe und Färbung dem Verwandten sehr nahe stehend, unterscheidet sich diese Art doch bestimmt durch den bedeutend kürzeren, längs der Gesichtslinie nach
1 oben gewölbten, also schwach ramsnasigen **Kopf**, die sehr verlängerten und hängenden
2 3 **Augenwarzen**, die viel stärker seitlich ausgebogenen **Hauer** und, wenigstens im Alter,
durch das gänzliche Fehlen der Schneidezähne in beiden Kiefern. Auch die Behaarung
ist eine andere, die **Mähne** etwas breiter und kürzer, der vordere Theil derselben zu
4 einem zwischen den **Ohren** sich erhebenden Haarwirbel umgewandelt, von welchem
5 aus die Haare nach allen Seiten herabfallen, der **Backenbart** etwas schwächer, die Be-
kleidung der Seiten dagegen stärker und dichter als bei dem Verwandten.

Bis jetzt sind uns nur ziemlich dürftige Nachrichten über Betragen und Lebensweise der Warzenschweine zugekommen. Auch Heuglin und Schweinfurth fertigen die nördliche Art, mit welcher sie oft zusammengetroffen sind, sehr kurz ab. Ihr begegnet man in Habesch vom Gestade des Rothen Meeres bis zu 3000 Meter unbedingter Höhe, am Weißen Nile hingegen in allen dichten, buschreichen Gegenden, in

Feldern, im Röhricht oder in fast undurchdringlichen Bambushorsten, welche letztere besonders aus dem Grunde aufgesucht werden, weil die weichen, spargelartigen Sprossen des Bambus eine erwünschte Aesung bieten. In Habesch trifft man schon wenige Meilen von der Küste sehr häufig auf die unverkennbaren Spuren dieses Thieres; doch habe ich nur ein einziges und auch dieses bloß flüchtig gesehen, eigene Beobachtungen also nicht sammeln können. Nach Heuglin schlägt sich das Warzenschwein wie die meisten übrigen Arten seiner Familie in Rudel von wechselnder Stärke, welche vom Abend bis zum Morgen nach Aesung umherziehen; den Tag verbringt es im Lager, am liebsten da, wo es sich in den Sumpf oder selbst in das Wasser einbetten kann.

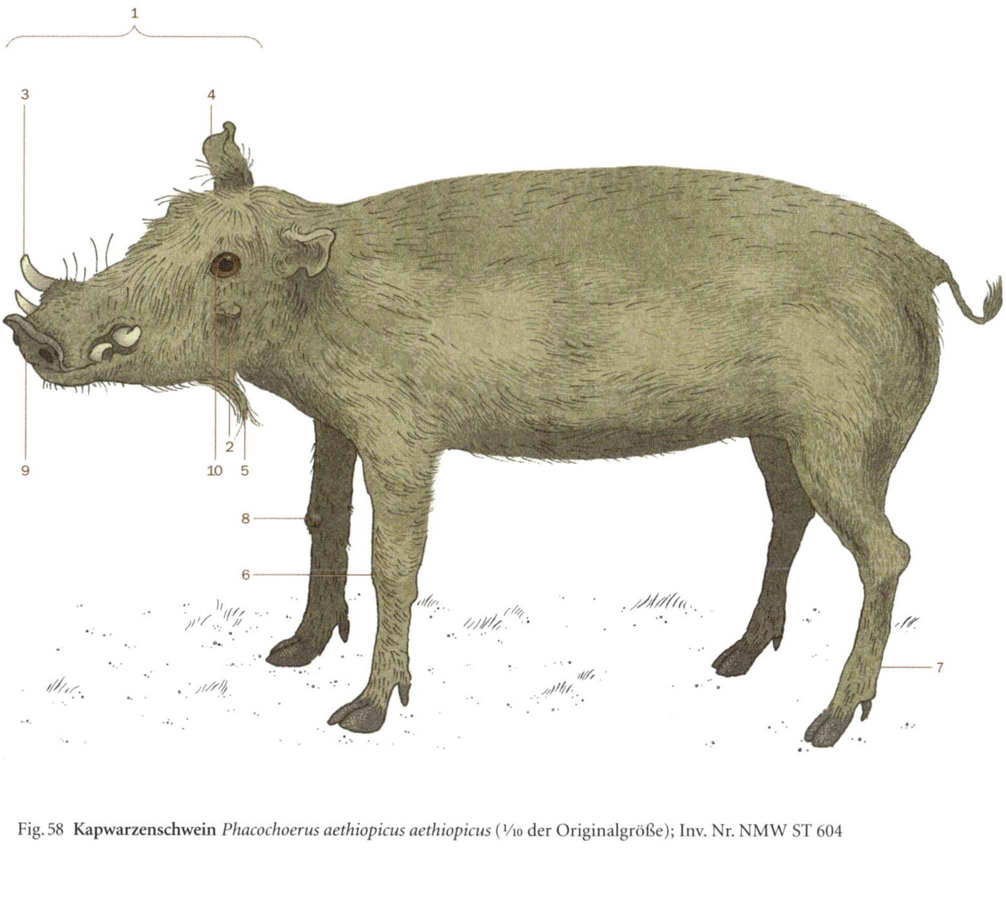


Fig. 58 **Kapwarzenschwein** *Phacochoerus aethiopicus aethiopicus* (1/10 der Originalgröße); Inv. Nr. NMW ST 604

Die Aesung besteht, nach Rüppell, aus Wurzeln, und die Bedeutung seiner riesenmäßigen Gewehre wird hierdurch klar. Um Aesung zu nehmen, fällt das Thier auf
6 7 seine **Handbeugen**, rutscht, mit den **Hinterläufen** nachstemmend, auf den dicken
8 **Schwielen**, welche jene bedecken, vorwärts und wühlt nun, mehr die Gewehre als die
9 **Rüsselscheibe** benutzend, tiefe Furchen aus, um zu seiner Lieblingsnahrung, **Pflanzen-**
x **wurzeln** und **Knollen**, zu gelangen. Nebenbei äst es sich, ebenso wie andere Wildschweine, allerdings auch von thierischen Stoffen aller Art, insbesondere von **Larven**,
x x **Puppen**, **Käfern**, **Würmern** und dergleichen, verzehrt **Kriechthiere**, vielleicht auch Lurche, und geht selbst Aas an.

Ueber den Hartläufer berichtet Sparmann annähernd dasselbe. «Man nennt», so erzählt er, «diese Thiere Waldschweine. Sie leben in Erdhöhlen und sind gefährlich, indem sie wie ein Pfeil auf die Menschen losschießen und mit ihren langen Hauern einem den Bauch aufreißen. Man findet sie herdenweise beisammen, und auf der Flucht nimmt jedes ein Junges in den Rachen. Dies sieht höchst sonderbar aus. In Kamdebo vermischen sie sich mit Hausschweinen und zeugen fruchtbare Junge.»

Spätere Berichterstatter stimmen Sparmann bei: «Ich wählte mir», erzählt Gordon Cumming, «einen alten Eber zu meiner Beute, und drängte ihn vom Rudel weg. Nachdem ich zehn Meilen scharf hinter ihm her geritten war, begannen wir mit einander an einem ziemlich geneigten Gehänge hinabzureiten, und hier beschloß ich, mich mit ihm einzulassen. Als ich mich gegen in kehrte, hielt er augenblicklich in
10 seinem Laufe inne und schaute mit den boshaftesten **Augen** mir entgegen. Der ganze Rachen schäumte vor Wuth. Ich hätte ihn leicht zusammenschießen können, wenn ich gewollt hätte, nahm mir aber vor, nicht eher zu feuern, als bis die Richtung seines Laufes wieder meinem Wagen zugewandt wäre. Er überraschte mich durch die Entschlossenheit, mit welcher er mir Stand hielt. Ich wurde hitzig und ging auf ihn los. Zu meinem nicht geringen Erstaunen wich er nicht im geringsten von seinem Wege ab, sondern trollte schließlich wie ein mir folgender Hund hinter meinem Pferde drein. Dies machte mich mißtrauisch; denn ich sah ein, daß der alte, listige Bursche nach irgend einem Schlupfwinkel sich zurückwende. Ich beschloß also abzusteigen und ihn zu tödten. Aber gerade als ich diesen Entschluß gefaßt hatte, fand ich mich in einem wahren Wirrsale von gewaltigen Höhlen, den Wohnungen der Erdschweine. Angesichts einer von ihnen stellte sich der Eber auf und verschwand, das Hintertheil zuerst einschiebend, vor meinen Augen mit ziemlicher Schnelligkeit, und ich sah ihn nicht wieder».

Nach den Beobachtungen von Smith ist das Warzenschwein ebenso furchtlos als boshaft. Es weicht dem Angriffe selten durch die Flucht aus, sondern stellt sich und nimmt gern den Kampf auf. Sein Lager schlägt es immer in Höhlen, unter Baum-
x wurzeln oder unter **Felsblöcken** auf; in ihm wagen es bloß die geübtesten Jäger anzugreifen, weil es plötzlich hervorstürzt, mit größter Schnelligkeit rechts und links

Wunden austheilt und bis zu seinem Tode den Kampf grimmig fortsetzt. Gerade ihrer Schwierigkeit wegen gewährt die Jagd den Eingeborenen hohes Vergnügen.

(...) Im Jahre 1775 kam das erste lebende Warzenschwein nach Europa, und zwar vom Kap aus. Man hielt es geraume Zeit im Thiergarten von Haag und glaubte in ihm ein sehr gutmüthiges Thier zu besitzen; eines Tages jedoch brach seine Wildheit aus: es stürzte sich grimmig auf seinen Wärter und brachte diesem mit seinen furchtbaren Hauern eine tödtliche Wunde bei. Einer Bache des Hausschweines, welche ihm in der Hoffnung beigegeben worden war, daß es sich mit derselben paaren werde, riß es den Bauch auf. Hinsichtlich seiner Nahrung unterschied es sich nicht von anderen Schweinen. Es fraß Getreide aller Art, Mais, Buchweizen, Rüben, grüne Wurzeln und sehr gern Brod. In der Neuzeit sind beide Arten in verschiedene Thiergärten gelangt; ich habe die eine oder die andere im Regentspark, in Antwerpen, Amsterdam und Berlin gesehen, einzelne auch längere Zeit beobachten können. Beide stimmen hinsichtlich ihres Betragens vollständig überein. Sie unterscheiden sich in ihrem Gebaren, nicht aber in ihrem Wesen von anderen Schweinen. Entsprechend ihres Höhlenlebens suchen sie sich auch in der Gefangenschaft zu verbergen, ziehen sich gern in den dunkelsten Winkel ihrer Koben zurück und vergraben sich so tief in ihrem Strohlager, daß sie manchmal gänzlich bedeckt werden. Beim Fressen und Wühlen fallen sie regelmäßig auf die Handgelenke und rutschen in der von Rüppell beschriebenen Weise so leicht und so ausdauernd auf dem Boden fort, daß man diese absonderliche Bewegung als eine ihnen durchaus natürliche erkennen muß.

Ich will nicht in Abrede stellen, daß sie sich zähmen lassen; ein wirkliches Freundschaftsverhältnis aber gehen sie mit ihren Pflegern nicht ein. Sie nehmen ihnen erwiesene Wohlthaten gleichgültig, mindestens danklos entgegen, bekunden in keiner Weise Anhänglichkeit gegen den Wärter, sehen in diesem höchstens ein Wesen, welches das ersehnte Futter bringt und deshalb unter Umständen willkommen ist. Wagt es der letztere, die Oberherrlichkeit des Menschen ihnen gegenüber geltend zu machen, so reizt er ihren leicht entzündbaren Zorn, erregt sie aufs höchste und erweckt trotzigen Widerstand. Unter solchen Umständen flößt ihnen die empfindlich gehandhabte Peitsche oder der Knüppel heilsame Furcht ein, bringt sie jedoch keineswegs zum Nachdenken und zur Erkenntnis, sondern bändigt sie höchstens für den Augenblick. Am nächsten Tage treiben sie es genau ebenso wie früher. Die Bachen sind milderer Art als die Keuler, welche namentlich während der Brunstzeit geradezu gefährlich werden können, aber ebensowenig verläßlich und demnach zu freundschaftlichem Verkehre ebensowenig geeignet wie diese. Ueber Fortpflanzung gefangener Warzenschweine habe ich bis jetzt noch nichts vernommen, wüßte indeß keinen Grund anzugeben, weshalb die Thiere nicht auch hier zu Lande sich paaren und Junge erzeugen sollten. +++

053

## Schomburgk-Hirsch *Rucervus schomburgki* Blyth, 1863

**Länge:** ca. 180 cm **Gewicht:** 100 – 120 kg **Lebenserwartung:** 10 – 20 Jahre[A] **Ehemaliges Verbreitungsgebiet:** Norden Thailands, Laos **Zeitpunkt des Aussterbens:** 1938 **Ursachen des Aussterbens:** Jagd; Zerstörung des Lebensraums durch Nutzbarmachung von Reisanbauflächen **Besonderes:** Durchschnittliche Länge des männlichen Geweihs: 65 cm; auf jeder Seite acht bis neun Verzweigungen, daher auch die Bezeichnung «Korb-Hirsch»; Tötung des letzten lebenden Tiers durch alkoholosierten Jäger

Keine einzige Gruppe der ganzen Ordnung läßt sich leichter kennzeichnen als die Familie der Hirsche (Cervina). Sie sind geweihtragende Wiederkäuer. Mit diesen Worten hat man sie hinlänglich beschrieben; denn alles übrige erscheint dieser Eigenthümlichkeit gegenüber als nebensächlich. Von den Moschusthieren unterscheiden sich die Hirsche durch bedeutendere Größe, durch den Besitz von Thränengruben, durch die nur sehr kurzen Eckzähne bei den Männchen mancher Arten und durch
1 2 eine Haarbürste an den **Hinterfüßen**. Ihr Bau ist schlank und zierlich, der **Leib** wohl-
3 4 geformt und gestreckt, der **Hals** stark und kräftig, der **Kopf** nach der Schnauzenspitze
5 zu stark verschmälert; die **Beine** sind hoch und fein gebaut; die Füße haben sehr
6 7 8 entwickelte **Afterklauen** und schmale, spitzige **Hufen**. Große, lebhafte **Augen**, auf-
9 rechtstehende, schmale, mittellange und bewegliche **Ohren**, die glatte, ungefurchte
10 **Oberlippe** und sechs Backenzähne in jedem Kiefer sind anderweitige Merkmale der
11 Gruppe. Die **Geweihe** ☞Fig. 59, 60 kommen meist nur den Männchen zu. Sie sind, wie oben angegeben, paarige, knöcherne, verästelte Fortsetzungen der Stirnbeine und werden alljährlich abgeworfen und aufs neue erzeugt. Ihre Bildung und die Absterbung steht im innigen Zusammenhang mit der Geschlechtsthätigkeit. Verschnittene

Hirsche bleiben sich hinsichtlich des Geweihes immer gleich, d.h. sie behalten es, wenn die Verschneidung während der Zeit erfolgte, wo sie das Geweih trugen, oder sie bekommen es niemals wieder, wenn sie verschnitten wurden, als sie das Geweih eben abgeworfen hatten; ja einseitig Verschnittene setzen bloß an der unversehrten Seite noch auf. Schon vor der Geburt des Hirsches ist die Stelle, welche das Geweih tragen soll, durch eine starke Verknöcherung des Schädels angedeutet. Mit dem sechsten oder achten Monate des Alters bildet sich durch Erhebung der äußern Decke am Stirnbeine ein Knochenzapfen, welcher während des ganzen Lebens hindurch
stehen bleibt: der sogenannte **Rosenstock**, auf welchem die Geweihe sich aufsetzen. 12
Anfänglich sind die **Stangen** nur einfach spitzig, später verästeln sie sich mehr und 13
mehr, indem von der Hauptstange **Sprossen** auslaufen, deren Anzahl bis zwölf an 14
jeder Stange ansteigen kann.

«Mit dem Alter der Hirsche», sagt Blasius, «geht eine gewaltige Umänderung der Geweihe vor sich. Die erste und allgemein auffallende Veränderung ist die der Rosenstöcke, welche mit der zunehmenden Größe der Stirnzapfen sich mit jedem
Jahr mehr erweitern und nach der Mitte der **Stirn** einander näher rücken; ebenso 15
verringert sich auch mit dem Aufrücken der **Stirnkante** die **Rose** und der Schädel in 16 17
jedem Jahre. Noch auffallender aber sind die Veränderungen in der Gestalt der Geweihe und der Anzahl der Enden. Die jungen Geweihe, in deren ersten Bildungsanfängen der Grund zum Abwerfen der alten liegt, sind anfangs von einer gefäßreichen, behaarten Haut umgeben, kolbig, weich und biegsam. Erst lösen sich die tieferen, dann die höher stehenden Enden von der Hauptstange los, und nachdem alle in bleibende Verhältnisse ausgebildet und die Enden vereckt sind, stockt der Blutumlauf, und der Hirsch hat das Bedürfnis, die Haut oder den Bast abzuschlagen, welcher nun auch anfängt, sich von selbst abzulösen.» Die Veränderung des Geweihes, gewissermaßen seine Weiterausbildung, geht nun in folgender Weise vor sich: Schon ehe der Hirsch das erste Lebensjahr erreicht, bilden sich als unmittelbare Fortsetzungen der Rosenstöcke Stangen, welche bei manchen Arten der Familie wohl abgeworfen, aber immer in gleicher Weise wieder ersetzt werden, wogegen bei den meisten Hirschen die auf die ersten Stangen, die sogenannten Spieße, folgenden Geweihe, also der Kopfschmuck des zweiten Jahres, einen, bisweilen wohl auch zwei Zacken, Sprossen oder Zinken erhalten. Im Frühjahre des dritten Jahres wiederholt sich derselbe Vorgang; aber die neu aufgesetzte Stange enthält einen Sprossen mehr als im vorigen Jahre, und so geht es fort, bis die größtmöglichste Ausbildung des Thieres erreicht worden ist. Krankheiten oder schlechte Nahrung bringen bisweilen einen Rückgang hervor, indem dann die neu aufgesetzten Stangen je einen oder zwei Sprossen weniger zählen als vorher, und ebenso kann die Geweihbildung durch reichliche Nahrung und ruhige, sorgenlose Lebensweise beschleunigt werden.

(...) Das Abwerfen selbst geschieht infolge des eigenen Gewichtes der Stangen oder eines geringen äußern Anstoßes. Höchst selten werden beide Stangen zugleich

abgeworfen; es bleibt vielmehr ein Zwischenraum von verschiedener Dauer, welche bald wenige Minuten, bald mehrere Tage umfaßt, zwischen dem Abwerfen der ersten und der zweiten Stange. Durch sein ganzes Benehmen, besonders aber durch die Haltung des Kopfes und Hängenlassen der Ohren bekundet der Hirsch, daß das Abwerfen, wenn nicht schmerzhaft, so doch jedenfalls mit einem unbehaglichen Gefühle verbunden ist. Schon mehrere Tage vorher stößt er nicht mehr, sondern wehrt sich wie
18 das Thier, durch Schlagen mit den **Vorderläufen**. Nach dem Abwerfen einer Stange veranlaßt ihn das ungleiche Gewicht, den Kopf schief nach einer Seite geneigt zu tragen, und er schüttelt oft, als wolle er dadurch die andere Stange ebenfalls entfernen. Anwendung von Gewalt findet zwar auch, jedoch seltener statt, insbesondere dann, wenn der Hirsch verstümmelte Geweihe trug.

(...) Nach dem Abwerfen beider Stangen sucht der Hirsch im Freien die Ruhe, thut sich an einsamen Plätzen nieder und scheint ermattet, wenigstens muthlos zu sein, im Gefühle des Verlustes seiner Waffen. Er trägt den Kopf gern gesenkt und meidet jeden Anstoß, jede Berührung desselben.

Die runde Fläche, auf welcher die Stange saß, hat 50 Millimeter Durchmesser, ist mit einem Gerinsel von Blut und Lymphe bedeckt, aber schon jetzt mit einem acht Millimeter breiten, wulstigen, schwärzlich violetten Ringe umgeben: eine offenbar bereits vor dem Abwerfen bestehende Neubildung von Gefäßen, welche, aus dem Hautrande des Rosenstockes sich hervordrängend, die Auflockerung und Loslösung bewirkt haben. Der Andrang des Blutes nach den Rosenstöcken wird von dem alten abgestorbenen Geweih aufgehalten; die Gefäße häufen sich vor demselben an, krümmen und verschlingen sich und bilden einen wulstigen Gefäßring, welcher das Geweih gleichsam von der Stirnhaut abschnürt und untergräbt und so die leichte Abstoßung desselben bewirkt. Aus diesem Gefäßwulste entsteht später durch Ausscheidung von kalkiger Knochenmasse die Rose mit ihrem Perlenkranze. Sie fehlt noch bei dem Erstlingsgeweih des Spießers, dessen dünne Stange auf einem hohen Fortsatze des Stirnbeins aufsitzt. Mit jedem Jahre nimmt dieser an Breite zu, aber an Höhe ab, denn mit dem Abwerfen des Geweihes geht immer eine obere Schicht desselben verloren.

Schon am zweiten Tage nach dem Abwerfen ist die Mitte der Wundfläche mit schwärzlich rothbraunem Schorfe bedeckt, welcher sich immer mehr nach der Mitte zusammenzieht, während der Ringwulst breiter und höher wird. Am vierten Tage ist die eigentliche Wundfläche schon sehr verkleinert, im Durchmesser 28 Millimeter, der Ringwulst dagegen 12 Millimeter breit, letzterer erhabener gewölbt und gefurcht, seine dünne Oberhaut so empfindlich, daß sie leicht blutet. Dasselbe beobachtet man auch noch am achten Tage; nur ist inzwischen der Ringwulst wieder merklich breiter und höher geworden, jedoch noch völlig rund geblieben, ohne den behaarten Hautrand seitlich zu überragen. Am vierzehnten Tage hat die mittlere Wundstelle sich wiederum bedeutend verkleinert. Der Wulst ist im Umfange allenthalben, am meisten

aber nach vorn, über den Rand des behaarten Rosenstockes ausgedehnt, so daß man
sehr deutlich den Anfang zu dem zuerst sich bildenden untersten Ende des Gewei-
hes, des **Augensprosses**, wahrnimmt. Von dessen Spitze aus gemessen hat der Wulst 19
oder Kolben nur einen Durchmesser von 72 Millimeter, während jener der mittlern
Vertiefung nur noch 16 Millimeter beträgt. Am zwanzigsten Tage beginnt der nun
nach allen Seiten stark hervortretende grauschwarze Kolben mit weißlichen Haaren
sich zu bedecken; seine Oberhaut ist fester geworden und nicht allein der Ansatz zu
den Augensprossen stärker hervorgetreten, sondern namentlich der hintere Theil des
Kolbens, aus welchem die Stange sich erheben soll, breiter, höher, massenhafter aus-

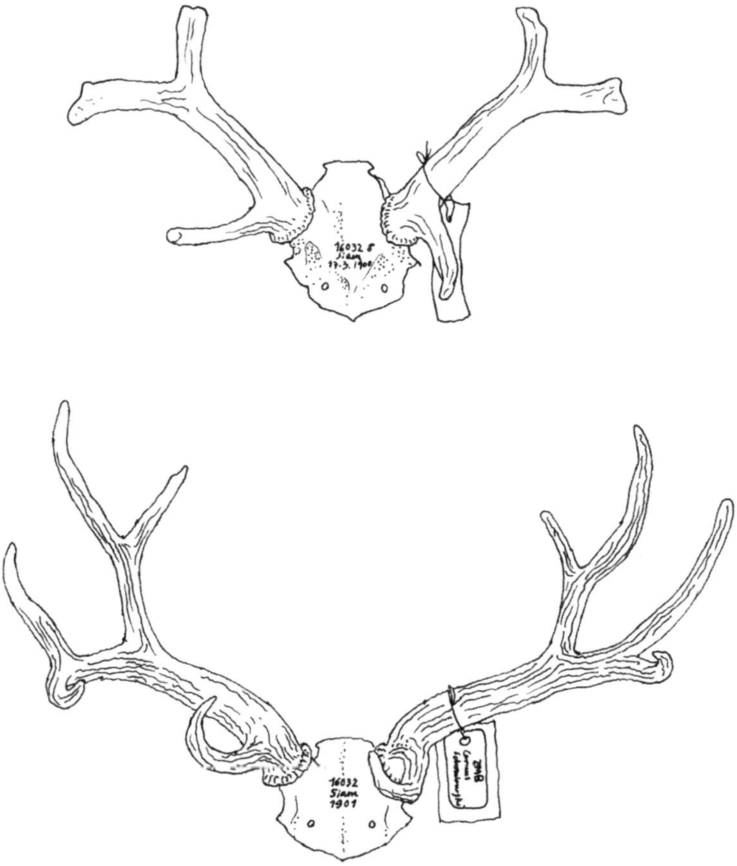

Fig. 59 Geweihbildung beim Schomburgk-Hirsch (1/9 der Originalgröße); Inv. Nr. ZMB 16032

Fig. 60 Geweihbildung beim Schomburgk-Hirsch (1/9 der Originalgröße); Inv. Nr. ZMB 16032

gebildet. Von nun an verschwindet die kleine vertiefte Mittelfläche bald gänzlich, und der Kolben wächst rascher in die Breite und Höhe. Außer dem, am dreiundzwanzigsten Tage bereits 60 Millimeter langen Augensproß theilt er sich in eine kleinere vordere und eine stärkere hintere Halbkugel, aus welcher das zweite Ende, der Eissproß, und die Stange selbst sich bilden. Er ist nur dicht mit weißlichen Haaren bedeckt und hat daher eine graue Färbung bekommen. Im Verlaufe der nächsten zehn Tage hat sich das Ansehen der Kolben bedeutend verändert. Das ganze Geweih ist gleichsam in der Anlage schon vorhanden; alle Enden sind durch mehr oder minder hervorragende Abtheilungen und Einschnitte des Kolbens angedeutet. Letzterer gleicht einer Pflanze, welche im Frühlinge nach der Winterruhe schon ihren Stengel gebildet hat, aus dem Blätter und Blüten hervortreiben, nachdem das Wachsthum der Wurzel vollendet ist. Nun erst sieht man deutlich einen über den Rand des behaarten Rosenstockes hervorragenden bläulichen, gefäßreichen Ring, den Anfang der sich bildenden Rose und ihrer **Perlen**, am Grunde des Geweihes. Darüber ragt der Augensproß hervor. Die Spitze ist sehr breit geworden und beginnt durch Furchung sich zu gabeln. Zwölf Tage später, am fünfundvierzigsten des Wachsthums, ist die letzte Gabelung oder Theilung der Kolben noch nicht vollständig; am neunundfunfzigsten Tage sind alle vorhandenen Enden bereits ziemlich lang geworden, und der Augensproß hat sich bereits zugespitzt. Der obere Theil des Geweihes theilt sich jedoch erst am zweiundsechzigsten Tage und ist am neunundsiebenzigsten Tage fertig, aber noch mit stark behaartem und gefäßreichem Bast überzogen, welcher sehr empfindlich sein muß, weil der Hirsch noch immer das Geweih schont. Noch am hundertundzwanzigsten Tage, um welche Zeit das Geweih vollständig ausgewachsen ist und seine Enden bis zu den Spitzen knochenhart sind, blutet der Augensproß bei der geringsten Verletzung. Erst zwanzig Tage später fegte der in Rede stehende Hirsch.»

Der hier beschriebene Hergang der Neubildung des Geweihes gilt für alle Hirsche, nur mit der Maßgabe, daß das Wachsthum bei dem einen längere, bei dem andern kürzere Zeit beansprucht. Nachdem der Bast oder häutige Ueberzug des Geweihes seine Dienste gethan hat, trocknet er ein, und der Hirsch reibt nunmehr die sich loslösenden Fetzen desselben an Bäumen und Gesträuchen ab, wodurch gleichzeitig die Geweihe, hauptsächlich wohl von dem Safte der dabei beschädigten Pflanzen dunkler gefärbt werden. Im allgemeinen ist die Gestalt des Geweihes eine sehr regelmäßige, obgleich Oertlichkeit und Nahrung Veränderungen zur Folge haben können. Für die Artbestimmung bleibt das Geweih immer noch eines der Hauptmerkmale, mögen auch einzelne Naturforscher solcher Bestimmung nur einen sehr zweifelhaften Werth zusprechen wollen.

Die inneren Leibestheile der Hirsche stimmen im wesentlichen mit denen anderer Wiederkäuer überein und bedürfen hier keiner besondern Beschreibung. Daß allen Hirschen die Gallenblase fehlt, wurde bereits erwähnt.

Schon in der Vorzeit waren die Hirsche über einen großen Theil der Erdoberfläche verbreitet. Gegenwärtig bewohnen sie mit Ausnahme des größten Theiles von Afrika und von ganz Australien alle Erdtheile und so ziemlich alle Klimate, die Ebenen wie die Gebirge, die Blößen wie die Wälder. Manche leben gemsenartig, andere so versteckt als möglich in dichten Waldungen, diese in trockenen Steppen, jene in **Sümpfen** und **Morästen.** Nach der Jahreszeit wechseln viele ihren Aufenthalt, indem sie, der Nahrung nachgehend, von der Höhe zur Tiefe herab und wieder zurückziehen; einige wandern auch und legen dabei unter Umständen sehr bedeutende Strecken zurück. Alle sind gesellige Thiere; manche rudeln sich oft in bedeutende Herden zusammen. Die alten Männchen trennen sich gewöhnlich während des Sommers von den Rudeln und leben einsam für sich oder vereinigen sich mit ihren Geschlechtsgenossen; zur Brunstzeit aber gesellen sie sich zu den Rudeln der Weibchen, rufen andere Gesinnungstüchtige zum Zweikampfe heraus, streiten wacker mit einander und zeigen sich überhaupt dann außerordentlich erregt und in ihrem ganzen Wesen wie umgestaltet.

Die meisten sind Nachtthiere, obwohl viele, namentlich die, welche die hohen Gebirge und die unbewohnten Orte bevölkern, auch während des Tages auf Aesung ausziehen. Alle Hirsche sind lebhafte, furchtsame und flüchtige Geschöpfe, rasch und behend in ihren Bewegungen, feinsinnig, geistig jedoch ziemlich gering begabt. Die Stimme besteht in kurz ausgestoßenen, dumpfen Lauten bei den Männchen und in blökenden bei den Weibchen.

Nur Pflanzenstoffe bilden die Nahrung der Hirsche; wenigstens ist es noch keineswegs erwiesen, ob die Renthiere, wie man behauptet hat, Lemminge fressen oder nicht. **Gräser**, **Kräuter**, **Blüten**, **Blätter** und **Nadeln**, **Knospen**, **junge Triebe** und **Zweige**, **Getreide**, **Obst**, **Beeren**, **Rinde**, **Mose**, **Flechten** und **Pilze** bilden die hauptsächlichsten Bestandtheile ihrer Aesung. Salz erscheint ihnen als Leckerei, und Wasser ist ihnen Bedürfnis.

Die Hirschkuh wirft **ein** oder zwei, in seltenen Fällen drei **Junge**, welche vollständig ausgebildet zur Welt kommen und schon nach wenigen Tagen der Mutter folgen. Bei einigen Arten nimmt sich auch der Vater seiner Nachkommenschaft freundlich an. Die Kälber lassen sich Liebkosungen seitens ihrer Mutter mit vielem Vergnügen gefallen, und diese pflegt jene aufs sorgfältigste, schützt sie auch bei Gefahr.

In Gegenden, wo Ackerbau und Forstwirtschaft den Anforderungen der Neuzeit gemäß betrieben werden, sind die Hirsche nicht mehr zu dulden. Der Schaden, welchen die schönen Thiere anrichten, übertrifft den geringen Nutzen, den sie bringen. Sie vertragen sich leider nicht mit der Land- und Forstwirtschaft. Wäre die Jagd nicht, welche mit Recht als eine der edelsten und männlichsten Vergnügungen gilt, man würde sämmtliche Hirsche bei uns längst vollständig ausgerottet haben. Noch ist es nicht bis dahin gekommen; aber alle Mitglieder dieser so vielfach ausgezeichneten Familie, welche bei uns wohnen, gehen ihrem sichern Untergange entgegen und werden wahrscheinlich schon in kurzer Zeit bloß noch in einem Zustande der Halbwildheit, in Thierparks und Thiergärten nämlich, zu sehen sein.

Die Zähmung der Hirsche ist nicht so leicht, als man gewöhnlich annimmt. In der Jugend betragen sich freilich alle, welche frühzeitig in die Gewalt des Menschen kamen und an diesen gewöhnt wurden, sehr liebenswürdig, zutraulich und anhänglich; mit dem Alter aber schwinden diese Eigenschaften mehr und mehr, und fast alle alten Hirsche werden zornige, boshafte und rauflustige Geschöpfe. Hiervon macht auch die eine, schon seit längerer Zeit in Gefangenschaft lebende Art, das Ren, keine

Fig. 61 **Schomburgk-Hirsch** *Rucervus Schomburgki* (1/13 der Originalgröße)

Ausnahme. Seine Zähmung ist keineswegs eine vollständige, wie wir sie bei anderen Wiederkäuern bemerken, sondern nur eine halbgelungene.

⌜Von den Rusahirschen haben sich wohl als jüngerer Seitenzweig, der erst gegen Ende des Tertiärs fossil, und zwar in Indien, nachweisbar ist, die Zackenhirsche (Gattung *Rucervus* Hdgs.) entwickelt. Sie haben wie jene eine Augensprosse; Eis- und Mittelsprossen fehlen. Die Stange verzweigt sich gabelig. Von den Gabelästen ist entweder jeder oder nur einer weiter gegabelt, so daß die Zahl der Enden an jeder Stange mindestens vier beträgt. Das Kleid ist einfarbig, ohne Spiegel; die Jungen sind
21 gewöhnlich gefleckt. Eine Mähne ist vorhanden, der **Schwanz** kurz. Die oberen Eckzähne sind klein. Zwei Hirsche dieser Gattung sind daran kenntlich, daß die Augensprosse mit der Stange einen rechten Winkel bildet.

Bei **Schomburgks Hirsch** ☞ Fig. 61, *Rucervus schomburgki* Blyth, der Nordsiam und Yünnan bewohnt, kann die sehr lange Augensprosse gegabelt sein. Die Stange selbst ist sehr kurz, abgeflacht und gabelt sich bald derart, daß beide Gabeläste gleich sind. Diese gabeln sich beide dann gleichmäßig weiter. Die Farbe dieses 104 cm ho-
22 hen Hirsches ist einfarbig braun, an der **Nase** und Schwanzoberseite am dunkelsten,
23 an den **Wangen** und Halsseiten am hellsten. Die Unterseite ist weißlich. An der Vorderseite der Vorderbeine bildet das Haar eine Franse.⌟ +++

## Nordafrikanische Kuhantilope *Alcelaphus buselaphus buselaphus* (Pallas, 1766)* •

*Unterart von *Alcelaphus buselaphus*, im folgenden Text «*Bubalis buselaphus*» genannt

**Länge:** 150–245 cm **Gewicht:** 80–240 kg **Lebenserwartung:** 11–20 Jahre **Ehemaliges Verbreitungsgebiet:** Norden Afrikas **Zeitpunkt des Aussterbens:** 1923 **Ursachen des Aussterbens:** Jagd; Zerstörung des Lebensraums **Besonderes:** erreicht beim Laufen Geschwindigkeiten von bis zu 80 km/h

Auf die Gazellen mögen die Kuhantilopen *(Bubalis)* folgen, da sie gewissermaßen Uebergangsglieder von jenen zu den schweren Formen der Familie bilden. Die von einzelnen Thierkundigen wiederum in Unterabtheilungen zerfällte Gruppe umfaßt
große, kräftige, fast plump gebaute Antilopen mit hohem **Widerrist** und abschüssigem 1
**Rücken**, ungestaltetem, langgestrecktem, breitschnauzigem **Kopfe**, kurzem **Halse**, kräf- 2 3 4
tigen **Gliedmaßen**, auf der Stirnleiste stehenden, verschieden, immer aber doppelt 5
gebogenen, beiden Geschlechtern zukommenden **Hörnern**, kleinen **Thränen-**, deut- 6
lichen **Weichengruben** und kleiner oder fehlender Muffel. 7

⌜Von den verschiedenen Arten am längsten bekannt ist die schon auf den ägyptischen Denkmälern vielfach dargestellte **Nordafrikanische Kuhantilope** ☞Fig. 62,
*Bubalis buselaphus* Pall. Sie erreicht eine Länge von 2,8 m, wovon der **Schwanz** bei- 8
nahe einen ½ m wegnimmt, und reichlich 1,5 m Höhe am Widerrist.⌟ Die starken,
hoch oben am **Scheitel** aufgesetzten, in den unteren zwei Drittheilen mit schrauben- 9
förmigen Wülsten versehenen Hörner entspringen dicht bei einander, beugen sich anfangs in einem sanften, aufrechten Bogen etwas aufwärts, um endlich mit aufwärts gerichteten, stumpfen Spitzen zu enden; die rundlichen Thränengruben werden von
Haarwülsten umgeben, die **Ohren** sind groß, lang und spitzig. Das glatte Haar ist 10
gleichmäßig lichtrothbraun, die dicke **Schwanzquaste** schwarzbraun gefärbt. 11

Fig. 62 **Nordafrikanische Kuhantilope** *Alcelaphus buselaphus buselaphus* (1⁄16 der Originalgröße)

⌈(…) Die Tiere sind wie überhaupt alles afrikanische Steppenwild äußerst gesellig. Gern vereinigen sie sich in großen Herden mit Zebras, Grant- und Thomson-Gazellen. Selbst Strauße sind diesen Herden beigemischt. Offenbar ist es das Sicherungsbedürfnis, das diese Tiere zusammen weiden läßt. Nach Roosevelt bevorzugen sie zwar die offene
x **Steppe,** finden sich aber doch häufiger im offenen Buschlande als die Zebras.⌋ +++

## **Arabische Gazelle** *Gazella arabica* (Lichtenstein, 1827)

**Länge:** 120 – 160 cm^A **Gewicht:** 20 – 23 kg^A **Lebenserwartung:** 10 – 15 Jahre^A **Ehemaliges Verbreitungsgebiet:** Saudi-Arabien **Zeitpunkt des Aussterbens:** 1996 **Ursachen des Aussterbens:** Jagd; Zerstörung des Lebensraums **Besonderes:** Fähigkeit, beim Laufen Geschwindigkeiten von bis zu 50 km/h über längere Zeit zu halten

⌜Die Gazellen (*Gazella* Lcht.) sind die bekannteste, am weitesten verbreitete und artenreichste Gattung der Antilopinae. Es sind leichte, zierliche Tiere mit leierförmigen, geringeltem **Gehörn** und schönen, großen, sanften **Augen**. Die ganze 1 2
Gruppe bildet eine wunderbar geschlossene Einheit, deren einzelne Glieder einander außerordentlich ählich sehen. Selbst die abweichendsten Zeichnungen sind mit den gewöhnlichen, wie wir erfahren werden, durch Übergänge verbunden. Es fehlt den Gazellen jede Besonderheit, wie der Rüffel der Saiga oder die Rückenfalte des Springbocks. Auch in ihrer Lebensweise sind sie einander sehr ähnlich. Es sind in Herden lebende Tiere, die sich durch ihre mehr oder weniger dem Boden angepaßte Farbe, den schlanken **Leib**, die zierlichen, aber stahlharten, federnden, trockenen **Läufe** als 3 4
echte Kinder der **Steppen** und **Wüsten** zeigen. Sie bevölkern alle entsprechenden x x
Gebiete Nord- und Ostafrikas, West- und Zentralasiens und Vorderindiens. Wie so oft, können wir auch bei den Gazellen die Wahrnehmung machen, daß bei weitverbreiteten Gattungen die am weitesten vom Verbreitungsmittelpunkt entfernten Arten auch die abweichendsten sind. Die erklärt sich so, daß der Verbreitungsmittelpunkt häufig auch das Entstehungszentrum einer Gattung ist. Hier wohnen also die ältesten, ursprünglichsten Arten, die Peripherie enthält die jungen, also am meisten umgebildeten. Das Enstehungszentrum der Gazellen dürfte wohl Nordafrika sein. Alle hier lebenden Gazellenarten haben eine bestimmte Gesichtszeichnung. Diese besteht aus

5 einem dunklen, unpaaren mittleren Band, das sich über **Stirn** und Nasenmitte hin-
zieht, rechts und links von paarigen, hinter und innerhalb der Augen beginnenden, bis
6 zur **Nase** herablaufenden weißen oder gelblichen Streifen eingefaßt ist. Diese hellen
Streifen sind ihrerseits wiederum von je einem dunklen Streifen begleitet, der, am
7 inneren Augenwinkel beginnend, etwa zur Mitte der **Oberlippe** zieht. Wenn wir nun
bedenken, daß diese Gesichtszeichnung der Mehrzahl der Gazellen zukommt, sich
sogar fast genau so bei Ziegen und ähnlich bei Gemsen findet, so werden wir in ihrem
Vorhandensein ein altes Merkmal, in ihrem Fehlen eine jüngere Erwerbung sehen.

(...) Wir lassen nun zunächst solche Formen folgen, bei denen das (...) dunkle Seitenband sich nur undeutlich abhebt und niemals schwarz ist. Hierzu gehört eine große Anzahl kleiner, einander sehr ähnlicher und vorwiegend durch die Hornkrümmung unterschiedener Gazellen, die in und am Rande der großen Wüsten etwa von Algier durch Ägypten, Arabien, Palästina, Südpersien bis nach Vorderindien gehen. Die östlichste Art dieser Gruppe, die Indische Gazelle, *Gazelle bennetti* Syk., ist jedenfalls wie Löwe, Gepard, und Hyäne ein afrikanischer Einwanderer. Sie unterscheidet sich von der weiter unten geschilderten Dorkas-Gazella durch die nicht so ausgesprochen lyra-förmigen Hörner, dunklere Farbe und schwarzen Fleck über der Nase, den sie übrigens mit der nahe verwandten **Arabischen Gazelle** ☞Fig. 63, *Gazella arabica* Lcht., und der nordafrikanischen Edmi-Gazelle, *Gazella cuvieri* Ogilb., teilt.

(...) Jeder Reisende, der auch nur auf einige Meilen hin die Wüßte durchzieht, kann eine Gazelle zu sehen bekommen, und wer erst ihre Lebensweise kennt, findet sie mit Sicherheit in allen Teilen ihres Heimatkreises auf. Denn sie ist oder aber war überall, wo sie auftritt, häufig. Als Tagtier zeigt sie sich gerade zur günstigsten Zeit dem Auge. Nur während der größten Hitze des Tages, in den Mittagsstunden bis etwa 4 Uhr nachmittags, ruht sie wiederkäuend gern im Schatten einer Mimose; sonst ist sie fast immer in Bewegung. Aber man sieht sie nicht so leicht, wie man glauben möchte: die Gleichförmigkeit ihres Kleides mit der herrschenden Bodenfärbung erschwert ihr Auffinden.

(...) Die wachhaltende Gazelle äst, die anderen liegen wiederkäuend oder sonst sich ausruhend unweit von ihr. Nur die stehende fällt ins Auge, die liegende gleicht einem Steine der Wüste so außerordentlich, daß selbst der Jäger sich täuschen kann. Solange nicht etwas Ungewöhnliches geschieht, bleibt das Rudel auf der einmal gewählten Stelle und wechselt höchstens von einem Orte zum anderen, hin und her ziehend; sowie es aber Verfolgungen erfährt, vertauscht es augenblicklich seinen Stand. Auch der Wind schon ist hinreichend, um die Gazelle zu solchem Wechsel zu bewegen. Sie steht immer unter dem Winde, am liebsten so, daß sie von dem Berghange aus die vor ihr liegende Ebene überschauen und durch den Luftzug von einer Gefahr im Rücken Kunde erhalten kann. Aufgestört flüchtet sie zunächst auf die Höhe des Hügels oder Berges, stellt sich auf dem Kamme auf und prüft nun sorgfältig die Gegend, um den geeignetsten Ort zur Sicherung zu erspähen.

Fig. 63 **Arabische Gazelle** *Gazella arabica* (1/10 der Originalgröße)

Es läßt sich nicht verkennen, daß man in der Gazelle ein hochbegabtes Tier vor sich hat. Sie ist so bewegungsfähig wie irgendeine andere Antilope, dabei lebhaft, behende und überaus anmutig. Ihr Lauf ist außerordentlich leicht; sie scheint kaum den Boden zu berühren. Ein flüchtiges Rudel gewährt einen wahrhaft prachtvollen Anblick; selbst wenn die Gefahr ihm nahe kommt, scheint es noch mit seiner Befähigung zu spielen. Oft springt mit zierlichen Sätzen von 1–2 m Höhe eine Gazelle, gleichsam aus reinem Übermute, über die andere hinweg, und ebensooft sieht man sie über Steine und Büsche setzen, die ihr gerade im Wege liegen, aber sehr leicht umgangen werden könnten. Alle Sinne sind vortrefflich ausgebildet. Sie wittert ausgezeichnet, äugt scharf und vernimmt weit. Dabei besitzt sie ein vortreffliches Gedächtnis und wird, wenn sie Erfahrung gesammelt hat, immer verständiger. Ihr Betragen hat viel Ansprechendes. Sie ist ein harmloses und etwas furchtsames Geschöpf, keineswegs aber so mutlos, wie man gewöhnlich glaubt. Unter dem Rudel gibt es oft Streit und Kampf, wenn auch bloß unter gleichgeschlechtigen Mitgliedern, zumal unter den Böcken, die gern zu Ehren der Schönheit einen Strauß ausfechten, während sie die Ricken bis gegen die Paarungszeit hin mit Liebenswürdigkeit, ja mit Zärtlichkeit behandeln und gleiches von diesen empfangen. Mit allen übrigen Tieren lebt die Gazelle in Frieden; deshalb sieht man sie auch gar nicht selten in Gesellschaft anderer, ihr nahestehender Antilopen.

(...) Die Verschiedenheit der klimatischen Verhältnisse Afrikas bedingt auch eine sehr verschiedene Paarungszeit der Gazellen. Im Norden fällt diese etwa in die Monate August bis Oktober, in den Äquatorländern beginnt sie erst Ende Oktober und währt dann bis Ende Dezember. Die Böcke fordern einander mit laut blökendem Schreie zum Kampfe auf und streiten sich so heftig, daß sie sich gegenseitig die Hörner ab-
8 stoßen: ich habe vielen von ihnen erlegt, bei denen die eine **Stange** an der Wurzel
9 abgebrochen worden war. Mit gesenkten **Köpfen** treten sie einander gegenüber und forkeln aufeinander los. Hierbei vergessen sie oft ihre Umgebung derart, daß man sie fast greifen kann. Von dem Tiere vernimmt man nur ein sanftes, helles Mahnen. Der stärkste Bock wird natürlich von ihm bevorzugt, duldet auch keinen Nebenbuhler. Traulich zieht das Tier mit ihm hin und her, und gern nimmt es Liebkosungen von seiten des Herrn Gemahls entgegen. Dieser folgt seiner Schönen auf Schritt und Tritt nach, beriecht sie von allen Seiten, reibt den Kopf zart an ihrem **Halse**, beleckt ihr das
10 Gesicht und sucht ihr überhaupt seine Zuneigung auf alle Weise zu erkennen. Im Norden setzt die Ricke Ende Februar oder Anfang März, im Süden zwischen den
x Monaten März und Mai, also nach einer Tragzeit von 5–6 Monaten, **ein** einziges **Kalb**. Zu Ende März und Anfang April waren die meisten weiblichen Gazellen, die ich erlegte, hochbeschlagen, und manche trugen bereits ein sehr ausgebildetes Junges. Das zur Welt gekommene Kälbchen ist in den ersten Tagen seines Lebens ein so unbehilfliches Geschöpf, daß es mit den Händen gefangen werden kann. Deshalb sondern sich auch die Weibchen vor dem Werfen vom Rudel ab und gesellen sich ihm erst wieder bei, wenn das Junge genügend herangewachsen ist. Von der Mutter wird das Junge kühn gegen alle Gefahren verteidigt. Trotzdem fallen viele Kitzen ihren zahllosen Feinden zum Opfer. Freilich würden sich die Gazellen ohne diese das Gleichgewicht herstellenden Verluste auch außerordentlich vermehren. ⌋ +++

## Kenianischer Bleichbock *Ourebia ourebi kenyae* Meinhertzhagen, 1905 * •

*Unterart von *Ourebia ourebi*, im folgenden Text allgemein beschrieben

**Länge:** 92–110 cm **Gewicht:** 14–21 kg **Lebenserwartung:** ca. 14 Jahre **Ehemaliges Verbreitungsgebiet:** Kenia **Zeitpunkt des Aussterbens:** 1996 **Ursachen des Aussterbens:** Jagd; Zerstörung des Lebensraums **Besonderes:** Revierbegrenzung durch Markierung mit gemeinschaftlichen Kothaufen; bei Gefahr Ausstoß eines schrillen Pfiffes

⌜In Südafrika vertritt die Gattung das **Bleichböckchen** ☞Fig. 64 oder der Oribi,
*Ourebia ourebi* Zimm. *(scoparia)*,⌟ Das Thier ist kaum schwächer als unser Reh, 1,1
Meter lang, auf den **Schultern** 60 Centimeter, am **Kreuze** noch etwas darüber hoch, 1 2
und durch seine zierlichen und regelmäßigen Formen besonders ausgezeichnet. Die
Färbung ist ein lichtes Fuchsroth oder Gelbbraun auf der Oberseite und ein fast
schneeiges Weiß auf der Unterseite, d.h. am **Unterleibe**, der Innen- und Hinterseite 3
der Beine. Auch ein Fleck über den **Augen**, die **Lippen**, das **Kinn** und die Innenseite 4 5 6
der **Ohren** sind weißlich, während die Ränder der letzteren schwarzbraun erscheinen. 7
Das kleine, fast gerade aufsteigende, erst schwach nach hinten, dann etwas nach vorn
geneigte, dünne **Gehörn**, welches, wie bei den Zwergantilopen, nur der Bock trägt, ist 8
am Grunde etwa neunmal deutlich geringelt. An den **Vorderläufen** hängen ziemlich 9
lange Kniebüschel herab. Der **Schwanz** ist kurz, aber gequastet. 10

Das Leben des Bleichbocks schildert Drayson in seinen «Jagdbildern aus Südafrika» wie folgt: «Während die meisten Thiere, und zumal die Antilopen, dem Menschen ausweichen so gut sie können, während die großen Antilopen am Kap sich gern bis hundert Meilen weit von den Wohnsitzen der Pflanzer aufhalten, gibt es einige, welche thun, als wäre ihnen jede Furcht vor dem Erzfeinde der Thiere fremd, einige, welche ihren Wohnsitzen anhängen, so lange sie es im Stande sind, oder so lange sie nicht ihre Zutraulichkeit mit dem Leben bezahlen müssen. Vielleicht sind manche Gegenden diesen Thieren so einladend, daß unmittelbar, nachdem eine gewisse Oertlichkeit frei wurde, andere derselben Art von unbekannten Orten herkommen, um den Platz in Besitz zu nehmen. So ist es mit dem Bleichböckchen oder Urebi. Dieses schmucke, zierliche Geschöpf hält sich in der nächsten Nähe der Ortschaften auf, gerade da, wo es täglich gezwungen wird, vor seinem schlimmsten Feinde zu flüchten.

Wenn ein Jäger Tag für Tag sein Gebiet durchstreift und dabei alle Bleichböckchen, welche ihm vorkommen, niedergestreckt hat, braucht er wahrhaftig keine fünf Tage zu warten, ehe er wiederum ein Wild erbeuten kann; denn wenn er nach dieser Zeit von neuem zur Jagd hinausgeht, findet er sicherlich wiederum mehrere dieser kleinen Antilopen, welche sich rings um die Dörfer angesiedelt haben. Man trifft sie gewöhnlich paarweise in den Ebenen, und auch wenn sie verfolgt werden, suchen sie
x selten den Busch oder Wald zu erreichen. Ihr gewöhnlicher Stand ist das lange **Gras**,
x welches zurückbleibt, nachdem man die **Steppe** angezündet hat, oder die zerklüfteten
x Wände der Hügel, wo sie sich zwischen **Felsen** und Steinen verbergen.

Wirklich reizend ist die Art und Weise ihrer Flucht, wenn sie aufgeschreckt oder gestört werden. Sie fliehen mit der größten Schnelligkeit dahin, springen dann plötzlich meterhoch in die Luft, werden von neuem flüchtig und machen nochmals einen Luftsprung, wahrscheinlich in der Absicht, ihre nächste Umgebung besser zu überschauen; denn sie sind zu klein, als daß sie über das Gras wegäugen könnten. Manchmal, besonders wenn irgend ein verdächtiger Gegenstand bei dem ersten Sprunge entdeckt wurde, schnellt der Bleichbock mehrere Male nach einander auf, und dann will es auch dem unbefangenen Auge erscheinen, als ob er ein mit Schwingen begabtes Geschöpf wäre und die Kraft habe, in der Luft schwebend sich zu erhalten. Wenn z.B. ein Hund auf seiner Fährte ist und ihm eifrig durch das lange Gras folgt, springt er wiederholt nach einander hoch auf, beobachtet während des Schwebens genau die Gegend, aus welcher sein Verfolger herbeikommt, schlägt plötzlich einen Haken und kommt dem bösen Feinde oft genug aus dem Gesicht. Beim Herabspringen fällt das
11 Thier immer zuerst mit den **Hinterläufen** auf den Boden. Der aufgeschreckte Bleichbock eilt in den ersten Minuten seines Laufes in ähnlicher Weise auf dem Boden dahin, in welcher eine aufstehende Schnepfe durch die Luft fliegt. Im Zickzack wendet er sich von einer Seite zur anderen, durchkriecht oder überspringt er mit Blitzesschnelle die Gräser, und gewöhnlich ist er bereits hundert Schritte weit hinweg, ehe der Jäger nur sein Gewehr zurecht legen kann. (…) Hat man den Bleichbock mit der Kugel verwundet, so darf man seiner Beute sicher sein; denn das zarte Geschöpf verträgt bei weitem keinen so starken Schuß wie der Ducker oder Riedbock. (…) Der Bleichbock versucht es gewöhnlich, wenn er sich schwer verwundet fühlt, in dem langen Grase so gut als möglich sich zu verstecken. Er kriecht hier leise weiter bis zu einem Busche, einem großen Steine, einem Ameisenhügel, duckt sich dort und sieht

dem Verenden entgegen. Beim Nachgehen findet man ihn meistens an solchen Stellen liegen. Uebersieht man aber den noch nicht Verendeten, so springt er auf und flieht mit möglichster Schnelle weiter. Im Anfange entkamen mir viele; als ich aber mit meinem Wilde vertrauter geworden war, faßte ich es scharf ins Auge und ritt nun um das Lager herum, mehr und mehr mich nähernd, bis ich noch einen sichern Schuß anbringen konnte.» +++

Fig. 64 **Kenianischer Bleichbock** *Ourebia ourebi kenyae* (1/7 der Originalgröße); Inv. Nr. NMW ST 1061

## Ägypt. Mähnenspringer *Ammotragus lervia ornatus* (I. Geoffroy Saint-Hilaire, 1827)* •

* Unterart von *Ammotragus lervia*, im folgenden Text allgemein beschrieben; in Wildnis ausgestorben

**Länge:** 180–190 cm **Gewicht:** 70–145 kg **Lebenserwartung:** 12–24 Jahre **Ehemaliges Verbreitungsgebiet:** Ägypten, Sudan und Teile Nordafrikas **Zeitpunkt des Aussterbens:** 1996 **Ursachen des Aussterbens:** Jagd; Durchmischung der Arten; Zerstörung des Lebensraums **Besonderes:** äußerst sprunggewaltiger, trittsicherer Felskletterer

An die Spitze der zu schildernden Wildschafe dürfen wir eine Art stellen, welche wegen des Mangels der Thränengruben und des noch wenig entwickelten Gehörns an die Ziegen erinnert: ⌜(...) das **Mähnenschaf** ☞ Fig. 65, *Ammotragus lervia* (...), das in mehreren Unterarten Nordafrika vom Atlas bis zum ägyptischen Sudan bewohnt⌟,
1 ein wegen seiner lang herabfallenden **Mähne** sehr ausgezeichnetes Thier. Der Bau ist
2 3 gedrungener als bei den meisten übrigen Schafen, der **Leib** sehr kräftig, der **Hals** kurz,
4 5 6 der **Kopf** gestreckt, aber zierlich, an der **Stirn** breit, nach der **Muffel** zu gleichmäßig
7 8 verschmächtigt, der **Nasenrücken** gerade, das **Auge** groß und wegen der erzfarbenen
9 10 **Iris**, aus welcher der quergestellte **Stern** deutlich hervortritt, ungewöhnlich lebhaft,
11 das **Ohr** klein, schmal und von beiden Seiten her gleichmäßig zugespitzt, die Muffel
12 sehr klein und schmal, auf die Umrandung der **Nasenlöcher** beschränkt. Das auf der
13 Stirn aufgesetzte **Gehörn** biegt sich anfangs ein wenig nach vorn, sodann gleichmäßig nach hinten und außen, mit den Spitzen etwas nach unten und innen, hat dreieckigen Querschnitt, bildet auf der Vorderseite eine breite, sanft gewölbte, in der Mitte kantig vorgezogene Fläche, wogegen die innere und untere Seite eben und scharfkantig erscheinen, und ist von der Wurzel bis zur Spitze auf allen Seiten mit dicht aneinanderstehenden, wenig erhabenen, welligen Wülsten bedeckt, welche nur an der abgeplatteten Spitze fehlen. Der mittellange, breite, zu beiden Seiten behaarte, am Ende ge-

quastete **Schwanz** reicht mit seinem Haarbüschel bis über die **Hackengelenke** herab; 14 15
die **Läufe** sind kurz und kräftig, die **Hufe** hoch, die Afterhufe klein und im Haar 16 17
versteckt. Das Vlies ☞Fig. 66 besteht aus starken, harten, rauhen, nicht besonders
dicht stehenden Grannen und feinen, gekräuselten, den Leib vollständig bekleiden-
den Wollhaaren. Jene verlängern sich auf dem Oberhalse, im **Nacken** und auf dem 18
**Widerriste** zu einem aufrechtstehenden kurzen, mähnigen Haarkamme und ent- 19
wickeln sich vorder- und unterseits zu einer reichen und vollen, fast bis auf den
Boden herabfallenden Mähne, welche an der **Kehle** beginnt, einen längs des Halses 20

Fig. 65 **Ägyptischer Mähnenspringer** *Ammotragus lervia ornatus* (1/12 der Originalgröße)

verlaufenden, am Unterhalse sich theilenden und beiderseits in der Schlüsselbein-
21 gegend weiter ziehenden Streifen einnimmt, aber auch noch auf die **Vorderläufe** sich
22 fortsetzt, indem diese unterhalb des **Elnbogengelenkes** durch einen vorn, außen und hinten angesetzten mähnigen Busch geziert sind, ebenso wie oberseits die ebenfalls verlängerten Haare der Halsseiten, welche hier wie dicke Polster aufliegen, sie verstärken. (...) Das Weibchen unterscheidet sich hauptsächlich durch die schwächere Mähne vom Männchen; denn sein Gehörn ist ebenfalls groß und kräftig. Vollkommen erwachsene Böcke erreichen, einschließlich des etwa 25 Centim. langen Schwanzes, eine Gesammtlänge von 1,8 bis 1,9 Meter, bei einer Schulterhöhe von 95 Centim. bis 1 Meter, erwachsene Schafe eine Gesammtlänge von 1,55 Meter bei 90 Centim. Schulterhöhe; das Gehörn kann, der Krümmung nach gemessen, bei jenen 65 bis 70 Centim., bei diesen 35 bis 40 Centim. lang werden.

Bereits im Jahre 1561 beschrieb Cajus Britannicus das Mähnenschaf, dessen Fell ihm aus Mauritanien gebracht worden war. Seitdem verging lange Zeit, ehe wieder etwas über das Thier verlautete; erst Pennant und später Geoffroy erwähnen es von
x neuem. Letzterer fand es in der Nähe von Kairo im **Gebirge** auf; andere Forscher haben es am oberen Nil und in Abessinien beobachtet. Am häufigsten tritt es im Atlas auf. Ueber seine Lebensweise war nichts bekannt, und auch ich würde, da mir das Thier auf meinen Reisen nie vorgekommen ist, höchstens über das Gefangenleben berichten können, hätte Dr. Buvry nicht nachstehendes mir mitgetheilt.

«Das Mähnenschaf wird im südlichen Algerien von den Einheimischen im allgemeinen Arui genannt, während der Widder Feschtâl, das Schaf Massa und das Junge Charúf heißen. In der Provinz Konstantine bewohnt das Thier die Südabhänge des Aurasgebirges; nach den Angaben der Araber soll es jedoch auch in den dieses Ge-
x x birge begrenzenden **Steppen** und selbst in der **Sandwüste** des Wadi-Sinf angetroffen werden. Im Westen findet es sich auf dem Djebel-Amúr und in der Provinz Orân auf dem Südabhange des Djebel-Sidi-Schéich. Unzweifelhaft wird es in den höheren Theilen des Gebirges, in dem marokkanischen Atlas noch häufiger sein als in Algerien, da Unzugänglichkeit und Abgeschiedenheit vom menschlichen Verkehr, welche jenen Theil des Gebirges auszeichnen, einem Wiederkäuer nur zusagen können.

Der Arui liebt die höchsten Felsengrate der Gebirge, zu denen man bloß durch
x ein Wirrsal zerklüfteter **Stein-** und **Geröllmassen** gelangen kann, und deshalb ist seine Jagd eine höchst mühselige, ja oft gefährliche. Dazu kommt, daß sie nicht viel Gewinn verspricht; denn das Mähnenschaf lebt einzeln, und nur zur Bockzeit, welche in den November fällt, sammeln sich mehrere Schafe und dann auch die Widder, halten einige Zeit zusammen und gehen hierauf wieder zerstreut ihres Weges. Gelegentlich der Paarung kommt es zwischen den Widdern oft zu überaus hartnäckigen Kämpfen. Die Araber versichern, daß man bei solchen Gelegenheiten in Zweifel sein müsse, was man mehr bewundern solle, die Ausdauer, mit der sich die verliebten Böcke gesenkten Kopfes halbe Stunden und länger einander gegenüber stehen, oder

Fig. 66 Vlies, bestehend aus Grannen und Wollhaaren

die Furchtbarkeit des gegenseitigen Anpralls, wenn sie gegen einander anrennen, oder endlich die Festigkeit der Hörner, welche Stöße aushalten, die, wie man glauben möchte, einem Elefanten die Hirnschale zerschmettern müßten.

Die Nahrung des Arui ist beziehentlich dieselbe wie bei den übrigen wildlebenden Schafen und Ziegen: saftige **Alpenpflanzen** im Sommer, dürre **Flechten** und trockene x
**Gräser** im Winter; vielleicht mögen ihm auch einzelne von den niederen gestrüppartigen Gebüschen willkommen sein.

Die Jagd auf das Mähnenschaf hatte ich mir leichter vorgestellt, als sie war. In Begleitung Ali-Ibn-Abels verließ ich die Oase Biskra und ritt in nordöstlicher Richtung nach dem Djebel el Melch, einem Theil des Aurasgebirges, welches hier ziemlich steil in die Ebene abfällt und, wie gewöhnlich, am Fuße mit wüsten Halden und zerspaltenen und zerrissenen Felsstücken bedeckt ist. Wir mußten lange suchen, ehe wir einen Weg durch das Wirrsal fanden und konnten immer noch von Glück sagen, daß überhaupt einer vorhanden war; denn ohne Weg würden wir schwerlich nach oben gekommen sein. Mühselig kletterten wir einige Stunden fort und mochten eine Höhe von sechszehnhundert Meter über dem Meere erstiegen haben: da winkte eine frische plätschernde Quelle zur Ruhe. Wir schlürften entzückt das köstliche Wasser und entdeckten dabei die Fährte eines Arui. Das Mähnenschaf, welches heute hier getrunken, war mir so gut als sicher: ich wußte, daß es wieder hierher zurückkehren würde. Gleichwohl ließ uns die Ungeduld nicht recht zur Ruhe kommen, und noch ehe wir uns gehörig erfrischt hatten, begannen wir weiter nach oben zu steigen, in der Hoffnung, vielleicht schon jetzt etwas von dem Thiere zu sehen. Aber vergebens waren unsere Anstrengungen. Wir kletterten den ganzen Tag umher, ohne auch nur ein Anzeichen des Wildschafes zu finden. Die Nacht brach schnell herein und nöthigte uns ein Unterkommen zu suchen. Ein Felsenabhang in der Nähe jener Quelle mußte uns Herberge geben. Der Morgen graute noch nicht, als wir schon auf dem Anstande lagen. In erwartungsvoller Stille mochten wir etwa anderthalb Stunden gelegen haben: da schritt langsamen Ganges ein gewaltiger Feschtâl zu uns heran. Jede Bewegung war edel und stolz, jeder Schritt sicher, fest und ruhig. Vorsichtig suchte er den sanftesten Strand; jetzt bückte er den Kopf zum Trinken: da blitzte das Feuer aus unseren beiden Gewehren. Mit einem Schrei sank der Widder zusammen; aber plötzlich raffte er sich wieder auf und dahin ging es in rasender Eile, mit Sätzen, wie ich sie vorher noch nie geschaut. Gemsengleich, sicher und kühn, jagte er dahin, und wir standen verblüfft und schauten ihm nach. Doch getroffen war er, und weit konnte er unseres Erachtens nicht gekommen sein: also auf zur Verfolgung! Aber Stunde um Stunde verlief und immer noch eilten wir hinter dem Thiere drein, dessen Fährte jetzt durch die Blutspuren dem scharfen Auge meines arabischen Begleiters nur zu deutlich war. Vier bis fünf Stunden mochte unsere Verfolgung gedauert haben, da führte die Fährte nach einem Felsengrate hin, welcher schroff und steil sechzig Meter tief nach einem Kessel abfiel. Hier verlor sich jedes Zeichen. Es schien uns unmöglich, daß der Widder da hinab einen Sprung gewagt hätte. Wir standen lange Zeit rath- und thatlos da, bis endlich der Araber doch einen, wie er sagte, wohl vergeblichen Versuch machen wollte, da hinab zu kommen. Er kletterte zur Tiefe nieder und hatte den Boden des Kessels kaum erreicht, als mich ein lauter Freudenschrei benachrichtigte, daß seine Bemühungen vom besten Erfolge gekrönt sein müßten; unten lag der Widder verendet.

Nach den Ringen der Hörner zu urtheilen, mochte das Thier acht bis zehn Jahre alt sein aber mein Araber und die übrigen, welche ich später befragte, meinten einstimmig, daß dieser Bock noch keineswegs zu den großen gezählt werden könne, und versicherten, weit schwerere gesehen zu haben. Für uns war nicht daran zu denken, unsere Jagdbeute aus dem Kessel heraus zu schaffen; es blieb mir deshalb nichts anderes übrig, als den Widder gleich hier abzuhäuten.

Die Araber sind große Liebhaber des Fleisches dieser Wildschafe, und auch ich muß gestehen, daß der Schlegel, welchen der Schêch Ali trotz seines Seufzens zur Tiefe schleppen mußte, mir vortrefflich geschmeckt hat. Das Wildpret steht dem des Hirsches sehr nahe, ist aber nach meiner Ansicht weit feiner. Aus den Fellen bereiten die Araber Fußdecken; die Haut wird hier und da gegerbt und zu Saffian verwandt.

Obwohl der Arui zu den selteneren Thieren gezählt werden muß, wird derselbe doch manchmal jung von den Gebirgsbewohnern in Schlingen gefangen und dann gewöhnlich gegen eine geringe Summe an die Befehlshaber der zunächstliegenden Kriegsposten abgegeben. In den Gärten des Gesellschaftshauses zu Biskra sah ich einen jungen Arui, welcher an einer fünf Meter hohen Mauer, der Umhegung seines Aufenthaltsortes, mit wenigen, fast senkrechten Sätzen emporsprang, als ob er auf ebener Erde dahinliefe, und sich dann auf der kaum handbreiten Firste so sicher hielt, daß man glauben mußte, er sei vollkommen vertraut da oben. Oft machte er sich das Vergnügen, außerhalb seines Geheges zu weiden, und wenn in einem Garten irgend etwas seine Leckerkeit erregt hatte, fiel es ihm gewiß zum Opfer; denn Hag und Mauer waren nirgends so hoch, daß der Spring- und Kletterkünstler nicht darüber weggekommen wäre. Er entfernte sich oft weit von seinem Wohnorte, kehrte aber immer aus eigenem Antriebe und auf demselben Wege zurück. Gegen die Menschen zeigte er sich nicht im geringsten furchtsam, kam zu jedem hin und nahm ohne Umstände Brod und andere Leckereien, welche man ihm vorhielt, aus der Hand.»

Neuerdings ist das Mähnenschaf öfters lebend nach Europa gekommen, und gegenwärtig in Thiergärten keine Seltenheit. Ueber sein Gefangenleben läßt sich wenig sagen, weil das Thier, abgesehen von seiner Kletterfertigkeit, hervorragende Eigenschaften nicht bekundet. Unserem Hausschafe gegenüber zeigt es allerdings eine gewisse Selbständigkeit und Eigenwilligkeit, ist auch leiblich weit beweglicher als dasselbe, übertrifft selbst ein solches, welches im Gebirge groß geworden, unter Leitung von Ziegen klettern gelernt hat und ganz andere Fähigkeiten offenbart als das leiblich wie geistig verkommene Geschöpf, welches uns Flachländern Fleisch und Wolle liefert; diese leibliche Beweglichkeit darf jedoch nicht zu falschen Schlüssen auf das geistige Wesen verlocken: denn das Mähnenschaf ist ebenso dumm und beschränkt, ebenso halsstarrig oder eigensinnig, ebenso scheu und furchtsam wie das Hausschaf, läßt sich daher schwer behandeln und zähmen und erweist sich keineswegs immer so gutartig, als es nach vorstehender Schilderung Buvrys scheinen möchte. Seinen Wärter lernt es kaum von anderen Menschen unterscheiden, ihn wenigstens nicht als Pfleger und Freund, sondern höchstens als einen ihm willigen Diener erkennen, welcher regelmäßig Futter bringt; in ein wirkliches Freundschaftsverhältnis zu ihm tritt es nie. So lange es jung ist, flieht es den täglich gesehenen Mann wie alle anderen Menschen, im Alter stellt es sich trotzig und störrisch zur Wehre. Ein gewisser Ernst, welchen man fast Murrsinn nennen könnte, zeichnet es aus; das neckische Wesen der Ziegen fehlt ihm vollständig. Es kann wegen einer Kleinigkeit in Zorn, wegen einer Geringfügigkeit in Wuth gerathen und pflegt dann in beiden Fällen zu beweisen, daß es sich seiner Stärke wohl bewußt ist. Wenn er will, nimmt der Bock es mit dem stärksten Maune auf, indem er seinen Gegner einfach über den Haufen rennt. Mit anderen Thieren scheint das Mähnenschaf leichter als mit dem Menschen in ein gewisses Einvernehmen zu treten; von einem wirklichen Freundschaftsverhältnisse kann aber auch in diesem Falle nicht gesprochen werden. Ihm auffallende oder gefährlich scheinende Thiere, Hunde z.B., fürchtet er und rennt bei ihrem Erscheinen mit der allen Schafen eigenen Sinnlosigkeit wie toll gegen die Gitterwände an; mit ihm nahe stehenden Verwandten, Ziegen und Schafen, Steinböcken oder Mufflons, verträgt es sich zwar zuweilen, selten jedoch längere Zeit: denn sobald es, mindestens der Bock, in ihnen einen ihm ebenbürtigen Genossen erkennt, kämpft er ebenso wie mit anderen Böcken seiner Art beharrlich, ernst und ausdauernd, falls die Liebe ins Spiel kommt, thatsächlich auf Leben und Tod, da er unter Umständen nicht eher ruht, als bis einer der Kämpen leblos auf dem Platze bleibt. Die Brunst erhöht auch seine unliebenswürdigen Eigenschaften, namentlich seine Rauf- und Stoßlust in besonderem Grade und macht den Bock sogar zuweilen weiblichen Thieren der eigenen Art gefährlich. Dem entsprechend pflegt man erwachsene Mähnenschafe nach ihrem Geschlechte getrennt, alte Böcke selbstverständlich einzeln, zu halten, sie auch bloß dann zu den weiblichen Thieren zu lassen, wenn die Brunst auf beiden Seiten erkennbar geworden und man im Stande ist, die Paarung zu beaufsichtigen. Nach alledem kann man das Mähnenschaf nicht als einen angenehmen Gefangenen bezeichnen: durch seine Größe, seine Gestalt und die eigenthümliche Haarmähne macht es einen gewissen Eindruck auf den Beobachter, ist aber wenig geeignet, diesen länger zu fesseln.

Einhundertundsechzig Tage nach der Paarung, manchmal auch einen oder zwei Tage früher, oder zwei bis drei Tage später, bringt das Mähnenschaf **ein** oder **zwei Lämmer** zur Welt, kleine, niedliche und bereits nach wenigen Stunden höchst bewegliche, auch sehr muntere Thierchen, welche wegen ihrer Kletterlust mehr an Zicklein als an Hauslämmer erinnern. Vierundzwanzig Stunden alt, besteigen sie bereits alle Höhen, welche in ihrem Gehege sich finden, mit ersichtlichem Vergnügen, und wenn sie ihr Leben erst auf zwei oder drei Tage gebracht haben, legen sie eine Behendigkeit und Gewandtheit an den Tag, daß man wohl einsieht, wie schwer es halten mag, sie im Freien zu fangen. Allgemach gehen die ersten kindischen Sprünge in spielendes Necken über: eines der Geschwister jagt hinter dem anderen her, und dieses stellt sich schließlich trotzig zur Wehre, ohne jedoch ernstlich mit dem Kameraden zu kämpfen. Die Mutter folgt allen Bewegungen ihrer Sprößlinge mit etwas weniger Gleichmuth, als wir bei den Schafen zu sehen gewohnt sind, steigt auch wohl dann und wann den übermüthigen Kleinen nach oder lockt sie durch ein blökendes Mahnen zu sich heran, worauf beide fast gleichzeitig das Euter zu verlangen pflegen und, nach Art der Hauslämmer und Zicklein saugend, durch heftige Stöße gegen das Euter möglichst viele Milch zu gewinnen streben. Bei günstiger Witterung wachsen sie rasch heran, beginnen etwa vom achten Tage ab einzelne Hälmchen aufzunehmen, fressen, einen Monat alt geworden, bereits von allem Futter, welches der Alten gereicht wird, saugen jedoch noch immer und entwöhnen sich erst gegen die Brunstzeit hin, oder richtiger, werden von der Alten nicht mehr zugelassen.

Man hat in der Neuzeit auch auf das Mähnenschaf sein Augenmerk geworfen und die Absicht ausgesprochen, es in den Hausstand überzuführen oder doch in unserem Hochlande einzubürgern. Die Möglichkeit des Gelingens nach einer oder der anderen Richtung hin kann nicht in Abrede gestellt werden. Unser Klima legt keine Hindernisse in den Weg, und auch die Züchtung verursacht kaum nennenswerthe Schwierigkeiten; es fragt sich jedoch, ob sich das Mähnenschaf als Hausthier oder Wild wirklich nutzbringend erweisen dürfte. Wie unser Hausschaf ist es wählerisch, beansprucht die beste Nahrung und eine sorgfältige Pflege, weil es ungeachtet seiner kraftvollen Erscheinung leicht und oft ohne erklärliche Ursache zu Grunde geht. So ist man zur Zeit herzlich froh, wenn man in Thiergärten einen gewissen Bestand erhält, dem entsprechend auch durchaus noch nicht im Stande, so viele Mähnenschafe zusammenzubringen, als zum Aussetzen in Gebirge oder zur Bildung einer Herde erforderlich wären. Einzelne Thiergärten züchten allerdings mit Glück, in anderen dagegen ist binnen wenig Wochen der ganze Bestand der Mähnenschafe ausgestorben, ohne daß man die Ursache erklären konnte. Solche Erfahrungen mindern die Hoffnung auf ein Gelingen der Einbürgerung in erheblicher Weise und lassen es ebenso sehr fraglich erscheinen, ob ein Aussetzen in Gebirge zu günstigeren Ergebnissen führen würde. +++

## Eigentl. Spanischer Steinbock *Capra pyrenaica pyrenaica* Schinz, 1838* •

* Unterart von *Capra pyrenaica*, im folgenden Text allgemein beschrieben

**Länge:** 105–150 cm **Gewicht:** 80–130 kg **Lebenserwartung:** 14–16 Jahre **Ehemaliges Verbreitungsgebiet:** Pyrenäen, Spanien **Zeitpunkt des Aussterbens:** 2000 **Ursachen des Aussterbens:** Jagd; Vermischung mit anderen Arten; Futterkonkurrenz durch Nutztiere; Dezimierung durch Infektion mit von Nutztieren übertragenen Krankheiten **Besonderes:** am 6. Januar 2000 Tod des letzten lebenden Tieres durch einen umstürzenden Baum im Nationalpark «Ordesa y Monte Perdido» in den spanischen Pyrenäen

Der Bergsteinbock, wie ich das Thier, seinen spanischen Namen «Cabramontés» frei übersetzend, genannt wissen möchte, der **Pyrenäensteinbock** ☞Fig. 67 älterer Forscher *(Capra pyrenaica, C. hispanica, Ibex* oder *Aegoceros pyrenaicus* und *hispanicus),* erreicht vollkommen die Größe des Alpensteinbocks, unterscheidet sich jedoch von
1 ihm sehr wesentlich durch die Gestalt und Bildung der **Hörner** ☞Fig. 68. Der ausge-
2 wachsene Bock ist 1,45 bis 1,6 Meter lang, wovon auf den **Schwanz** ohne Büschel
3 4 12 Centim. zu rechnen sind, und am **Widerriste** 75 Centim., am **Kreuze** dagegen 78 Centim. hoch; die Ziege erreicht höchstens drei Viertheile der angegebenen Länge und bleibt in der Höhe um durchschnittlich 10 Centim. hinter dem Bocke zurück. Die Gehörne des letzteren stehen an der Wurzel so dicht zusammen, daß vorn ein Zwischenraum von höchstens 4, hinten von nur 1 Centim. bleibt, steigen anfangs steil aufwärts, nur wenig nach außen sich wendend, biegen sich vom ersten Drittheil ihrer Länge an scharf nach außen, wenden sich, leierförmig aus einander tretend, fortan zugleich nach hinten, erreichen mit Beginn des letzten Drittheils ihren weitesten Abstand von einander, kehren nunmehr die Spitzen wieder gegen einander und richten sie ebenso etwas aufwärts. Ihr Querschnitt ist im allgemeinen birnenförmig gestaltet,

da sie, schief von vorn gesehen, abgerundet und an der gegenüberstehenden Seite beinahe scharfkantig zusammengedrückt sind; außer der hinteren, vorder- und hinterseits aus sanft abgeflachten Bogen hervorgehenden, wulstig erscheinenden Kante zeigen
sie jedoch noch eine zweite, welche vorn, gerade über der **Stirne**, entspringt, mit jener, 5
gegen die Spitze hin zusammenlaufend, in gleichmäßig abnehmendem Abstande längs des ganzen Hornes verläuft und mit diesem derartig sich dreht, daß sie im ersten Drittheil der Gehörnlänge nach vorn, im letzten nach außen gewendet ist, während die stärkere und schärfere Hinterkante ebenso mehr und mehr nach vorn und oben sich kehrt. Nach der Spitze zu verlieren sich die Kanten allmählich, und das Horn erscheint rundlich, obgleich die Neigung, ein an der Wurzel abgerundetes Dreieck
zu bilden, auch jetzt noch wahrnehmbar bleibt. Die Wachsthums- oder **Jahresringe** 6
sind als Querwülste deutlich erkennbar, ohne jedoch eine so bestimmte Gliederung wie beim Alpensteinbocke zu bilden. Länge und Dicke der Hörner nehmen beim Bocke mit den Jahren merklich zu, wogegen das bei weitem schwächere, an Stärke dem unserer Hausziege etwa gleichkommende, ungefähr 15 Centim. lange, einfach nach hinten gekrümmte, bis zu zwei Drittheilen seiner Länge mit vielen und dicht stehenden, schmalen Wülsten bedeckte Gehörn der Ziege, falls dieselbe erst ein gewisses Alter erreicht hat, kaum noch sich verändert.

«Ich besitze», schreibt mir mein Bruder, «das Gehörn eines alten Bergsteinbockes, dessen Stangen bei 76 Centim. Länge, 22 Centim. Umfang an der Wurzel und doch nur elf Jahresringe zeigen, zweifle jedoch nicht, daß die Hörner, der Krümmung nach gemessen, bis zu einem Meter an Länge erreichen können.» Beschaffenheit und Färbung des im Winter ungemein dichten, im Sommer dünnen Haarkleides ändern nicht allein nach Jahreszeit, Alter und Geschlecht, sondern, wie bei allen Felsenthieren, auch nach der Oertlichkeit nicht unwesentlich ab. Nachdem im Mai der Haarwechsel eingetreten und das wollige Kleid in dichten Flocken und Büscheln ausgefallen ist, wachsen, wie üblich, zunächst die von der Wurzel bis zur Spitze gleichgefärbten Grannen hervor und erreichen bis Ende August eine Länge von 2 Centim., wogegen ein mähnenartiger, hinter den Hörnern beginnender und bis zu den ersten Rückenwirbeln
sich fortsetzender Haarstreifen ebenso wie der **Bart** und die **Schwanzquaste** einem 7 8
ähnlichen Wechsel nicht unterworfen ist, vielmehr durch theilweises Nachwachsen der Haare ergänzt wird. Es haben deshalb diese Haarwucherungen jahraus jahrein annähernd dieselbe Länge, jener eine solche von 8 bis 9, der Bart von 9, der Schwanzbüschel von 12 Centim., sind jedoch merklich weniger dicht als im Winter. Ein schö-
nes, nur auf **Nasenrücken**, Stirn und **Hinterkopf** dunkelndes, hier oft mit Schwarz 9 10
gemischtes Hellbraun ist jetzt die vorherrschende Färbung des Thieres; ein dreieckiger, mit der Spitze dem Rücken zugekehrter Fleck, ein die Ober- und Unterseite trennen-
der Flankenstreifen und die Vorderseite der **Läufe** sind schwarz, **Oberlippe**, **Backen**, 11 12 13
Halsseiten, Innenfläche der **Schenkel** hellgrau, die übrigen Untertheile weiß. Im 14
Spätherbste beginnt die Wucherung des kurzen, dichten, weichen weißgrauen Woll-

haares und gleichzeitig die Umfärbung der inzwischen reichlicher nachgewachsenen
Grannen, welche im Winter zwischen 3 bis 4 Centim. an Länge erreicht haben, dann
sehr dicht stehen und an der Wurzel hellgrau, in den übrigen zwei Drittheilen ihrer
Länge dunkel gefärbt sind. Im vollendeten Winterkleide herrschen ein in das Braune
spielendes Schwarz und Grau vor, erstere Färbung auf Nasenrücken, Stirn und
15 16 Vorderhalse, letztere zwischen **Auge** und **Ohr** an den Kiefergelenken, den Halsseiten
17 bis zu den **Schulterblättern** und auf den Seiten bis zur Mitte des Hinterschenkels;
doch mischt sich an allen genannten Theilen Schwarz oder Schwarzbraun ein, weil
viele Grannen in schwarze Spitzen endigen.

(...) Die Färbung der Ziege ist wenig veränderlich, jedoch ebenfalls im Sommer
heller, im Winter dunkler. Rehfarben oder Hellbraun herrscht vor; schwarz sind die
18 19 20 Vorderseiten der Läufe, von den **Hand-** und **Fersengelenken** an bis zu den **Hufen**
herab, schwarz mit grau gemischt die Hinterseiten derselben. Auch ein Streifen längs
21 des **Brustbeines** von 3 Centim. Breite und doppelter Länge hat schwarze Färbung.
Die Zicklein gleichen der Mutter, ihre Hauptfärbung ist jedoch nicht hell-, sondern
dunkelkastanienbraun, die der Läufe schwarzbraun.

Von der vorstehend beschriebenen Art glaubte Schimper den auf den süd- und ostspanischen Gebirgen lebenden Steinbock unter dem Namen *Capra hispanica* unterscheiden zu dürfen; die Merkmale des einen und anderen Thieres sind aber so übereinstimmende, daß sich die Trennung schwerlich aufrecht erhalten läßt. Die Steinböcke der Sierra de Gredos wie die der Serrania de Ronda und der Sierra Nevada in Andalusien, der Sierra de Segura in Murcia, der Sierra de Cuenca und dem Monte Carroche in Valencia haben dasselbe Gehörn wie der Bergsteinbock, sind jedoch in der Regel etwas kleiner und heller gefärbt; insbesondere ist das Schwarz nicht so ausgedehnt wie bei diesem. Auf so unbestimmte und ungewichtige, wahrscheinlich auch nur für das Sommerkleid geltende Merkmale läßt sich keine Art begründen, und ich habe deshalb kein Bedenken getragen, beide in Spanien lebende Steinböcke zu vereinigen. Demgemäß erstreckt sich das Verbreitungsgebiet des Bergsteinbocks von der Küste des Golfs von Biscaya bis zum Mittelmeere und von den Pyrenäen bis
x zur Serrania de Ronda. Außer den oben genannten **Gebirgen** bewohnt er die Sierra
Morena, die Montes de Toledo, die Pyrenäen und alle höheren Gebirgszüge Nord- und Mittelspaniens, in besonderer Häufigkeit namentlich die Sierra de Gredos, wogegen er auf den Gebirgen der kantabrischen Küste gänzlich zu fehlen scheint.

(...) Das Bergsteinwild lebt während des größten Theiles vom Jahre nach dem Geschlechte getrennt; nur gegen die Paarzeit hin vereinigen sich Böcke und Ziegen. Beide bilden Rudel, nicht selten aber auch förmliche Herden, welche aus ein- bis anderthalbhundert Stück bestehen können. Ich selbst konnte einmal hundertundfünfunddreißig Böcke genau zählen. Es mag sein, daß solche Herden fast alle auf der Gredos lebenden Böcke in sich vereinigen; doch habe ich gelegentlich eines Treibens auch einmal vierundsiebzig Ziegen, welche gewöhnlich in kleinen Trupps über das

Fig. 67 **Eigentlicher Spanischer Steinbock** *Capra pyrenaica pyrenaica* (1/9 der Originalgröße); Inv. Nr. NMW ST 373

ganze Gebirge zerstreut zu sein pflegen, zusammen gesehen und gezählt. Unbekümmert um Schnee und Kälte in dem von ihnen erwählten Gebiete bewohnen die Böcke in der Regel ausschließlich den oberen und höchsten Theil des Gebirges, wogegen die Ziegen schon im Spätherbste die nach Süden gelegenen Wände aufsuchen und in strengen Wintern bis in die Nähe der Dörfer hinabsteigen. Das Rudel wie die Herde wird stets von dem stärksten und, was wohl gleichbedeutend, von dem ältesten und erfahrensten Stücke geleitet. Langsamen Schrittes sieht man das Bergsteinwild an den steilen Wänden und auf den Graten eines Gebirgszuges dahinziehen, unter allen Umständen vorsichtig nach jeder Seite hin äugend und spähend und ebenso fort und fort windend. Das Leitthier schreitet dem Rudel voran und sichert, bleibt darauf, nachdem es eine Entfernung von zehn bis zwölf Schritten zurückgelegt hat, seinerseits stehen, das Rudel, welches sich nunmehr in Bewegung setzt, erwartend, worauf es wie vorher weiter zieht. Wenn ein Trupp von Bergsteinziegen weidet, stellen sich stets mehrere Stücke so auf, daß sie als Wachen dienen können und sichern und winden beständig. Bemerkt eine Wachtgeis etwas Verdächtiges, oder führt ihr der Wind die Witterung eines Feindes zu, so stößt sie ein pfeifendes Schnauben aus, stürzt sich von ihrem Auslugpunkte herab, und wird, wie der ihr folgende Trupp, sofort flüchtig, entweder trabend oder in Galopp fallend, je nachdem die Gefahr ferner oder näher ist. Nach kurzer Zeit unterbricht das Rudel seine Flucht, um die Ursache der Störung genauer zu erkunden. Führte diese das Erscheinen eines Menschen herbei, so geht der Trupp oder die Herde rascheren Schrittes weiter und wechselt dann meist bis auf eine halbe, oft bis auf eine volle Gehstunde; war es ein Wolf oder Hund, welcher schreckte, so erklettert das Bergsteinwild einfach eine steile Wand und nimmt hier Stellung auf Oertlichkeiten, welche den genannten Verfolgern vollkommen unzugänglich sind. Unglaublich scheint es, daß das Bergsteinwild beinahe senkrechte Wände, an denen man auch nicht den geringsten Anhaltepunkt wahrzunehmen vermag, nicht allein mit der größten Sicherheit, sondern auch mit überraschender Leichtigkeit und Schnelle zu ersteigen im Stande ist, und daß schon die kleinsten Zicklein, ebensogut wie die alten Ziegen, mit ihren scharfkantigen Hufen an solchen Felsen förmlich sich ankleben können.

Wähnt sich die Herde vollkommen sicher, so legt sich ein Theil derselben mit ausgestreckten Läufen behaglich nieder, um auszuruhen und wiederzukäuen, während ein anderer Theil die Spitzen der **Gräser** und die saftigsten Mitteltriebe anderer **Alpenpflanzen**, insbesondere aber die **Blüten** der niederen Ginsterbüsche *(Spartium scoparium* und *Sp. horridum)* abäst und zwei oder drei Stück als Wachtthiere dienen. Brennt die Sonne gar zu stark, so lagert sich das Rudel im Schatten vorspringender **Felsen** oder tritt in Höhlen ein, niemals jedoch, ohne durch ausgestellte Wachtgeisen für Sicherung genügend gesorgt zu haben.

Die Böcke sind immer weniger achtsam und vorsichtig als die Geisen. Sehr alte zumal bleiben öfters hinter dem Rudel oder der Herde zurück und lassen zuweilen einen gegen den Wind sich anschleichenden Menschen bis in ihre nächste Nähe kommen. Anstatt sogleich die Flucht zu ergreifen, wie die Ziegen fast stets thun, springen sie auf einen Felsen oder höheren Steinblock, äugen den Feind einige Minuten an und bieten so dem Jäger oft ein sicheres Ziel. Ich selbst habe unter solchen Umständen einmal einen sehr starken Bock erlegt. Auch auf seinen Wanderungen ist

Fig. 68 Hörner des Eigentlichen Spanischen Steinbocks (¼ der Originalgröße)

ein von der Herde getrennter Bock weit weniger scheu, als wenn er letztere begleitet. Ein durch die Treiber in weiter Entfernung von uns angestellten Schützen aufgeregter Bergsteinbock ging langsam auf meinen Nebenmann zu, wurde von diesem zweimal gefehlt, hierauf für kurze Zeit flüchtig, fiel, nachdem er einige hundert Schritte rasch zurückgelegt hatte, wieder in seinen ruhigen Gang, gelangte hinter meinen, nach vorn hin gut verbauten, auf der Rückseite aber offenen Stand, staunte mich, der ich nichts ahnte, wenigstens funfzehn Minuten lang an und zog dann ruhig weiter. So erzählten mir meine Jagdgenossen nach beendigtem Treiben zu meinem großen Verdrusse.

Harmlosen Thieren gegenüber bekundet das Bergsteinwild weder Furcht noch Zuneigung. Doch sieht man in der Sierra de Gredos im Hochsommer, wenn die Ziegenherden der Dörfler am Fuße des Gebirges bis in das Gebiet der Steinböcke emporsteigen, zuweilen beide Thierarten friedlich neben einander weiden.

Anfangs November tritt die Brunstzeit ein. Nunmehr gesellen sich die Böcke zu den Ziegen, und es beginnen gleichzeitig die heftigsten Kämpfe zwischen ersteren, zumal zwischen sehr alten Herren, jedenfalls als fesselndes Schauspiel für die jungen Thiere, welche ruhige Zuschauer bleiben. Schon im December trennen sich beide Geschlechter wieder; jedoch halten sich auch dann noch meist einige junge, d.h. ein- bis dreijährige Böcke zu der Ziegenherde. Ende April oder anfangs Mai, also zwanzig- bis vierundzwanzig Wochen nach der Paarung, setzt die Ziege **ein Junges**, welches wenige Stunden nach seiner Geburt der Mutter auf ihren Pfaden leicht und sicher folgt und von ihr sorgsam gepflegt und gehütet wird. Nur auf der Südseite des Gebirges und hier an den sonnigsten Wänden nehmen jetzt die Ziegen ihren Stand, und, anstatt kahle Abhänge aufzusuchen, wählen sie die mit Ginstergebüsch bewachsenen Lehnen und Schluchten und verbringen auf und in ihnen den größten Theil des Spätfrühlings und Frühsommers. Werden sie aufgeschreckt, so laufen die Zickelchen neben der Mutter her; können diese bei hitziger Verfolgung der alten Geisen nicht nachkommen, so ducken sie sich unter einem dichten Strauche, hinter einem schützenden Felsblocke, in einer Felsenspalte etc. und verharren hier bis zur Rückkehr der Alten. Schneefelder übersteigen die Bergsteinziegen überhaupt sehr ungern, vermeiden sie aber, wenn sie Zicklein führen, fast ängstlich.

Auch das Bergsteinwild soll seit fünfundzwanzig Jahren in der Sierra de Gredos bedeutend abgenommen haben, und in der That kann dies kaum anders sein, da der Spanier von einer Hegezeit keine Vorstellung hat, außerdem gerade in unserem Gebirge jeder Hirt ein Gewehr führt und während seines monatelangen Aufenthaltes in den Höhen bei Tag und Nacht dem edlen Wilde nachschleicht. Wollte und könnte man streng verbieten, Geisen während der Frühlingsmonate zu erlegen, so würde sich gerade das Steinwild, welches außer dem Menschen wenige Feinde hat, in kürzester Frist wieder bedeutend vermehren. Bartgeier, Stein- und Kaiseradler nehmen wohl öfters ein Zicklein weg, getrauen sich aber, nach Aussage der von mir befragten Hirten, niemals an alte Böcke oder Geisen. Diesen wird außer dem Menschen höchstens der Wolf gefährlich; aber auch er schadet, weil er kaum jemals in bedeutendere Höhen emporsteigt, eigentlich nur im Winter, wenn ein Rudel Bergsteinwild in die Tiefe herabgezogen ist, bei hohem Schnee von Isegrimm in einiger Entfernung von den rettenden Felsenwänden überrascht und durch den Schnee an erfolgreicher Flucht verhindert wird; denn unter solchen Umständen bleiben die Steinböcke nicht selten ermattet liegen oder stecken und fallen dann dem gierigen Räuber leicht zur Beute. +++

**Säbelantilope** *Oryx dammah* (Cretzschmar, 1827)*

*im folgenden Text wird die Art allgemein beschrieben; in Wildnis ausgestorben

**Länge:** 160–170 cm **Gewicht:** 160–200 kg **Lebenserwartung:** ca. 20 Jahre **Ehemaliges Verbreitungsgebiet:** Nordafrika **Zeitpunkt des Aussterbens:** 1980er Jahre **Ursachen des Aussterbens:** Jagd; Zerstörung des Lebensraums durch Landwirtschaft und Industrie **Besonderes:** Durch spezialisierte Nieren Fähigkeit, Wochen und sogar Monate ohne Wasserzufuhr zu leben

Die (…) **Säbelantilope** ☞Fig. 69, von den Arabern Wild- oder Steppenkuh genannt
*(Oryx leucoryx, Antilope leucoryx* und *ensicornis),* ist etwas plumper als die Verwandten
und trägt ebenso lange, dreißig- bis vierzigmal geringelte, aber sanft gebogene, nach
außen und hinten gerichtete, mit der Spitze nach unten geneigte **Hörner**. Das kurze, 1
grobe, nur längs des **Rückgrats** und der Nackenfirste verlängerte, übrigens glatt anlie- 2
gende Haarkleid ist ziemlich gleichmäßig gefärbt. Ein mehr oder weniger reines Gelb-
lichweiß, welches auf der Unter- und Innenseite der **Läufe** heller, am **Halse** dagegen 3 4
durch Rostfarben ersetzt wird, bildet die Grundfärbung; sechs Flecken von mattbrau-
ner Farbe stehen am **Kopfe**, und zwar einer zwischen den Hörnern, zwei zwischen den 5
**Ohren**, zwei andere zwischen den Hörnern und **Augen** und der sechste endlich als 6 7
Streifen auf dem **Nasenrücken**. Alte Böcke erreichen eine Länge von reichlich 2 Meter, 8
bei einer Schulterhöhe von 1,3 Meter.

Das Verbreitungsgebiet der Säbelantilope erstreckt sich über den nördlichen Theil von Innerafrika, von der Regengrenze an südlich. Sie ist nicht selten in Sennâr und Kordofân, in Mittel- und Westsudân, kommt aber auch nach Norden hin in der Bahiu-
dasteppe und in einzelnen **Wüstenthälern** Nubiens bis zur egyptischen Grenze vor. x
Hinsichtlich ihrer Lebensweise dürften die Oryxantilopen im wesentlichen mit ein-

Fig. 69 **Säbelantilope** *Oryx dammah* (1/13 der Originalgröße); Inv. Nr. NMW ST 1094

ander übereinstimmen; doch fehlen zur Zeit noch genügende Beobachtungen über ihr Freileben, und die Naturgeschichte dieser altberühmten Thiere ist noch immer lückenhaft und dürftig. «Der Gemsbock», sagt Gordon Cumming, «scheint von der Natur dazu bestimmt, die trockenen Karus des heißen Südafrika zu bevölkern, für welche er seiner Natur nach vortrefflich sich eignet. Er gedeiht in unfruchtbaren Gegenden, wo man glauben sollte, daß darin kaum eine Heuschrecke Nahrung finde, und ist, trotz der Glut seiner Heimat, doch völlig unabhängig vom Wasser. Dieses trinkt er, wie ich nach meiner Beobachtung und der wiederholten Behauptung der Bauern überzeugt bin, niemals, auch wenn er es haben würde.» Unter ganz ähnlichen Umständen leben die nördlichen Arten, obwohl sie durchaus nicht Wasserverächter sind wie der Passan. Allerdings trifft man die stattlichen Thiere, welche sich schon von weitem durch ihre gewaltige Größe auszeichnen, in den heißen, wasserlosen
**Steppen** Südnubiens und Kordofâns an, ohne daß man begreift, wo sie ihren Durst x
löschen könnten; allein an denselben Orten leben auch noch eine Menge andere Thiere, welche Wasser trinken. Auch verschmähen die Oryxböcke letzteres wenigstens in der Gefangenschaft nicht.

Man sieht die Oryxantilopen gewöhnlich paarweise oder in sehr kleinen Trupps, häufig auch nur eine Mutter mit ihren Jungen. Höchst selten rudeln sich zahlreiche Gesellschaften, und solche von zweiundzwanzig Stück, wie sie Gordon Cumming sah, mögen wohl nur ausnahmsweise sich vereinigen. In den unbevölkerten Gegenden sind die herrlichen Thiere nirgends selten, aber auch nirgends häufig und dabei immer so scheu und furchtsam, daß man die wenigsten von denen, welche in einer bestimmten Gegend leben, überhaupt zu sehen bekommt. Sie fliehen, ehe der Reiter ihnen sich nähert. Nach meinen Beobachtungen meiden sie den Wald; in Kordofân halten sie sich nur in der Steppe auf. Dort gibt ihnen die so reiche Pflanzenwelt hinlängliche Nahrung, und wenn dann die Zeit der Dürre und Armut, der Winter kommt, haben sie sich so viel Feist zugelegt, daß sie eine Zeitlang auch mit magerer Kost, mit
ausgedörrten **Halmen** und blätterlosen **Zweigen**, vorlieb nehmen können. Nur ein- x
zelne **Mimosenbüsche** bieten ihnen dann noch frischere Aesung. Beim Weiden
recken sie ihren Hals hoch empor, stemmen sich auch wohl mit den **Vorderhufen** 9
gegen den Stamm an, um höher hinauflangen zu können.

(...) Die Oryxböcke sind schnell. Ihr Schritt ist leicht, ihr Trab hart, ihr Galopp sehr schwer, aber ausdauernd und gleichmäßig fördernd. Nur die besten Pferde sind im Stande, ihnen zuweilen nachzukommen. Die Araber der Bahiuda wie die Bakhara, welche ausgezeichnete Rosse besitzen, machen sich ein besonderes Vergnügen daraus, die Schnelligkeit ihrer Pferde an dem Laufe des Oryx zu erproben und stechen diesem, sowie er sich im letzten Augenblicke der Gefahr gegenüberstellt, die Lanze an den
Hörnern vorüber von oben in die **Brust**. 10

Mit anderen Antilopen scheint sich wenigstens der sogenannte Gemsbock des Kaplandes zu vertragen, da man ihn oft mit der Kanna oder Elandantilope in vollster

Eintracht weiden sieht. Der Säbelbock ist, wie ich selbst beobachtet habe, ein im höchsten Grade unverträgliches Geschöpf, welches andere Thiere im Anfalle schlechter Laune oft arg mißhandelt. Man muß den Spießböcken überhaupt nachrühmen, daß sie, so scheu sie auch sein mögen, doch keineswegs die Furchtsamkeit anderer Antilopen zeigen, sondern eher etwas vom Wesen des Stieres haben. Gereizt gehen sie in heller Wuth auf den Angreifer los und suchen ihn in boshafter Weise zu verletzen. Gegen den anlaufenden Hund wissen sie sich erfolgreich zu vertheidigen, indem sie den Kopf vorbiegen und in schnellen Wendungen nach rechts und links mit solcher Kraft ausschlagen, daß sie einem Hunde ihre Hörner durch den ganzen Leib rennen, wenn jener nicht geschickt ausweicht. Lichtenstein erzählt, daß einer seiner Begleiter in der großen Karu das Geripp eines Panthers und eines Oryx neben einander liegen fand. Der Bock hatte seinen gefährlichen Feind mit einem Hornstoße getödtet, war aber selbst den vorher empfangenen Wunden erlegen. Harris hält es nicht für unmöglich, daß unter Umständen dem Löwen ein gleiches Schicksal werde. Im Augenblicke großer Gefahr stellt sich der Oryx nicht nur den Hunden, sondern auch dem Menschen gegenüber, und es heißt dann vorsichtig zu Werke gehen, wenn man nicht durch und durch gerannt sein will. Gordon Cumming entkam, wie er erzählt, nur dadurch dem Tode, daß der auf ihn anrennende Oryx wenige Schritte vor ihm, von Blutverluste erschöpft, zusammenbrach.

Ueber die Fortpflanzung im Freien fehlen noch ausführliche Berichte; an gefangenen Säbelantilopen hat Weinland beobachtet, daß die Tragzeit 248 Tage in Anspruch nimmt. Die Jagd auf alle Oryxantilopen wird mit Vorliebe zu Pferde betrieben. Cumming beschreibt eine solche in lebhafter Weise und erzählt dabei, daß er den ganzen Tag einem bereits verwundeten Passan nachgeritten sei, bis endlich das Thier nicht mehr weiter konnte. Die Hottentotten wagen nicht, einzeln Gemsböcke anzugreifen oder zu verfolgen, weil diese sich augenblicklich gegen sie wenden. Keine andere Antilope soll einen prachtvollern Anblick gewähren als der fliehende Oryxbock. Man trifft ihn nicht selten unter anderen Antilopenherden, wo er sich die Führerschaft erkämpft hat. Sobald er merkt, daß er verfolgt wird, stößt er, wie man erzählt, ein heftiges, durchdringendes Geschrei aus, hebt den Kopf empor, so daß die Hörner auf
11 den Rücken zu liegen kommen, streckt den **Schwanz** gerade von sich und eilt nun in wilder Jagd über die Ebene dahin, alles, was ihm in den Weg kommt, vor sich niederwerfend oder durchbohrend. Ueber Büsche, welche ihn hindern wollen, schnellt er mit einem einzigen gewaltigen Satze hin weg; durch die Herden der Zebras bricht er hindurch, Straußenherden jagt er in die tollste Flucht. Erst nach vielstündiger Verfolgung ist es möglich, in schußgerechte Entfernung von ihm zu kommen; denn er hält auch dann noch die Verfolgung aus, wenn er vom Schweiße trieft.

Die Nomaden der Steppe fangen ab und zu einen der bei ihnen lebenden Spießböcke und bringen ihn in die Stadt, um ihn den Vornehmen des Landes oder den Europäern zum Kaufe anzubieten. Auf diese Weise habe ich während meines Auf-

enthaltes in Afrika mehrere erhalten. Ich kann die Gefangenen nicht rühmen. Sie sind träge, langweilig und unverträglich. Die Gefangenschaft halten sie leicht aus, lernen auch ihren Pfleger kennen und gewöhnen sich an ihn; niemals aber darf dieser ihnen trauen, weil sie ihre Hörner zuweilen, gleichsam des Spaßes wegen, in höchst gefährlicher Weise zu gebrauchen pflegen. Mit anderen Thieren darf man sie nicht zusammenhalten, da sie sich in kurzer Zeit der Herrschaft bemächtigen und ihre Genossen in abscheulicher Weise mißhandeln. Auch unter sich fangen sie ab und zu einmal Streit an und stoßen sich dann tüchtig. Dabei sind sie störrig und lassen sich nur mit größter Mühe fortschaffen. Noch heute gedenke ich einiger Tage meines Reiselebens mit wahrem Unmuthe. Wir hatten eine junge weibliche Steppenkuh erhalten und wollten dieselbe gern mit uns nehmen. Das einfachste würde natürlich gewesen sein, sie an den Hörnern zu binden und neben dem Kamele laufen zu lassen; allein das gute Thier wollte nicht mit uns spazieren, und die Araber versicherten einstimmig, daß das «junge Rind der Steppe» noch gar nicht marschfähig wäre. Deshalb erhielt einer unserer Diener den Auftrag, das große unbehülfliche Geschöpf mit sich auf das Kamel zu nehmen. Ein Teppich wurde zu diesem Zwecke der Antilope um den **Leib** geschnürt und dann am Sattel befestigt. Der Oryx schien über diese Art 12
der Fortschaffung äußerst entrüstet zu sein und stieß den Diener und das Kamel mit seinen spitzigen Hörnern. Das Reitthier, welches anfänglich bloß murrte, bekam endlich eine so ungewohnte Behandlung satt und ging durch. Nun versuchte ich, die Antilope weiter zu schaffen, und empfing anstatt unseres Aali die Hornstöße. Es wurde ein erneuter Versuch gemacht, das Steppenrind zum Gehen zu bringen, doch er scheiterte an dessen Störrigkeit. Nochmals wurde das Thier aufs Kamel gebracht, und schon glaubte ich, daß jetzt alles gut gehen würde, als der Oryx plötzlich aus seiner Umhüllung heraussprang und mit raschen Schritten davon eilte. Wir setzten ihm nach, waren aber nicht im Stande, ihn wieder zu erlangen. Jetzt zeigte er, daß er marschfähig war, fühlte auch seine Freiheit viel zu sehr, als daß er sich von neuem in unsere Gewalt begeben hätte. In der Neuzeit ist die «Steppenkuh» oft nach Europa gekommen und hat sich in den Thiergärten recht wohl erhalten, auch ohne besondere Schwierigkeit hier sich fortgepflanzt. Weit seltener sieht man den Passan und noch viel weniger die Beisa, welche gegenwärtig noch den meisten Museen fehlt.

Man benutzt Fleisch und Fell der Oryxantilope in der gewöhnlichen Weise. Die geraden Hörner des Passan und der Beisa werden oft als Lanzenspitzen verwendet. Man wartet, bis die Hornschalen bei beginnender Fäulnis von dem starken Zapfen sich lösen, zieht sie dann ab, setzt sie auf gewöhnliche Lanzenstäbe, und die Waffe ist fertig. Die Europäer am Kap lassen die Hörner auch wohl poliren, mit silbernen Knöpfen versehen und gebrauchen sie sodann als Spazierstöcke. +++

**Roberts-Litschi-Wasserbock** *Kobus leche robertsi* (W. Rothschild, 1907)* •

* Unterart vom «Litschi-Wasserbock, *Kobus (Onotragus) leche*», im folgenden Text allgemein beschrieben

**Länge:** 130–180 cm **Gewicht:** 75–120 kg **Lebenserwartung:** 14–16 Jahre **Ehemaliges Verbreitungsgebiet:** Sambia, Botswana **Zeitpunkt des Aussterbens:** um 1907 **Ursachen des Aussterbens:** Zerstörung des Lebensraums

⌜Die größten Arten der Reduncinae umfaßt die Gattung der Wasserböcke (*Kobus*
1 A. Sm.). Ihnen fehlt der nackte Drüsenfleck, den die Riedböcke unter den **Ohren**
2 3 4 haben. Ihr **Schwanz** ist lang mit schwacher **Endquaste**. Die langen **Hörner** sind annähernd bogenförmig gekrümmt. Sehr bezeichnend für die Mehrzahl der Arten ist das lange, starre, oft fettig erscheinende Haar. In Aussehen und Betragen erinnern die Wasserböcke etwas an die Hirsche, die sie gewissermaßen in Afrika ersetzen. Sie bewohnen die ganze afrikanische Steppenzone vom Senegal bis zum Kapland.

Die zahlreichen Arten kann man in drei Untergattungen teilen. Zwei von diesen
5 haben Weichendrüsen und einen höchstens schwach gemähnten **Hals**. Sie sind meist einfarbig rotbraun und stehen in der Größe zwischen den Ried- und den typischen Wasserböcken.

Ähnlich wie *Kobus kob*, aber düsterer in der Gesamtfärbung, von mehr schmutzig braungelblicher Färbung ist der **Litschi-Wasserbock** ☞Fig. 70, *Kobus (Onotragus) leche* aus Sambesia. Schon sein Entdecker, Livingstone, macht darauf aufmerksam, daß die Tiere nur in wasserreichen Teilen Zentralafrikas vorkommen, sich nie weit
x vom **Wasser** entfernen und bei Gefahr in dieses flüchten. Selous nennt sie nach der Sitatunga die am meisten wasserliebenden Antilopen, die gewöhnlich knietief im
6 7 Wasser stehen. Bei beiden fehlen an den **Füßen** die Haare zwischen **Hufen** und Nebenhufen, was bei anderen Antilopen nicht der Fall ist. (…) In den überschwemm-

ten **Grassteppen** in der Gegend von Linjanti am Tschobe fand Selous diese reizende x Antilope in zahlloser Menge. Einmal zählte er 52 Böcke verschiedenen Alters, unter denen auch nicht ein Weibchen war.⌋ +++

Fig. 70 **Roberts-Litschi-Wasserbock** *Kobus leche robertsi* (1/9 der Originalgröße)

# VOM AUSSTERBEN BEDROHTE VÖGEL UND SÄUGETIERE

# Vom Aussterben bedrohte Vogel-und Säugetierarten einschließlich Unterarten; Verbreitung

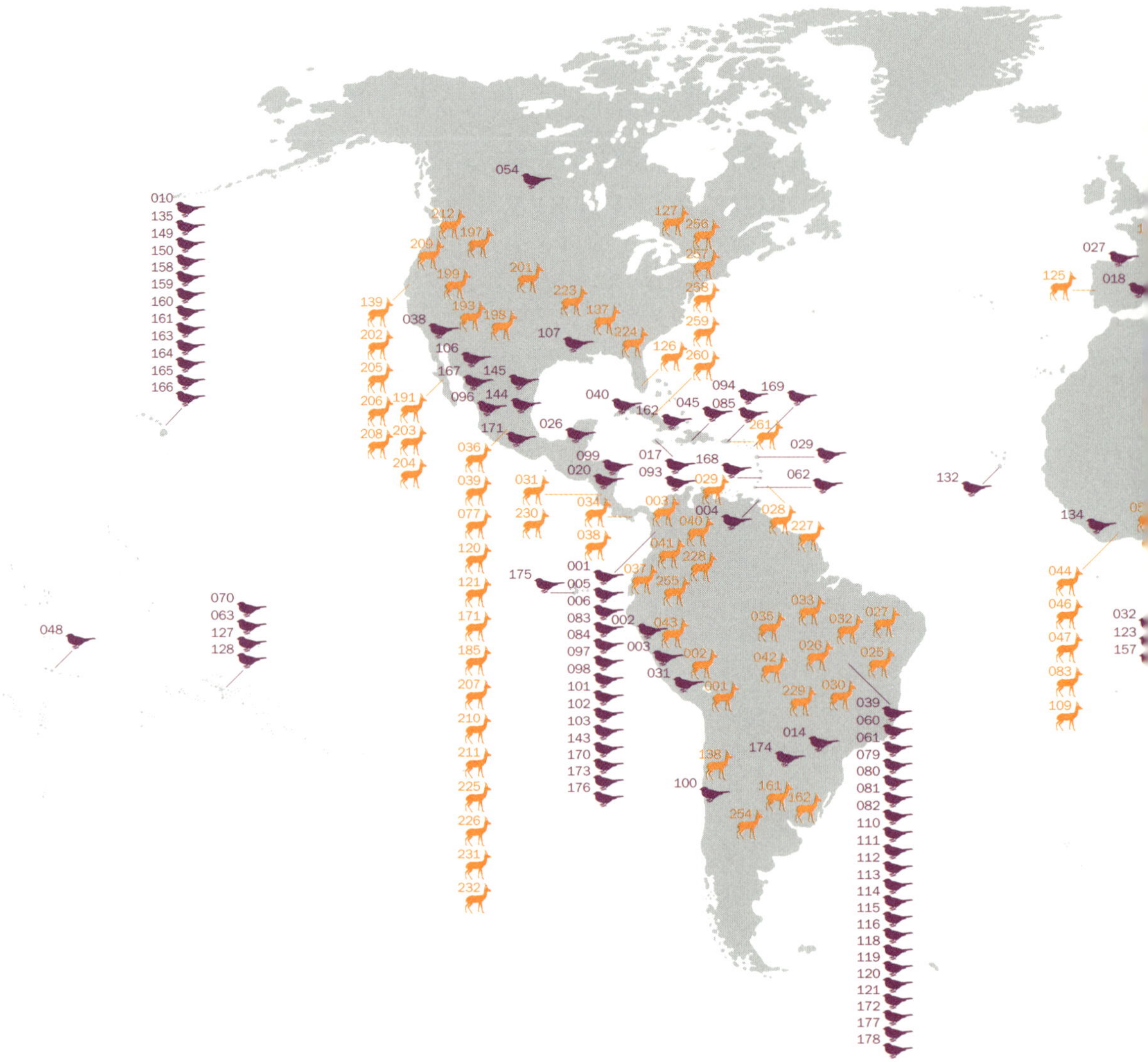


**Bedrohte Vogelarten und -unterarten insgesamt: 1213**
Vom Aussterben bedrohte Vogelarten und -unterarten: 178
Stark gefährdete Vogelarten und -unterarten: 345
Gefährdete Vogelarten und -unterarten: 689

**Bedrohte Säugetierarten und -unterarten insgesamt: 1513**
Vom Aussterben bedrohte Säugetierarten und -unterarten: 261
Stark gefährdete Säugetierarten und -unterarten: 494
Gefährdete Säugetierarten und -unterarten: 751

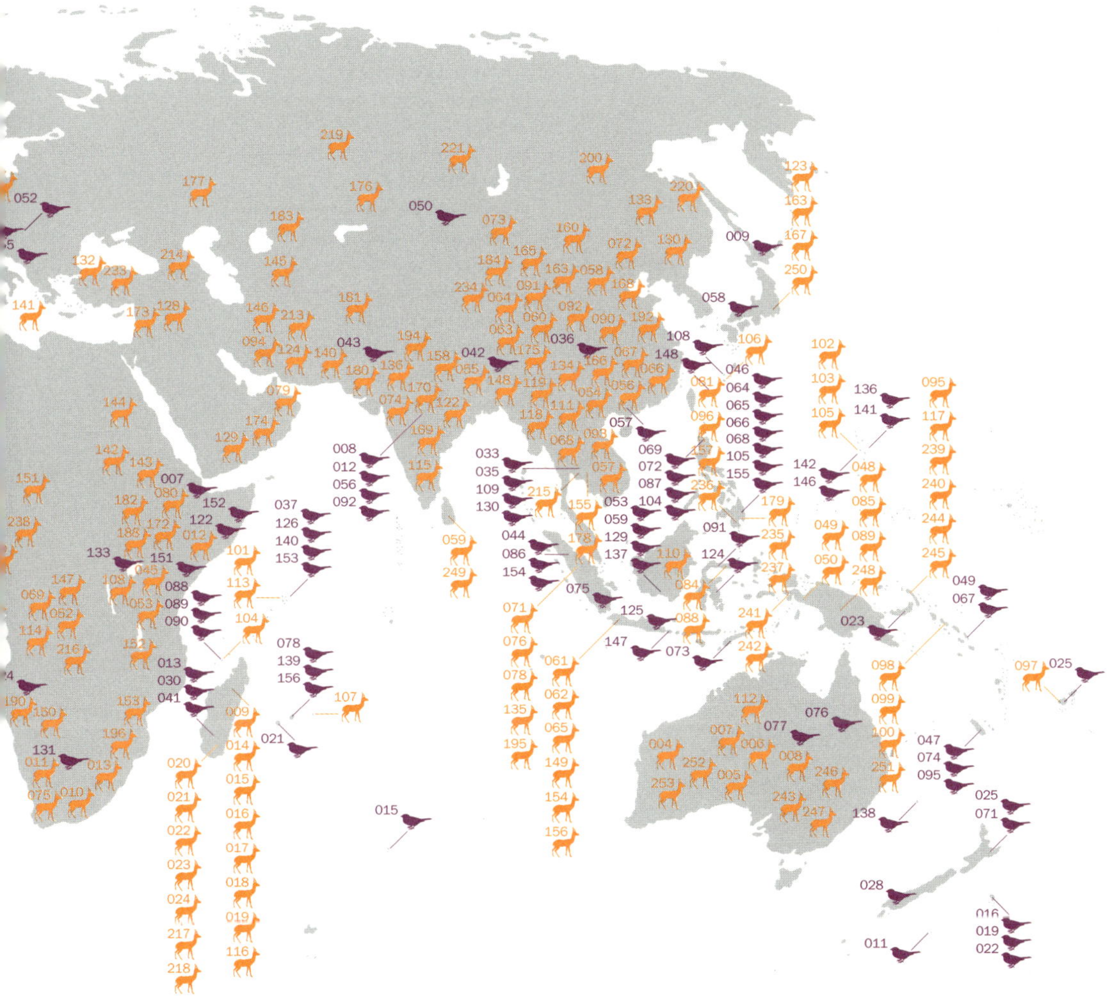

219
221
200
123
177
176
052
050
183
220
133
163
073
160
009
167
132
233
214
145
165
184
163
058
072
130
250
141
173
128
146
213
181
234
064
091
168
058
092
060
090
192
094
124
140
043
194
158
042
063
175
036
067
108
148
106
102
180
136
085
134
166
066
046
079
170
148
119
054
056
081
064
103
136
095
144
074
122
111
118
065
105
141
117
174
129
169
057
096
066
068
239
008
012
056
092
142
143
115
033
035
109
130
098
069
072
087
065
105
157
155
142
146
048
240
151
007
180
238
182
152
122
172
012
037
126
140
153
215
155
053
059
129
137
104
236
179
085
244
133
151
101
113
059
249
044
086
154
178
110
091
124
235
049
089
245
147
108
045
088
089
090
069
052
053
104
071
075
125
084
088
237
050
248
049
067
114
216
152
078
139
156
107
076
078
135
061
062
065
195
147
073
241
242
023
098
097
025
013
030
041
190
150
153
009
021
196
131
011
013
014
112
076
077
099
100
047
074
095
020
015
004
007
006
008
252
253
005
246
251
075
010
021
022
023
024
217
218
016
017
018
019
116
015
149
154
156
243
247
138
025
071
028
016
019
022
011

# Weltweit vom Aussterben bedrohte Vogelarten und -unterarten

001 **Magdalenatinamu** *Crypturellus erythropus saltuarius*
002 **Kalinowski-Steißhuhn** *Nothoprocta kalinowskii*
003 **Weißschwingenguan** *Penelope albipennis*
004 **Blaukehlguan** *Pipile pipile*
005 **Blaulappenhokko** *Crax alberti*
006 **Kragenwaldwachtel** *Odontophorus strophium*
007 **Tadjoura-Frankolin** *Francolinus ochropectus*
008 **Hangwachtel** *Ophrysia superciliosa*
009 **Schopfkasarka** *Tadorna cristata*
010 **Laysanente** *Anas laysanensis*
011 **Campbellente** *Anas nesiotis*
012 **Rosenkopfente** *Rhodonessa caryophyllacea*
013 **Madagaskar-Moorente** *Aythya innotata*
014 **Dunkelsäger** *Mergus octosetaceus*
015 **Amsterdamalbatros** *Diomedea exulans amsterdamensis*
016 **Chathamalbatros** *Thalassarche cauta eremita*
017 **Jamaica-Sturmtaucher** *Pterodroma hasitata caribbaea*
018 **Madeira-Sturmvogel** *Pterodroma madeira*
019 **Magenta-Sturmvogel** *Pterodroma magentae*
020 **Hawaiisturmvogel** *Pterodroma phaeopygia*
021 **Reunion-Sturmtaucher** *Pterodroma aterrima*
022 **Chatham-Sturmvogel** *Pterodroma axillaris*
023 **Beck-Sturmvogel** *Pseudobulweria becki*
024 **Weißkinnsturmvogel** *Procellaria aequinoctialis conspicillata*
025 **Macgillivray-Sturmvogel** *Pseudobulweria macgillivrayi*
026 **Townsend-Sturmtaucher** *Puffinus auricularis*
027 **Balearen-Sturmtaucher** *Puffinus mauretanicus*
028 **Fregattensturmschwalbe** *Pelagodroma marina maorianus*
029 **Guadeloupe-Sturmschwalbe** *Oceanodroma macrodactyla*
030 **Delacour-Zwergtaucher** *Tachybaptus rufolavatus*
031 **Punataucher Podiceps** *taczanowskii*
032 **Olivenibis Bostrychia** *olivacea bocagei*
033 **Weißschulteribis** *Pseudibis davisoni*
034 **Waldrapp** *Geronticus eremita*
035 **Riesenibis** *Pseudibis gigantea*
036 **Weißbauch-Fregattvogel** *Fregata andrewsi*
037 **Abbott-Tölpel** *Papasula abbotti*
038 **Kalifornischer Kondor** *Gymnogyps californianus*
039 **Kragenweih** *Leptodon forbesi*
040 **Langschnabelmilan** *Chondrohierax uncinatus wilsonii*
041 **Madagaskarseeadler** *Haliaeetus vociferoides*
042 **Bengalen-Geier** *Gyps bengalensis*
043 **Langschnabel-Geier** *Gyps indicus*
044 **Schmalschnabelgeier** *Gyps tenuirostris*
045 **Haiti-Bussard** *Buteo ridgwayi*
046 **Affenadler** *Pithecophaga jefferyi*
047 **Pelzralle** *Gallirallus lafresnayanus*
048 **Samoa-Teichhuhn** *Gallinula pacifica*
049 **Blaustirn-Teichhuhn** *Gallinula silvestris*
050 **Schneekranich** *Grus leucogeranus*
051 **Schwarzer Stelzenläufer** *Himantopus novaezelandiae*
052 **Herdenkiebitz** *Vanellus gregarius*
053 **Java-Kiebitz** *Vanellus macropterus*
054 **Eskimo-Brachvogel** *Numenius borealis*
055 **Dünnschnabel-Brachvogel** *Numenius tenuirostris*
056 **Godavari-Rennvogel** *Rhinoptilus bitorquatus*
057 **Bernsteinseeschwalbe** *Sterna bernsteini*
058 **Kurzschnabelalk** *Brachyramphus brevirostris*
059 **Silbertaube** *Columba argentina*
060 **Blauaugentäubchen** *Columbina cyanopis*
061 **Purpurbindentäubchen** *Claravis godefrida*
062 **Grenadataube** *Leptotila wellsi*
063 **Tahititaube** *Gallicolumba erythroptera*
064 **Negros-Dolchstichtaube** *Gallicolumba keayi*
065 **Tawi-Tawi-Dolchstichtaube** *Gallicolumba menagei*
066 **Platentaube** *Gallicolumba platenae*
067 **Cristobal-Erdtaube** *Gallicolumba salamonis*
068 **Dunkelohrtaube** *Phapitreron cinereiceps*
069 **Negros-Fruchttaube** *Ptilinopus arcanus*
070 **Marquesasfruchttaube** *Ducula galeata*
071 **Kakapo** *Strigops habroptila*
072 **Rotsteißkakadu** *Cacatua haematuropygia*
073 **Gelbhauben-Kakadu** *Cacatua sulphurea*
074 **Diademzierlori** *Charmosyna diadema*
075 **Burulori** *Charmosyna toxopei*
076 **Orangebauchsittich** *Neophema chrysogaster*
077 **Nachtsittich** *Pezoporus occidentalis*
078 **Mauritius-Sittich** *Psittacula echo*
079 **Blaulatz-Ara** *Ara glaucogularis*
080 **Türkisara** *Anodorhynchus glaucus*
081 **Lear Ara** *Anodorhynchus leari*
082 **Spix-Ara** *Cyanopsitta spixii*
083 **Gelbohrsittich** *Ognorhynchus icterotis*
084 **Fuertespapagei** *Hapalopsittaca fuertesi*
085 **Puerto Rico-Amazone** *Amazona vittata*
086 **Sumatra-Kuckuck** *Carpococcyx viridis*
087 **Mindorokuckuck** *Centropus steerii*
088 **Anjouan-Zwergohreule** *Otus capnodes*
089 **Mohéli-Zwergohreule** *Otus moheliensis*
090 **Comoren-Zwergohreule** *Otus pauliani*
091 **Molukken-Zwergohreule** *Otus magicus siaoensis*
092 **Blewittkauz** *Heteroglaux blewitti*
093 **Jamaika-Nachtschwalbe** *Siphonorhis americana*
094 **Puerto-Rico-Nachtschwalbe** *Caprimulgus noctitherus*
095 **Schwarzrückenschwalm** *Aegotheles savesi*
096 **Kurzhaubenelfe** *Lophornis brachylophus*
097 **Blaubauchkolibri** *Lepidopyga lilliae*
098 **Braunbauch-Amazilie** *Amazilia castaneiventris*
099 **Honduras-Amazilie** *Amazilia luciae*
100 **Juan-Fernandez-Kolibri** *Sephanoides fernandensis*

101 **Türkiskehl-Höschenkolibri** *Eriocnemis godini*
102 **Blaubauch-Höschenkolibri** *Eriocnemis mirabilis*
103 **Schwarzbauch-Höschenkolibri** *Eriocnemis nigrivestis*
104 **Suluhornvogel** *Anthracoceros montani*
105 **Walden-Hornvogel** *Aceros waldeni*
106 **Kaiserspecht** *Campephilus imperialis*
107 **Elfenbeinspecht** *Campephilus principalis*
108 **Okinawaspecht** *Sapheopipo noguchii*
109 **Goldkehlpitta** *Pitta gurneyi*
110 **Araripe-Helmpipra** *Antilophia bokermanni*
111 **Rubinkrönchen** *Calyptura cristata*
112 **Roststirn-Laubtyrann** *Phylloscartes roquettei*
113 **Braunrücken-Spateltyrann** *Hemitriccus kaempferi*
114 **Matto Grosso-Bodenameisenwürger** *Clytoctantes atrogularis*
115 **Rio de Janeiro-Ameisenschlüpfer** *Myrmotherula fluminensis*
116 **Nördlicher Einfarbameisenschlüpfer** *Myrmotherula snowi*
117 **Restingaameisenfänger** *Formicivora littoralis*
118 **Stresemanntapaculo** *Merulaxis stresemanni*
119 **Bahia-Tapaculo** *Scytalopus psychopompus*
120 **Weißkehl-Uferwipper** *Cinclodes aricomae*
121 **Novaes Blattspäher** *Philydor novaesi*
122 **Boubouwürger** *Laniarius liberatus*
123 **Newton-Würger** *Lanius newtoni*
124 **Starkschnabel-Baumsteiger** *Colluricincla sanghirensis*
125 **Silber-Paradiesschnäpper** *Eutrichomyias rowleyi*
126 **Seychellenparadiesschnäpper** *Terpsiphone corvina*
127 **Tahitimonarch** *Pomarea nigra*
128 **Fatuhivamonarch** *Pomarea whitneyi*
129 **Boano-Monarch** *Monarcha boanensis*
130 **Sirintara-Schwalbe** *Pseudochelidon sirintarae*
131 **Spornlerche** *Heteromirafra ruddi*
132 **Razo-Lerche** *Alauda razae*
133 **Halsband-Feinsänger** *Apalis thoracica fuscigularis*
134 **Fleckflügelbülbül** *Phyllastrephus leucolepis*
135 **Laysanrohrsänger** *Acrocephalus familiaris*
136 **Rota-Brillenvogel** *Zosterops rotensis*
137 **Nehrkorn-Brillenvogel** *Zosterops nehrkorni*
138 **Norfolk-Brillenvogel** *Zosterops albogularis*
139 **Graumantel-Brillenvogel** *Zosterops lateralis chloronotus*
140 **Seychellen-Brillenvogel** *Zosterops modestus*
141 **Goldbrillenvogel** *Cleptornis marchei*
142 **Trukbrillenvogel** *Rukia ruki*
143 **Niceforo-Zaunkönig** *Thryothorus nicefori*
144 **Socorrospottdrossel** *Mimodes graysoni*
145 **Cozumelspottdrossel** *Toxostoma guttatum*
146 **Pelzelnstar** *Aplonis pelzelni*
147 **Balistar** *Leucopsar rothschildi*
148 **Erd-Drossel** *Zoothera major*
149 **Lanai-Drossel** *Myadestes lanaiensis*
150 **Palmer-Drossel** *Myadestes palmeri*
151 **Taitadrossel** *Turdus olivaceus helleri*
152 **Somalidrossel** *Turdus olivaceus ludoviciae*
153 **Seychellen-Drossel** *Copsychus sechellarum*
154 **Blauer Sumatra-Schnäpper** *Cyornis ruecki*
155 **Vierfarben-Mistelfresser** *Dicaeum quadricolor*
156 **Mauritiusweber** *Foudia rubra*
157 **Einfarbgimpel** *Neospiza concolor*
158 **Nukupuu** *Hemignathus lucidus*
159 **Ou Psittirostra** *psittacea*
160 **Nihoagimpel** *Telespiza ultima*
161 **Papageischnabelgimpel** *Pseudonestor xanthophrys*
162 **Gelbstirnwaldsänger** *Vermivora bachmanii*
163 **Akikiki** *Oreomystis bairdi*
164 **Akohekohe** *Palmeria dolei*
165 **Oahu-Astläufer** *Paroreomyza maculata*
166 **Po'o-uli** *Melamprosops phaeosoma*
167 **Belding-Gelbkehlchen** *Geothlypis beldingi*
168 **Blassfuß-Waldsänger** *Leucopeza semperi*
169 **Montserrattrupial** *Icterus oberi*
170 **Braunachselstärling** *Macroagelaius subalaris*
171 **Guadeloupe-Junko** *Junco hyemalis insularis*
172 **Kapuzenpfäffchen** *Sporophila melanops*
173 **Tumacopfäffchen** *Sporophila insulata*
174 **Zelichpfäffchen** *Sporophila zelichi*
175 **Mangrovedarwinfink** *Camarhynchus heliobates*
176 **Blasskopf-Buschammer** *Atlapetes pallidiceps*
177 **Witwentangare** *Conothraupis mesoleuca*
178 **Rubinkehltangare** *Nemosia rourei*

## Weltweit vom Aussterben bedrohte Säugetierarten und -unterarten

001 **Aceramarca-Mäuseopossum** *Gracilinanus aceramarcae*
002 **Andersons Mäuseopossum** *Marmosa andersoni*
003 **Handleys Schlankbeutelratte** *Marmosops handleyi*
004 **Boullanger-Insel-Dunnart** *Sminthopsis griseoventer nova*
005 **Tasmanischer Langnasenbeutler** *Perameles gunnii nova*
006 **Haarnasenwombat** *Lasiorhinus krefftii*
007 **Gilbert-Hasenkänguruh** *Potorous gilbertii*
008 **Zottel-Hasenkänguruh** *Lagorchestes hirsutus nova*
009 **Baum-Spitzmaustenrek** *Microgale dryas*
010 **Visagies Goldmull** *Chrysochloris visagiei*
011 **Van Zyls Goldmull** *Cryptochloris zyli*
012 **Somail-Goldmull** *Calcochloris tytonis*
013 **Julianas Goldmull** *Amblysomus julianae*
014 **Weißgebänderter Brauner Maki** *Eulemur fulvus albocollaris*
015 **Sclaters Mohrenmaki** *Eulemur macaco flavifrons*
016 **Goldener Halbmaki** *Hapalemur aureus*
017 **Alaotra-Halbmaki** *Hapalemur griseus alaotrensis*
018 **Breitschnauzen-Halbmaki** *Hapalemur simus*
019 **Rote Vari** *Varecia variegata rubra*

020 **Seiden-Diademsifaka** *Propithecus diadema candidus*
021 **Diademsifaka** *Propithecus diadema diadema*
022 **Perriers Diademsifaka** *Propithecus diadema perrieri*
023 **Tattersall-Sifaka** *Propithecus tattersalli*
024 **Kronensifaka** *Propithecus verreauxi coronatus*
025 **Schwarzkopflöwenäffchen** *Leontopithecus caissara*
026 **Rotsteißlöwenäffchen** *Leontopithecus chrysopygus*
027 **Manteläffchen** *Saguinus bicolor*
028 **Trinidad-Weißstirnkapuziner** *Cebus albifrons trinitatis*
029 **Margarita-Insel-Kapuzineräffchen** *Cebus apella margaritae*
030 **Gelbbrust-Kapuzineräffchen** *Cebus xanthosternos*
031 **Grauer Rotrücken-Totenkopfaffe** *Saimiri oerstedii citrinellus*
032 **Nordbahia-Springaffe** *Callicebus barbarabrownae*
033 **Rothandbrüllaffe** *Alouatta belzebul ululata*
034 **Azuero-Mantelbrüllaffe** *Alouatta palliata trabeata*
035 **Nördlicher Brauner Brüllaffe** *Alouatta guariba guariba*
036 **Mexikanischer Mantelbrüllaffe** *Alouatta palliata mexicana*
037 **Braunkopfklammeraffe** *Ateles geoffroyi fusciceps*
038 **Azuero-Klammeraffe** *Ateles geoffroyi azuerensis*
039 **Mexikanischer Klammeraffe** *Ateles geoffroyi vellerosus*
040 **Goldstirn-Klammeraffe** *Ateles hybridus*
041 **Brauner Klammeraffe** *Ateles hybridus brunneus*
042 **Nördlicher Spinnenaffe** *Brachyteles hypoxanthus*
043 **Gelbschwanzwollaffe** *Lagothrix flavicauda*
044 **Weißscheitelmangabe** *Cercocebus atys lunulatus*
045 **Haubenmangabe** *Cercocebus galeritus*
046 **Roloway-Dianameerkatze** *Cercopithecus diana roloway*
047 **Stampflis Weißnasenkatze** *Cercopithecus nictitans stampflii*
048 **Mentawai-Makak** *Macaca pagensis*
049 **Pagai-Makak** *Macaca pagensis pagensis*
050 **Siberu-Makak** *Macaca pagensis siberu*
051 **Miss Waldrons Roter Stummelaffe**
*Piliocolobus badius waldronae*
052 **Bouviers Stummelaffe** *Piliocolobus pennantii bouvieri*
053 **Rotkopfstummelaffe** *Piliocolobus rufomitratus*
054 **Tonkinstumpfnase** *Rhinopithecus avunculus*
055 **Kaschmir-Graulangur** *Semnopithecus entellus ajax*
056 **Pandalangur** *Trachypithecus delacouri*
057 **Goldkopflangur** *Trachypithecus poliocephalus*
058 **Weißkopflangur** *Trachypithecus poliocephalus leucocephalus*
059 **Purpur-Gesichtslangur** *Trachypithecus vetulus nestor*
060 **Weißhand-Gibbon** *Hylobates lar yunnanensis*
061 **Java-Silbergibbon** *Hylobates moloch*
062 **Westlicher Java-Silbergibbon** *Hylobates moloch moloch*
063 **Westl. Yunnan-Schopfgibbon** *Hylobates concolor furvogaster*
064 **Zentr. Yunnan-Schopfgibbon** *Hylobates concolor jingdongensis*
065 **Zentraler Java-Silbergibbon** *Hylobates moloch pongoalsoni*
066 **Östlicher Schwarzer Schopfgibbon** *Nomascus nasutus*
067 **Hainan-Schwarzschopfgibbon** *Nomascus nasutus hainanus*
068 **Cao-Vit-Schwarzschopfgibbon** *Nomascus nasutus nasutus*
069 **Berggorilla** *Gorilla beringei beringeri*
070 **Cross River-Gorilla** *Gorilla gorilla diehli*
071 **Sumatra-Orang Utan** *Pongo abelii*
072 **Helan-Pfeifhase** *Ochotona argentata*
073 **?** *Ochotona pallasi hamica*
074 **?** *Ochotona thibetana sikimaria*
075 **Buschmannhase** *Bunolagus monticularis*
076 **Sumatra-Kaninchen** *Nesolagus netscheri*
077 **Omiltemi-Kaninchen** *Sylvilagus insonus*
078 **Dwarf-Rattenigel** *Hylomys parvus*
079 **Dhofar-Spitzmaus** *Crocidura dhofarensis*
080 **Harenna-Spitzmaus** *Crocidura harenna*
081 **Negros-Spitzmaus** *Crocidura negrina*
082 **Sao Tomé-Spitzmaus** *Crocidura thomensis*
083 **Wimmers Spitzmaus** *Crocidura wimmeri*
084 **Schwarze Dickschwanzspitzmaus** *Suncus ater*
085 **Flores-Dickschwanzspitzmaus** *Suncus mertensi*
086 **Eisentrauts Spitzmaus** *Myosorex eisentrauti*
087 **Rumpi-Spitzmaus** *Myosorex rumpii*
088 **Hantu-Biberspitzmaus** *Chimarrogale hantu*
089 **Sumatra-Biberspitzmaus** *Chimarrogale sumatrana*
090 **Salenskis Waldspitzmaus** *Soriculus salenskii*
091 **Gansu-Waldspitzmaus** *Sorex cansulus*
092 **Kozlovs Waldspitzmaus** *Sorex kozlovi*
093 **Kleinzahn-Sternmull** *Euroscaptor parvidens*
094 **Persischer Maulwurf** *Talpa streeti*
095 **Bulmers Nacktrückenflughund** *Aproteles bulmerae*
096 **Philippinischer Röhrennasen-Flughund** *Nyctimene rabori*
097 **Fidschi-Affengesicht-Flughund** *Pteralopex acrodonta*
098 **Bougainville-Affengesicht-Flughund** *Pteralopex anceps*
099 **Guadalcanal-Affengesicht-Flughund** *Pteralopex atrata*
100 **Berg-Affengesicht-Flughund** *Pteralopex pulchra*
101 **Aldabra-Flughund** *Pteropus aldabrensis*
102 **Truk-Flughund** *Pteropus insularis*
103 **Mortlock-Flughund** *Pteropus phaeocephalus*
104 **Komoren-Flughund** *Pteropus livingstonii*
105 **Ponape-Flughund** *Pteropus molossinus*
106 **Bonin-Flughund** *Pteropus pselaphon*
107 **Rodrigues-Flughund** *Pteropus rodricensis*
108 **Hills Hufeisennase** *Rhinolophus hilli*
109 **Lamottes Rundblattnase** *Hipposideros lamottei*
110 **Malaische Rundblattnase** *Hipposideros nequam*
111 **Vietnamesische Rundblattnase** *Paracoelops megalotis*
112 **Troughton-Grabfledermaus** *Taphozous troughtoni*
113 **Seychellen-Glattnasen-Freischwanz** *Coleura seychellensis*
114 **Gallaghers Freischwanz-Fledermaus** *Chaerephon gallagheri*
115 **Wroughtons Freischwanz-Fledermaus** *Otomops wroughtoni*
116 **Lesser-Gelbfledermaus** *Scotophilus borbonicus*
117 **Neuguinea-Großohr-Fledermaus** *Pharotis imogene*
118 **Anthonys Zwergfeldermaus** *Hypsugo anthonyi*
119 **Joffres Zwergfledermaus** *Hypsugo joffrei*
120 **Guatemala-Mausohr** *Myotis cobanensis*
121 **Flachkopf-Mausohr** *Myotis planiceps*
122 **Peters Röhrennasenfledermaus** *Murina grisea*

123 **Gloomy-Röhrennasenfledermaus** *Murina tenebrosa*
124 **Indischer Gepard** *Acinonyx jubatus venaticus*
125 **Iberischer Luchs** *Lynx pardinus*
126 **Florida-Panther** *Puma concolor coryi*
127 **Ostamerikanischer Puma** *Puma concolor couguar*
128 **Asiatischer Löwe** *Panthera leo persica*
129 **Arabischer Leopard** *Panthera pardus nimr*
130 **Amurleopard** *Panthera pardus orientalis*
131 **Nordafrikanischer Leopard** *Panthera pardus panthera*
132 **Anatolischer Leopard** *Panthera pardus tulliana*
133 **Sibirischer Tiger** *Panthera tigris altaica*
134 **Südchinesischer Tiger** *Panthera tigris amoyensis*
135 **Sumatratiger** *Panthera tigris sumatrae*
136 **Malabar-Zibetkatze** *Viverra civettina*
137 **Rotwolf** *Canis rufus*
138 **Darwin-Fuchs** *Lycalopex fulvipes*
139 **Insel-Graufuchs** *Urocyon littoralis*
140 **Baluchistan-Schwarzbär** *Ursus thibetanus gedrosianus*
141 **Mittelmeer-Mönchsrobbe** *Monachus monachus*
142 **Atlas-Wildesel** *Equus africanus*
143 **Somali-Wildesel** *Equus africanus somaliensis*
144 **Nubischer Wildesel** *Equus africanus africanus*
145 **Kulan** *Equus hemionus kulan*
146 **Onager** *Equus hemionus onager*
147 **Nördliches Breitmaulnashorn** *Ceratotherium simum cottoni*
148 **Sumatra-Nashorn** *Dicerorhinus sumatrensis*
149 **Borneo-Nashorn** *Dicerorhinus sumatrensis harrissoni*
150 **Spitzmaulnashorn** *Diceros bicornis*
151 **Westliches Spitzmaulnashorn** *Diceros bicornis longipes*
152 **Östliches Spitzmaulnashorn** *Diceros bicornis michaeli*
153 **Südliches Spitzmaulnashorn** *Diceros bicornis minor*
154 **Java-Nashorn** *Rhinoceros sondaicus*
155 **Annam-Nashorn** *Rhinoceros sondaicus annamiticus*
156 **Indonesisches Java-Nashorn** *Rhinoceros sondaicus sondaicus*
157 **Visayas Mähnenschwein** *Sus cebifrons*
158 **Zwergwildschwein** *Sus salvanius*
159 **Niger-Zwergflußpferd** *Hexaprotodon liberiensis heslopi*
160 **Zweihöckriges Kamel** *Camelus bactrianus*
161 **Arerunguá-Pampashirsch** *Ozotoceros bezoarticus arerunguaensis*
162 **Uruguay-Pampahirsch** *Ozotoceros bezoarticus uruguayensis*
163 **Shanxi-Sikahirsch** *Cervus nippon grassianus*
164 **Kerama-Sikahirsch** *Cervus nippon keramae*
165 **Nordchinesischer Sikahirsch** *Cervus nippon mandarinus*
166 **Junger Vietnam-Sika** *Cervus nippon pseudaxis*
167 **Formosa-Sikahirsch** *Cervus nippon taiouanus*
168 **Davidshirsch** *Elaphurus davidianus*
169 **Assam-Barasingha** *Rucervus duvaucelii ranjitsinhi*
170 **Leierhirsch** *Rucervus eldii*
171 **Baja California-Gabelbock** *Antilocapra americana peninsularis*
172 **Hunter-Antilope** *Beatragus hunteri*
173 **Akaziengazelle** *Gazella gazella acaciae*
174 **Muskat-Gazelle** *Gazella gazella muscatensis*
175 **Przewalski-Gazelle** *Procapra przewalskii*
176 **Saiga-Antilope** *Saiga tatarica*
177 **Russische Saiga-Antilope** *Saiga tatarica tatarica*
178 **Kouprey** *Bos sauveli*
179 **Tamarau** *Bubalus mindorensis*
180 **Chiltan-Ziege** *Capra aegagrus chialtanensis*
181 **Buchara-Markhor** *Capra falconeri heptneri*
182 **Äthiopischer Steinbock** *Capra walie*
183 **Kara-Tau-Wildschaf** *Ovis ammon nigrimontana*
184 **Gansu-Argali** *Ovis ammon jubata*
185 **Weems Dickhornschaf** *Ovis canadensis weemsi*
186 **Chartreuse-Gemse** *Rupicapra rupicapra cartusiana*
187 **Tatra-Gemse** *Rupicapra rupicapra tatrica*
188 **Sansibar-Ducker** *Cephalophus adersi*
189 **Mendesantilope** *Addax nasomaculatus*
190 **Riesenrappenantilope** *Hippotragus niger variani*
191 **Kalifornischer Schweinswal** *Phocoena sinus*
192 **Chinesischer Flussdelphin** *Lipotes vexillifer*
193 **Mount Graham-Rothörnchen** *Tamiasciurus hudsonicus grahamensis*
194 **Namdapha-Gleithörnchen** *Biswamoyopterus biswasi*
195 **Sumatra-Gleithörnchen** *Hylopetes winstoni*
196 **Vincent-Buschhörnchen** *Paraxerus vincenti*
197 **Nördlicher Idaho-Ziesel** *Spermophilus brunneus brunneus*
198 **New Mexico-Streifenhörnchen** *Tamias minimus atristriatus*
199 **Nevada-Streifenhörnchen** *Tamias umbrinus nevadensis*
200 **Tuwinischer Biber** *Castor fiber tuvinicus*
201 **Morro-Kängururatte** *Dipodomys heermanni morroensis*
202 **Riesen-Kängururatte** *Dipodomys ingens*
203 **San-Jose-Kängururatte** *Dipodomys merriami insularis*
204 **Margarita-Kängururatte** *Dipodomys merriami margaritae*
205 **Tipton-Kängururatte** *Dipodomys nitratoides nitratoides*
206 **Fresno-Kängururatte** *Dipodomys nitratoides exilis*
207 **Nelson-Antilopenziesel** *Heteromys nelsoni*
208 **Weißohr-Taschenmaus** *Perognathus alticolus alticola*
209 **Pazifik-Taschenmaus** *Perognathus longimembris pacificus*
210 **Querétaro-Taschenratte** *Cratogeomys neglectus*
211 **Oxaca-Taschenratte** *Orthogeomys cuniculus*
212 **Cathlamet-Taschenratte** *Thomomys mazama louiei*
213 **Iranischer Pferdespringer** *Allactaga firouzi*
214 **Armenische Birkenmaus** *Sicista armenica*
215 **Chapa-Zwergschlafmaus** *Typhlomys chapensis*
216 **Kahuzi-Klettermaus** *Dendromus kahuziensis*
217 **Östlicher Bilchschwanz** *Eliurus penicillatus*
218 **Riesen-Madagaskar-Großfußmaus** *Macrotarsomys ingens*
219 **Wrangel-Halsbandlemming** *Dicrostonyx vinogradovi*
220 **Evorsk-Wühlmaus** *Microtus evoronensis*
221 **Muisk-Wühlmaus** *Microtus mujanensis*
222 **Wurzelwühlmaus** *Microtus oeconomus arenicola*
223 **San Joaquin-Buschratte** *Neotoma fuscipes riparia*
224 **Perdido-Key-Küstenmaus** *Peromyscus polionotus trissyllepsis*
225 **Falsche Canyonmaus** *Peromyscus pseudocrinitus*

226 **Slevins Maus** *Peromyscus slevini*
227 **Kleinfuß-Wasserratte** *Nectomys parvipes*
228 **Gorga-Reisratte** *Oryzomys gorgasi*
229 **Brasilianische Baummaus** *Rhagomys rufescens*
230 **Harris Wasserratte** *Sigmodontomys aphrastus*
231 **Chiapa-Kletterratte** *Tylomys bullaris*
232 **Tumbala-Kletterratte** *Tylomys tumbalensis*
233 **Türkische Stachelmaus** *Acomys cilicicus*
234 **Cheng-Rennmaus** *Meriones chengi*
235 **Isarog-Streifenratte** *Chrotomys gonzalesi*
236 **Ilin-Borkenratte** *Crateromys paulus*
237 **Isabella-Spitzmausratte** *Crunomys fallax*
238 **Mount Oku-Waldmaus** *Hylomyscus grandis*
239 **Langfußwasserratte** *Leptomys elegans*
240 **Fly-River-Wasserratte** *Leptomys signatus*
241 **Lesser-Kleinzahnratte** *Macruromys elegans*
242 **Bergwollratte** *Mallomys gunung*
243 **Bramble Cay-Mosaikschwanzratte** *Melomys rubicola*
244 **Salawati Tiefland-Ratte** *Pogonomelomys bruijni*
245 **Östl. Neuguinea-Schwimmratte** *Pseudohydromys murinus*
246 **Alice-Springmaus** *Pseudomys fieldi*
247 **Blaugraumaus** *Pseudomys glaucus*
248 **Enggano-Ratte** *Rattus enganus*
249 **Nil-Ratte** *Rattus montanus*
250 **Muennink-Stachelratte** *Tokudaia muenninki*
251 **König-Riesenratte** *Uromys rex*
252 **Carpentaria-Dickschwanzratte** *Zyzomys palatilis*
253 **Dickschwanzratte** *Zyzomys pedunculatus*
254 **Kurzschwanzchinchilla** *Chinchilla brevicaudata*
255 **?** *Makalata occasius*
256 **Cabreras Baumratte** *Mesocapromys angelcabrerai*
257 **Langohr-Baumratte** *Mesocapromys auritus*
258 **Zwergbaumratte** *Mesocapromys nanus*
259 **San Felipe-Baumratte** *Mesocapromys sanfelipensis*
260 **Garridos Baumratte** *Mysateles garridoi*
261 **Puerto Rico-Baumratte** *Isolobodon portoricensis*

## Bibliographie

Edwin Antonius: *Lexikon ausgerotteter Vögel und Säugetiere*, Natur und Tier-Verlag GmbH, Münster 2003

Annalisa Berta: *Marine Mammals: Evolutionary Biology*, Academic Press, San Diego 1999

Alfred Edmund Brehm: *Brehms Thierleben. Allgemeine Kunde des Thiereichs.* (2. Auflage), Bibiographisches Institut, Leipzig 1882

Mark A. Brazil: *The Birds of Japan*, Christopher Helm, London 1991

Stanley Cramp (Hrsg.): *Handbook of the Birds of Europe, the Middle East and North Africa*, Oxford University Press, New York 1977

E.C. Dickinson (Hrsg.): *The Howard & Moore Complete Checklist of the Birds of the World. 3rd Edition.*, Princeton University Press, London 2003

Edward Dobson: *Catalogue of the Chiroptera in the Collection of the British Museum*, Verlag des Brit. Museums (Nat. Hist.), London 1878

Eugene Eisenmann (Hrsg.): *The Auk – A Quarterly Journal of Ornithology*, The American Ornithologists's Union, Lancaster 1959

J. R. Ellerman, T. C. S. Morrison-Scott & R. W. Hayman: *Southern African Animals – 1758 to 1951 A Reclassification*, British Museum, London 1953

Joanne Baptista Fischer: *Synopsis mammalium*, J. G. Cotta, Stuttgart 1829

Joseph M. Forshaw: *Parrots of the World*, Lansdowne Press, Melbourne 1973

John Gould, F.R.S.: *Handbook to the Birds of Australia*, Published by the Author, London 1865

Prof. Dr. h. c. Bernhard Grzimek (Hrsg.): *Grzimeks Enzyklopädie – Säugetiere*, Kindler Verlag GmbH, München 1988

B.D. Heather & P.M. Sheehan: *Fifty Years of Bird Study in New Zealand*, Ornithological Society of New Zealand, Lower Hutt 1990

P.J. Higgins (Hrsg.): *Handbook of Australian, New Zealand & Antarctic Birds*, Oxford University Press, Melbourne 1999

Steven L. Hilty & William L. Brown: *A Guide to the Birds of Colombia*, Princeton University Press, Princeton 1986

Del Hoyo, J., Elliott, A. & Sargatal, J. (Hrsg.): *Handbook of the Birds of the World*, Lynx Edicions, Barcelona 1992

A. S. Le Souef & Harry Burrell: *The Wild Animals of Australasia embracing the Mammals of New Guinea & the Nearer Pacific Islands*, George G. Harrap & Company Ltd., London 1926

Dieter Luther: *Die ausgestorbenen Vögel der Welt*, A. Ziemsen Verlag, Lutherstadt Wittenberg 1986

Ernst Mayr, G. William Cottrell (Hrsg.): *Check-List of Birds of the World Second Edition*, Museum of Comparative Zoology, Cambridge 1979

Jochen Niethammer und Franz Krapp (Hrsg.): *Handbuch der Säugetiere Europas*, Aula-Verlag GmbH, Wiesbaden 1986

H. Douglas Pratt: *The Hawaiian Honeycreepers*, Oxford University Press, New York 2005

H. Douglas Pratt, Phillip L. Bruner & Delwyn G. Berrett: *The Birds of Hawaii and the Tropical Pacific*, Princeton University Press, Princeton 1987

Robert Ridgway: *The Birds of North and Middle America*, Government Printing Office, Washington 1907

Sam H. Ridgway & Richard R. Harrison: *Handbook of Marine Mammals – Volume 1: The Warlrus, Sea Lions, Fur Seals and Sea Otter*, Academic Press Inc., London 1981

Austin Roberts: *The Mammals of South Africa»*, The Mammals of South Africa Book Fund, Johannesburg 1951

Philip Lutley Sclater & Oldfield Thomas: *The Book of Antelopes*, R.H. Porter, London 1894–1900

Philip Lutley Sclater & Howard Saunders (Hrsg.): *The Ibis – A Quarterly Journal of Ornithology*, John van Voorst, London 1886

Charles G. Sibley & Burt L. Monroe, Jr.: *Distribution and Taxonomy of Birds of the World*, Yale University Press, New Haven and London 1990

Helmut Sick: *Birds in Brazil – A Natural History*, Princeton University Press, Princeton 1993

Alexander F. Skutch: *New Studies of Tropical American Birds*, Nuttal Ornithological Club, Cambridge 1981

Ronald Strahan (Hrsg.): *Mammals of Australia*, Smithsonian Institution Press, Washington, D.C. 1995

Prof. Dr. Otto zur Strassen (Hrsg.): *Brehms Tierleben* (4.Auflage), Bibiographisches Institut, Leipzig und Wien 1911

Barry Taylor: *Rails – A Guide to the Rails, Crakes, Gallinules and Coots of the World*, Yale University Press, New Haven and London 1998

W. B. Tegetmeier & C. L. Sutherland: *Horses, Asses, Zebras, Mules and Mule Breeding*, Horace Cox, London 1895

D. W. Walton & B. J. Richardson (Hrsg.): *Fauna of Australia – Mammalia*, Australian Government Publishing Service, Canberra 1989

Alexander Wilson & Charles Lucian Bonaparte: *American Ornithology or the Natural History of the Birds of the United States*, Constable & Co., Edinburgh 1831

Wilson, D.E. and Reeder, D.M. (Hrsg.): *Mammal Species of the World. A Taxonomic and Geographic Reference. Third Edition.*, Johns Hopkins University Press, Baltimore 2005

## Klassifikation nach Linné*
## am Beispiel des Big Thicket-Schweinenasenskunks

*Der schwedische Biologe Carl von Linné begründete die bis heute gültige Klassifikation, die in der 10. Auflage der *Systema Naturae* im Jahre 1758 veröffentlicht wurde.

Reich: **TIERE** ANIMALIA

Unterreich: **VIELZELLER** METAZOA

Abteilung: **GEWEBETIERE** EUMETAZOA

Unterabteilung: **BILATERALSYMMETRISCHE TIERE** BILATERIA

Stammgruppe: **RÜCKENMARKSTIERE** DEUTEROSTOMIA

Stamm: **CHORDATIERE** CHORDATA

Unterstamm: **WIRBELTIERE** VERTEBRATA

Überklasse: **KIEFERMÄULER** GNATHOSTOMATA

Klasse: **SÄUGETIERE** MAMMALIA

Unterklasse: **HÖHERE SÄUGETIERE** EUTHERIA

Überordnung: LAURASIATHERIA

Ordnung: **RAUBTIERE** CARNIVORA

Familie: **HUNDE** CANIDAE

Familie: **KATZEN** FELIDAE

Familie: **MANGUSTEN** HERPESTIDAE

Familie: **HYÄNEN** HYAENIDAE

Familie: **MARDER** MUSTELIDAE

Unterfamilie: **OTTER** LUTRINAE

Unterfamilie: **DACHSE** MELINAE

Unterfamilie: **HONIGDACHSE** MELLIVORINAE

Unterfamilie: **STINKTIERE** MEPHITINAE

Gattung: **SCHWEINENASENSKUNKE** *CONEPATUS*

Art: **Patagonischer Skunk** *Conepatus humboldtii*

Art: **Chilenischer Skunk** *Conepatus chinga*

Art: **Östlicher Ferkelskunk** *Conepatus leuconotus*

Art: **Südlicher Ferkelskunk** *Conepatus mesoleucus*

Unterart: **Big Thicket-Schweinenasenskunk**
*Conepatus mesoleucus telmalestes* Bailey, 1905

## Dank

Unser besonderer Dank gilt den Mitarbeitern des Naturkundemuseums Berlin und des Naturhistorischen Museums Wien, die uns nicht nur viele historische Präparate zur Verfügung gestellt haben, sondern sich auch die Zeit genommen haben, uns mit ihrem wissenschaftlichem Rat zur Seite zu stehen.

Naturkundemuseum Berlin: Benjamin Brenneis, Jürgen Fiebig, Dr. Sylke Frahnert, Dr. Peter Giere, Nils Hoff, Irene Mann, Martina Rißberger

Naturhistorisches Museum Wien: Dr. Ernst Bauernfeind, Hans-Martin Berg, Alexander Bibl, Dr. Barbara Herzig, Dr. Anita Gamauf, Dr. Ernst Mikschi, Hiltraud Windl

Desweiteren bedanken wir uns bei Familie Aermes, Prof. Matthias Gubig, Mim und Hans Gasper-Frings, Daniela Hirsch, Prof. Nanne Meyer, Hendrik Möller, Sandra Passaro, Jarek Sierpinski, Familie Zeckau und Hanns Zischler.

# Sachregister

# GEBRAUCHSHINWEISE

Vorliegendes Buch nimmt sich zwei **Ausgaben** von *Brehms Tierleben* aus den Jahren 1882 und 1911 zur Grundlage. Die Ergänzungen der Ausgabe von 1911 sind durch Winkel gekennzeichnet. Berücksichtigt werden in vorliegender Arbeit nur die Vögel und Säugetiere, die Brehm ab der Ausgabe von 1882 noch als lebend beschrieben hatte und die folglich in den letzten 125 Jahren ausgestorben sind. Tiere, die zu Lebzeiten Brehms schon nicht mehr existierten, wie etwa der Dodo von der Insel Mauritius, werden daher in dieser Arbeit lediglich erwähnt.

Viele der seit 1500 ca. 196 ausgestorbenen Vögel und Säugetiere haben zu Zeiten Brehms noch gelebt – die meisten starben in den letzten 150 Jahren aus. Trotzdem wurde von diesen ausgestorbenen Vögeln und Säugetieren nur ein Bruchteil von Brehm direkt beschrieben oder erwähnt, so dass im vorliegenden Lexikon insgesamt 60 **Arten** mit Texten und Abbildungen behandelt werden; alle 136 Arten sind jedoch in den den Kapiteln vorangestellten Übersichtskarten erfaßt.

Es muss auch darauf hingewiesen werden, dass in Brehms Texten die heute ausgestorbene **Unterart** häufig nicht mit ihrem vollständigen wissenschaftlichen Namen genannt und lediglich die Art oder gar nur die **Gattung** oder Familie eines Tiers beschrieben wird. Wir haben uns in solchen Fällen für die Verwendung dieses allgemeiner angelegten Textes entschieden, weil ein striktes Vorgehen an dieser Stelle zu einer Aussortierung vieler Arten hätte führen müssen. Immer wenn es sich im vorliegenden Buch um einen solch «ungenauen» Text handelt, wird darauf hingewiesen. Auch wenn Brehm in vielen Fällen etwa die Unterart noch nicht bekannt war, wurde diese durch die Nennung eines bestimmten Verbreitungsgebiets jedoch indirekt häufig schon benannt. Dies ist etwa beim Arabischen Strauß *(Struthio camelus syriacus)* der Fall. Diese Unterart findet bei Brehm in der allgemeinen Beschreibung des Straußes *(Struthio camelus)* Erwähnung, indem der Tierforscher die Arabische Halbinsel als eines seiner Verbreitungsgebiete nennt.

Problematisch ist die Tatsache, dass es für ein und dieselbe Art nicht nur viele verschiedene deutsche Namen gibt, sondern sich auch die wissenschaftlichen Benennungen im Lauf der Zeit mehrmals geändert haben. Bis heute existieren keine verbindlichen lateinischen Namen. Man orientiert sich an bestimmten **Systematiken**, die einen Namen für jede Art festgelegt haben. Der Verweis auf die jeweils verwendete Systematik ist daher dringend notwendig: Vorliegende Arbeit richtet sich bei den Vögeln nach der Systematik *The Howard & Moore Complete Checklist of the Birds of the World, 3rd Edition,* bei den Säugetieren nach *Mammal Species of the World: A taxonomic and geographic Reference. Third Edition.*

Zu einem **wissenschaftlichen Namen** gehört als letztes Glied immer der Name des Erstbeschreibers einer Art; der Name des Erstbeschreibers pflegt in Klammern gesetzt zu werden, wenn später der lateinische Name einer Art geändert wurde. Die *IUCN Red List of Threatened Species™* (Stand: Februar 2006), die nach internationalen Kriterien Pflanzen- und Tierarten als gefährdet oder ausgestorben einstuft, war Aus-

## Definitionen der Gefährdungsgrade*

**«Ausgestorben» oder «Verschollen»:** Arten, deren Populationen nachweisbar ausgestorben sind bzw. ausgerottet wurden, oder «verschollene Arten», d.h. solche, deren Vorkommen früher belegt worden ist, die jedoch seit längerer Zeit (mindestens seit 10 Jahren) trotz Suche nicht mehr nachgewiesen wurden und bei denen daher der begründete Verdacht besteht, dass die Populationen erloschen sind.

**«Vom Aussterben bedroht»:** Arten, die nur in Einzelvorkommen oder in wenigen, isolierten und kleinen bis sehr kleinen Populationen auftreten (sog.seltene Arten), deren Bestände aufgrund gegebener oder konkreter, absehbarer Eingriffe ernsthaft bedroht sind und die weiteren Risikofaktoren unterliegen. Arten, deren Bestände durch lange anhaltenden starken Rückgang auf eine bedrohliche bis kritische Größe zusammengeschmolzen sind.
Arten, deren Rückgangsgeschwindigkeit im größten Teil ihres heimischen Areals extrem hoch ist und die in vielen Landesteilen selten geworden oder verschwunden sind.

**«Stark gefährdet»:** Arten mit kleinen Beständen, die aufgrund gegebener oder konkreter, absehbarer Eingriffe aktuell bedroht sind und die weiteren Risikofaktoren unterliegen. Arten, deren Bestände im nahezu gesamten einheimischen Verbreitungsgebiet signifikant zurückgehen und die in vielen Landesteilen selten geworden und oder verschwunden sind.

**«Gefährdet»:** Arten mit regional kleinen oder sehr kleinen Beständen, die aufgrund gegebener oder konkreter, absehbarer Eingriffe bedroht sind und die weiteren Risikofaktoren unterliegen Arten, deren Bestände regional bzw. vielerorts lokal zurückgehen oder lokal verschwunden sind.

*Quelle: Jedicke, J. (Hrsg.): *Die Roten Listen: gefährdete Pflanzen, Tiere, Pflanzengesellschaften und Biotope in Bund und Ländern*», Ulmer Verlag, Stuttgart 1997

## Natürlicher Lebensraum

Laubwald | Nadelwald | Mischwald | Tropischer/subtropischer Wald | Savanne | Wiese, Graslandschaften | Steppe

Alpine Landschaften | Geröll, felsige Landschaften | Meer, Küste | Süßwasser, Uferbereich | Schilf, Sumpflandschaften | Wüste | Eis

## Nahrung

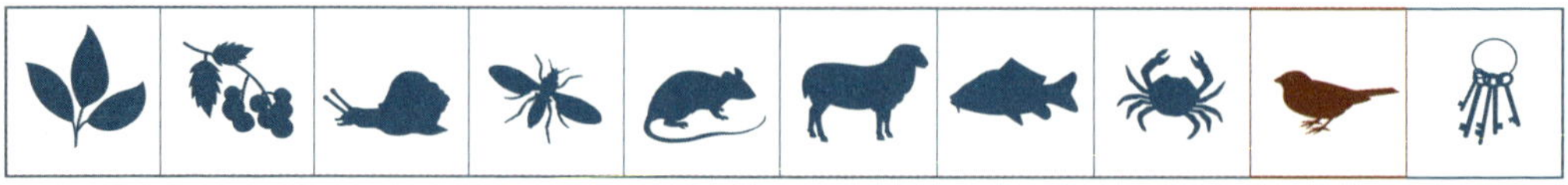

Pflanzen | Beeren, Früchte, Nüsse, Pilze, Samen, Nektar | Weichtiere | Insekten | Kleine Säugetiere wie Mäuse und Kaninchen | Große Säugetiere wie Schafe und Rotwild | Fische | Krebstiere, Muscheln | Vögel | Steine, Scherben, Metall

## Nachwuchs

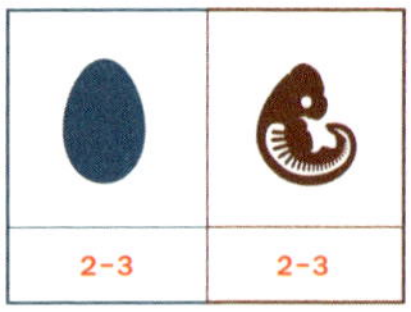


Durchschnittliche Anzahl der Eier eines Geleges | Durchschnittliche Anzahl der Jungen pro Wurf

## Größenverhältnis

Größe im Vergleich zu einem Mensch von 1,80 m | Größe im Vergleich zu einem Stiefel (Sohlenlänge: 30 cm)

## Ehemaliges Verbreitungsgebiet

Ehemaliges Verbreitungsgebiet auf dem Festland | Ehemaliges Verbreitungsgebiet in Gewässern | Ehemaliges Verbreitungsgebiet auf Inseln

## Ursachen des Aussterbens

Einschleppung von nicht einheimischen Wildtieren wie Ratten, Füchse, Fische | Zerstörung des Lebensraums durch Rodung, Trockenlegung, Landwirtschaft, Einsatz von Pestiziden, Tourismus | Jagd wegen Fleisch, Fell, Federn oder zur gezielten Dezimierung einer Art | Eingeschleppte Krankheiten (Tiere, Pflanzen) | Ansiedlung von Nutz- und Haustieren wie Rinder, Schafe, Katzen, Hunde | Einschleppung von nicht einheimischen Pflanzen | Mischung mit anderen Vogelarten | Mischung mit anderen Säugetierarten

## Kennziffern

- 019: Seit 1882 ausgestorbene Vogelart, von Brehm beschrieben und in vorliegendem Lexikon erfaßt
- 085: Vogelart, vor 1882 ausgestorben bzw. von Brehm nicht beschrieben
- 085: Vom Aussterben bedrohte Vogelart
- 019: Seit 1882 ausgestorbene Säugetierart, von Brehm beschrieben und in vorliegendem Lexikon erfaßt
- 085: Säugetierart, vor 1882 ausgestorben bzw. von Brehm nicht beschrieben
- 085: Vom Aussterben bedrohte Säugetierart

## Sonderzeichen

- ⌜ ⌟ Kennzeichnet den Text der Ausgabe von *Brehms Tierleben* aus dem Jahr 1911
- A Angaben sind von taxonomisch verwandter (Unter-)Art abgeleitet, da zur betreffenden Art keine Informationen verfügbar sind
- • Name stimmt mit *IUCN Red List* überein, weicht aber von in *Mammal Species of the World* verzeichneter Taxonomie ab
- ° keine Illustration mangels fehlender Präparate oder fehlender Abbildungen

gangsbasis vorliegender Arbeit. Hier stößt man auf ein weiteres Problem, denn unter den Zoologen herrscht große Uneinigkeit, was die Einstufung der Arten betrifft.

Im Gegensatz zu der für die Vögel verwendeten Systematik berücksichtigt *Mammal Species of the World: A taxonomic and geographic Reference. Third Edition.*, an der wir uns bezüglich der Säugetiere orientierten, keine Unterarten; diese werden jedoch in den Synonym-Auflistungen erwähnt. Da einige ausgestorbene Unterarten wie zum Beispiel der Bali-Tiger *(Panthera tigris balica)* durch eine ausschließliche Orientierung an dieser Systematik aus vorliegender Arbeit hätte herausfallen müssen, haben wir uns entschieden, derartige Fälle miteinzubeziehen und sie in die Abfolge der Systematik integriert. So wird etwa der Bali-Tiger von uns der in der Systematik gelisteten Art *Panthera tigris* zugeordnet.

Zu jedem Tier gibt es eine eigens gefertigte kolorierte **Illustration**, teilweise kommen noch ergänzende schwarz-weiße Abbildungen hinzu. 39 der 70 Illustrationen wurden nach **Original-Präparaten** im Naturkundemuseum Berlin und im Naturhistorischen Museum Wien gezeichnet (erkenntlich an den Kürzeln der Inventarnummern «ZMB» für Berlin und «NMW» für Wien), die restlichen nach meist **historischem Bildmaterial**. Viele der präparierten Vögel und zwei der Säugetiere waren in den Sammlungen der Museen lediglich als so genannter Balg vorhanden, das heißt zu wissenschaftlichen und nicht zu Schauzwecken präpariert. Wir haben uns in diesen Fällen gegen die Suche nach alten Abbildungen entschieden, die beispielsweise den Vogel auf einem Ast sitzend gezeigt hätten, da eine Zeichnung nach einem Original viel genauer ist. Zudem wollten wir nicht auf die Gelegenheit verzichten, kostbare Präparate zu zeichnen, von denen weltweit teilweise nur noch einige wenige existieren und die somit zu den letzten konkreten Zeugnissen dieser ausgestorbenen Arten zählen. +++